职业教育“十三五”规划教材

WULIANWANG JISHU DAOLUN

物联网技术导论

主　编　陈修齐

副主编　金新生　刘海亮　李紫蔓

王彦辉　夏　雨

参　编　潘　莎　张迎春

西北工业大学出版社

西　安

【内容简介】 本书从物联网的基本概念入手，针对物联网感知层、网络传输层、测试技术及安全技术等进行深入阐述，并对物联网在智能交通、智能家居等典型应用给出具体案例，深入浅出地为读者揭示物联网的技术特征与内涵，帮助读者把握物联网的方向，引领求知者渐渐步入物联网的世界。本书以学生为中心；注重学法指导；案例丰富，培养学生兴趣。全书内容丰富，章节安排合理，叙述清楚，难易适度，可满足电子信息类，尤其物联网相关专业（方向）物联网技术导论课程的教学需要，也可适应相关从业人员认识物联网技术的需要。

图书在版编目(CIP)数据

物联网技术导论/陈修齐主编．—西安：西北工业大学出版社，2018.11(2019.7 重印)

ISBN 978-7-5612-6322-8

Ⅰ.①物… Ⅱ.①陈… Ⅲ.①互联网络—应用—职业教育—教材 ②智能技术—应用—职业教育—教材 Ⅳ.①TP393.4 ②TP18

中国版本图书馆 CIP 数据核字(2018)第 254862 号

策划编辑：孙显章
责任编辑：付高明　杨丽云

出版发行：西北工业大学出版社
通信地址：西安市友谊西路 127 号　　邮编：710072
电　　话：(029)88493844，88491757
网　　址：www.nwpup.com
印 刷 者：兴平市博闻印务有限公司
开　　本：787 mm×1 092 mm　　1/16
印　　张：15
字　　数：316 千字
版　　次：2018 年 11 月第 1 版　　2019 年 7 月第 2 次印刷
定　　价：45.00 元

前　言

物联网作为新一代信息通信技术，是继计算机、互联网之后，近几年席卷世界的第三次信息产业浪潮，也是我国重点发展的战略性新兴产业，发展前景广阔。物联网技术是一门涵盖范围很广的综合性交叉学科，涉及计算机科学与技术、电子科学与技术、自动化、信息安全、智能科学与技术等诸多学科领域，在科学民生、交通运输、物流配送、安防监控、节能环保等方面有着广阔的应用前景，并且在“十二五”规划中被列为国家战略性新兴产业。

本书从物联网的基本概念入手，对物联网感知层、网络传输层、测试技术及安全技术等进行深入阐述，并对物联网在智能交通、智能家居等典型应用给出具体案例，深入浅出地为读者揭示物联网的技术特征与内涵，帮助读者把握物联网的方向，引领求知者渐渐步入物联网的世界。

本书作为一本物联网技术的导入性教材，力求全面、新颖，使读者对物联网有一个概要性的认识。具体章节如下：第一章介绍物联网的概要知识，主要讨论物联网的基本概念、体系结构、现状分析和应用前景，使读者对物联网有一个总体的框架认识。第二章介绍识别技术。第三章介绍传感器技术与智能终端。第四章介绍物联网网络传输层技术，主要包括移动通信网、短距离无线通信、无线传感网及相关技术等。第五至七章分别介绍了物联网数据处理技术、物联网测试技术和物联网安全技术。第八章针对物联网在生产生活中的应用给出了实例。

本书具有以下特色。

1. 以学生为中心

本书在内容的选择以及组织形式上，充分考虑学生的需求。借由本书，教师可引导学生展开自主学习，掌握、建构和内化具备物联网体系结构、关键技术、主要应用等知识，使学生具备物联网应用的职业素养。

2. 注重学法指导

每章列出学习要求，明确目标，帮助学生把握学习重点，提出一些启发性的问题激发学生思考。

3. 案例丰富，培养学生兴趣

根据物联网的实际应用，选入大量的物联网相关案例，便于学生对物联网技术的理解，增强学生对物联网产业的兴趣，为学生后续学习物联网相关知识及从事物联网相关研究提供方便。

本书由陈修齐担任主编，金新生、刘海亮、李紫蔓、王彦辉、夏雨担任副主编，潘莎、张迎春参编。其中第二、三章由陈修齐编写；金新生、刘海亮、李紫蔓、王彦辉和夏雨分别编写第四章、第五章、第六章、第七章和第一章；潘莎、张迎春共同编写第八章。本书内容丰富，章节安排合理，叙述清楚，难易适度，可满足电子信息类，尤其物联网相关专业（方向）物联网技术导论课程的教学需要，也可适应相关从业人员认识物联网技术的需要。

物联网技术是一个新兴领域，正处于蓬勃发展的快速时期，由于时间仓促及笔者的认识领悟能力有限，书中不妥之处在所难免，恳请广大读者批评指正。

编　者

2018 年 8 月

目　录

第一章　物联网概述 …… 1

第一节　物联网的概念 …… 2

第二节　物联网的起源与发展历程 …… 9

第三节　物联网的现状、前景与应用领域 …… 13

第四节　物联网体系结构 …… 17

第二章　识别技术 …… 23

第一节　条码技术 …… 24

第二节　射频识别技术 …… 35

第三节　模式识别技术 …… 47

第三章　传感器技术与智能终端 …… 56

第一节　传感器技术 …… 57

第二节　智能终端 …… 72

第四章　网络传输层技术 …… 86

第一节　互联网与移动互联网 …… 86

第二节　无线传感器网络 …… 94

第三节　短距离无线通信 …… 111

第四节　物联网定位技术 …… 123

第五章　物联网数据处理技术 …… 132
第一节　物联网数据处理技术概述 …… 133
第二节　数据存储技术 …… 137
第三节　数据融合与数据挖掘 …… 144
第四节　海量数据的快速检索技术 …… 149

第六章　物联网测试技术 …… 161
第一节　物联网测试技术概述 …… 162
第二节　物联网安全测试 …… 171

第七章　物联网安全技术 …… 179
第一节　物联网安全概述 …… 180
第二节　物联网的感知层安全 …… 183
第三节　物联网的传输层安全 …… 193
第四节　物联网的应用层安全 …… 197
第五节　物联网的安全管理 …… 201

第八章　典型物联网应用 …… 205
第一节　智能电网 …… 206
第二节　智能家居 …… 213
第三节　智能物流中心系统 …… 219
第四节　智能交通管理系统（ITMS） …… 226

参考文献 …… 232

第一章　物联网概述

学习目标

了解物联网的基本定义。

了解物联网的起源、发展历程与应用领域。

掌握物联网与传感网、泛在网之间的关系。

理解物联网的三层体系结构。

案例导入

天猫首设 IoT 团队　第一批物联网电器新品 618 首发

2018 年 6 月 5 日，天猫设立的 IoT（Internet of Things）团队，联合科沃斯、奥克斯、杜亚、海尔四大品牌在天猫 618 推出首批物联网电器新品，其中包括智能路线规划扫地机器人、智能温控曲线空调、语音交互大屏电视、语音自动遥控窗帘等。

据了解，天猫 IoT 团队将通过整合阿里生态内的云计算、大数据、AI 技术等能力，与品牌方合作研发可互联的智能设备，最终为消费者创造更加舒适、便利的理想生活。

区别于传统家电，一个形象的说法：如同在电器上内置了一个 AI 大脑“天猫精灵”，将家电变得更“聪明”。不但所有的产品都有语言交互功能，并且各自使用起来更加便利和高效。

“在阿里整体 IoT 战略中，天猫 IoT 团队将与阿里云、达摩院人工智能实验室形成三位一体的关系。”天猫消费电子事业部 IoT 部门总经理金诚说：“将通过技术、消费趋势、内容与服务、销售渠道四大能力的专业和智能输出，并整合集团各个生态的内容和服务，让整个智能设备变得更丰满。”

金诚介绍，该团队不仅仅只是输出人工智能技术给予品牌，还侧重分析消费数据，从而和品牌一起重新定义产品。

以科沃斯智能扫地机器人DJ35为例，相比第一代的盲目乱跑，升级后的第三代利用smart eye不仅能看能思考——提前看懂家再进行视觉导航和线路规划，最终扫地更干净，并且相比之前清扫要4个小时，现在2个小时就能完成，还能语音控制扫地机器人工作。

据悉，IoT是阿里巴巴继电商、云计算、物流、金融之外第五大战略领域，是阿里业务的主赛道。换句话说，阿里巴巴把IoT的战略地位抬高到了跟电商、金融、物流和云计算一样的高度。

第一节　物联网的概念

物质世界的三大支柱为物质、能量和信息，它们是当今人类社会赖以生存和发展的重要条件。在新经济时代，21世纪是人类进入信息化的世纪，信息已经是人类不可或缺的一种开发资源，社会信息化和信息时代化已经成为新经济时代的基本标志。目前，在通信、互联网、射频识别等新技术的推动下，一种能够实现人与人、人与机器、人与物乃至物与物之间直接沟通的全新网络构架——物联网（Internet of Things）正在日渐清晰。互联网时代，人与人之间的距离变小了；而继互联网之后的物联网时代，则是物与物之间的距离变小了。互联网改变了人们的世界观，而物联网的出现将再次改变人们对世界的认识。

一、物联网的定义

物联网的概念分为广义和狭义两方面。广义上来说，物联网是一个未来发展的愿景，等同于“未来的互联网”或“泛在网络”，能够实现人在任何时间、任何地点，使用任何网络与任何人和物的信息交换以及物与物之间的信息交换；狭义上来讲，物联网是物品之间通过传感器连接起来的局域网，不论接入互联网与否，都属于物联网的范畴。

物联网的一种定义是通过射频识别（Radio Frequency Identification，RFID）、红外感应器、全球定位系统（GPS）、激光扫描器等信息传感设备，按约定的协议，把任何物品与互联网连接起来，进行信息交换和通信，以实现智能化识别、定位、跟踪、监控和管理的一种网络。显然，物联网的这一概念来自于同互联网的类比。根据物联网与互联网的关系分类，不同的专家学者对物联网分别给出了各自的定义，归纳起来有以下四种。

1. 物联网是传感网，而不接入互联网

部分专家认为，物联网是传感网，就是给人们生活环境中的物体安装传感器，这些传感器可以更好地帮助我们认识环境，这些传感器网不接入互联网。例如，上海浦东机场的传感器网络，其本身并没有接入互联网，却号称是中国第一个物联网。物联网与互联网是相对独立的两张网。

2. 物联网是互联网的一部分

物联网并不是一张全新的网，实际上早就存在了，它是互联网发展的自然延伸和扩张，属于互联网的一部分。互联网是可以包容一切的网络，将会有更多的物品加入到这张网中。也就是说，物联网包含于互联网之中，互联网包括物联网。

3. 物联网是互联网的补充网络

通常所说的互联网是指人与人之间通过计算机结成的全球性网络，服务于人与人之间的信息交换。而物联网的主体则是各种各样的物品，通过物品间的信息传递从而达到最终为人类服务的目的，两张网的主体不同，所以物联网是互联网的扩展和补充。如果把互联网比作是人类信息交换的动脉，那么物联网就好比是毛细血管，两者相互联通，或者说物联网是互联网的有益补充。

4. 物联网是未来的互联网

从宏观概念上来讲，未来的物联网将使人置身于无所不在的网络之中，在不知不觉中，人可以随时随地与周围的人或物进行信息的交换，这时物联网也就等同于泛在网络，或者未来的互联网。物联网、泛在网络、未来的互联网，它们的名字虽然不同，但表达的都是同一个愿景，那就是人类可以随时随地使用任何网络联系任何人或物，达到自由交换信息的目的。

综上所述，不论是哪一种类型的概念，物联网都需要对物体具有全面的感知能力，对信息具有可靠传送和智能处理的能力，从而形成一个连接物体与物体的信息网络。也就是说，全面感知、可靠传送、智能处理是物联网的基本特征。全面感知是指利用RFID、二维码、GPS、摄像头、传感器、传感器网络等感知、捕获、测量的技术手段，随时随地对物体进行信息采集和获取；可靠传送是指通过各种通信网络与互联网的融合，将物体接入信息网络，随时随地进行可靠的信息交互和共享；智能处理是指利用云计算、模糊识别等各种智能计算技术，对海量的跨地域、跨行业、跨部门的数据和信息进行分析处理，提升对物理世界、经济社会各种活动和变化的洞察力，实现智能化的决策和控制。因此，物联网概念的问世，打破了之前的传统思维。过去的思路一直是将物理基础设施和IT基础设施分开：一方面是机场、公路、建筑物等，而另一方面是数据中心、个人电脑、宽带等。而在物联网时代，钢筋混凝土、电缆将与芯片、宽带整合为统一的基础设施，换句话说，基础设施可看作地球上的一块工地，世界的运转就在它上面进行，其中包括经济管理、生产运行、社会管理乃至个人生活。具体地说，就是把感应器嵌入并装配到电网、铁路、公路、桥梁、隧道、建筑、供水系统、大坝、油气管道等各种物体中，通过现有的互联网整合起来，实现人类社会与物理系统的整合。在这个整合的网络中，存在着能力强大的中心计算机群，能够对整个网络内的人员、机器、设备和基础设施进行实时的管理和控制。在此基础上，人类可以用更加精细和动态的方式管理生产和生活，达到“智慧”状态，提高资源利用率和生产力水平，改善人与自然间的关系。

二、物联网的本质

物联网作为新兴的物品信息网络，它的应用领域相当广泛，其中一个重要的应用领域就是为实现供应链中物品自动化的跟踪和追溯提供基础平台。物联网可以在全球范围内对每个物品实施跟踪监控，从根本上提高物品生产、配送、仓储、销售等环节的监控水平，成为继条码技术之后，再次变革商品零售、物流配送及物品跟踪管理模式的一项新技术。从根本上改变供应链流程和管理手段，对于实现高效的物流管理和商业运作具有非常重要的意义；对物品相关历史信息的分析有助于库存管理、销售计划以及生产控制的有效决策；通过分布于世界各地的销售商可以实时获取其商品的销售和使用情况，生产商则可及时调整其产量和供应量。由此，所有商品的生产、仓储、采购、运输、销售以及消费的全过程将发生根本性的变革，全球供应链的性能将获得极大的提升。

物联网的关键不在于“物”，而在于“网”。实际上，早在物联网这个概念正式提出之前，网络就已经将触角伸到了“物”的层面，如交通警察可以利用摄像头对车辆进行监控，利用雷达对行驶中的车辆进行速度的测量等，这些都是互联网范畴之内的一些具体应用。此外，多年前人们就已经实现了对物的局域性联网处理，比如自动化生产线等。实际上，物联网指的是在网络的范围之内，实现人对人、人对物以及物对物的互联互通，可以是点对点，也可以是点对面或面对点的方式，它们经由互联网，通过适当的平台，可以获取或传递相应的资讯或指令。比如，通过搜索引擎来获取资讯或指令，当某一数字化的物体需要补充电能时，可以通过网络搜索到自己的供应商，并发出需求信号，当收到供应商的回应时，能够从中寻找到一个优选方案来满足自我需求。而这个供应商，既可以由人控制，又可以由物控制。这样的情形类似于人们现在利用搜索引擎进行查询，得到结果后再进行处理一样。具备了数据处理能力的传感器，可以根据当前的状况作出判断，从而发出供给或需求信号，而在网络上对这些信号的处理，成为物联网的关键所在。仅仅将物连接到网络，还远远没有发挥出它的最大威力。网的意义不仅是连接，更重要的是交互，以及通过互动衍生出来的种种可利用的特性。

物联网的精髓不仅是对物实现连接和操控，它通过技术手段的扩张，赋予网络新的含义，实现人与物、物与物之间的相融与互动，甚至是交流与沟通。物联网并不是互联网的翻版，也不是互联网的一个接口，而是互联网的一种延伸。作为互联网的扩展，物联网具备互联网的特性，但也具有互联网当前所不具有的特征。物联网不但能实现由人找物，而且还能实现以物找人，并能作出方案性的选择。

同时，合作性与开放性以及长尾理论的适用性，是互联网在应用中的重要特征，引发了互联网经济的蓬勃发展。对物联网来说，通过人物一体化，就能够在性能上对人和物的能力都进行进一步的扩展，就犹如一把宝剑能够极大地增加人类的攻击能力与防御能力一样；在网络上可以增加人与人之间的接触，从中获得更多的商机，就好像通信工具的出现，可以增加人们之间的交流与互动，而伴随着这些交流与互动的增加，产生了更多的商机；如同在人物交汇处建立起新的节点平台，使得长尾在节点处显示出最高的效用，如在互联网时代，各式各样的大型网站由于汇聚了大量的人气，从而形成了一个个节点，通过对这些节点进行利用，使得长尾理论的效应得到了大幅度提高，就好像亚马逊作为一个节点在图书销售中所起到的作用一样。

合作性与开放性指的不仅仅是物与物之间，还发生在人与物之间。互联网之所以有现在的繁荣，与它的合作性和开放性这两大特征是分不开的，开放性使得无数英雄通过互联网实现了他们的梦想，可以说没有开放性所带来的创新激励机制，就不可能有互联网今天的多姿多彩；合作性使得互联网的效用得到了倍增，使得其运作更加符合经济原则，并且给它带来了竞争上的先天优势，没有合作性，互联网就不可能大面积地取代传统行业成为主流。这样一来，在“物联”之后，不但能够产生新的需求，而且还能够产生新的供给，更可以让整个网络在理论上获得进一步的扩展和提高，从而创造出更多的机会。正是由于这些特性，将使物联网在功能上得到更大的扩展，而并不仅仅局限于传感功能。

需要强调的是，如果认为物联网等同于传感网的概念，则会使得物联网的外延缩小。如 1999 年所提出的物联网的概念，是把所有物品通过 RFID 等信息传感设备与互联网连接起来，以实现智能化识别和管理。其中，没有人和物之间的相联、沟通与互动。如果仅仅作为传感网，联网后的物体则只需服从控制中心的指令，而各系统的控制中心是互相分离的。如果是作为互联网的延伸，则可以将所有在网络内的系统与点有机地联成一个整体，起到互帮互助的作用。换句话说，传感网完全可以包容在作为互联网扩展形式的物联网的概念之内。

三、物联网概念辨析

由于物联网概念出现的时间较短，其内涵还在不断地发展、完善。有人认为，物联网是基于互联网和 RFID 技术发展的网络，是在计算机互联网的基础上，利用 RFID、无线数据通信等技术，构造一个覆盖世界上万事万物的网络。物联网的实质就是利用 RFID 技术，通过计算机互联网以实现全球物品的自动识别，达到信息的互联与实时共享。由此可见，物联网主要涉及 RFID 和传感器两项技术。RFID 技术用于标识物品，给每个物品一个“身份证”；传感器技术用于感知物品，包括采集实时数据（如温度、湿度、压强和速度等）、执行与控制（打开空调、关上电视）等。因此，可以进行如下划分：①从 RFID

技术出发，在RFID网络的基础上，构建基于RFID的物联网。②从传感器技术出发，在传感网络的基础上，构建基于传感器的物联网。③将RFID技术和传感器技术相融合，构建更广义的物联网，即泛在网。

目前，对于物物互联的网络这一概念的准确定义，业界一直没有达成统一的共识，存在着以下几种相关概念：物联网、无线传感器网络（Wireless Sensor Network，WSN）以及泛在网（Ubiquitous Network，也称为U网络）。

（一）物联网

定义1：通过RFID和条码等信息，传感设备把所有物品与互联网连接起来，实现智能化识别和管理。

该定义由麻省理工学院Auto-ID研究中心于1999年提出，实质上等于RFID技术和互联网的结合应用。RFID标签可谓是早期物联网最为关键的技术与产品环节，当时认为物联网最大规模、最有前景的应用就是在零售和物流领域。利用RFID技术，通过计算机互联网实现物品/商品的自动识别与信息的互联和共享。

定义2：2005年，ITU（International Telecommunication Union）在《The Internet of Things》这一报告中对物联网的概念进行扩展，提出任何时间、任何地点、任意物体之间的互联，无所不在的网络和无所不在计算的发展愿景，除RFID技术外，传感器技术、纳米技术、智能终端等技术将得到更加广泛的应用。

定义3：由具有标识、虚拟个性的物体/对象所组成的网络，这些标识和个性等信息在智能空间使用智慧的接口与用户、社会和环境进行通信。

该定义出自欧洲智能系统集成技术平台在2008年5月27日发布报告《Internet of Things in 2020》。该报告分析预测了未来物联网的发展，认为RFID技术和相关的识别技术是未来物联网的基石，因此更加侧重于RFID的应用及物体的智能化。

定义4：物联网是未来互联网的一个组成部分，可以被定义为基于标准的和可互操作的通信协议，且具有自配置能力的、动态的全球网络基础架构。物联网中的"物"都具有标识、物理属性和实质上的个性，使用智能接口实现与信息网络的无缝整合。

这个定义来源于欧盟第7框架下RFID和物联网研究项目组在2009年9月15日发布的研究报告。该项目组的主要研究目的是便于欧洲内部不同RFID和物联网项目之间的组网，协调RFID的物联网研究活动、专业技术平衡与研究效果最大化，以及项目之间建立协同机制等。

从上述四种定义不难看出，物联网的内涵起源于由RFID对客观物体进行标识并利用网络进行数据交换这一概念，并不断扩充、延展、完善而逐步形成。这种物联网主要由RFID标签、读写器、信息处理系统、编码解析与寻址系统、信息服务系统和互联网组成。通过对拥有全球唯一编码的物品的自动识别和信息共享，实现开放环境下对物品的跟踪、溯源、防伪、定位、监控以及自动化管理等功能。通常在生产和流通（供应链）领域，为了实现对物品的跟踪、防伪等功能，需要给每一个物品一个全球唯一的标识。在这种情形下，RFID 技术发挥了重要作用，基于 RFID 技术的物联网能够满足这种需求。此外，冷链物流、危险品物流等特殊物流，对仓库、运输工具/容器的温度等有特殊要求，可将传感器技术融入进来，将传感器采集的信息与仓库、车辆、集装箱的 RFID 信息融合（例如，在厢式冷藏货车内安装温度传感器，将温度信息、GPS 信息等通过车载终端采用短信息方式发送到企业监控中心），构建带传感器的基于 RFID 的物联网。目前，基于 RFID 的物联网的典型解决方案是美国的 EPC。

（二）无线传感器网络

定义 1：无线传感器网络是由若干具有无线通信能力的传感器节点自组织构成的网络。

此定义最早由美国军方提出，起源于 1978 年美国国防部高级研究计划局资助 Carnegie Mellon University 进行分布式传感器网络的研究项目。在当时缺乏互联网技术、多种接入网络以及智能计算技术的条件下，该定义局限于由节点组成的自组织网络。

定义 2：泛在传感器网络（Ubiquitous Sensor Network，USN）是由智能传感器节点组成的网络，可以以“任何地点、任何时间、任何人、任何物”的形式被部署。该技术具有巨大的潜力，可以用于在广泛领域内推动新的应用和服务，从安全保卫、环境监控到推动个人生产力和增强国家竞争力。

此定义出自 2008 年 2 月国际电信联盟远程通信标准化部门的研究报告《Ubiquitous Sensor Networks》。该报告中提出了泛在传感器网络体系架构，自下而上分为底层传感器网络、接入网络、基础骨干网络、中间件、应用平台 5 个层次。底层传感器网络由传感器、RFID、执行器等各种信息设备组成，负责对物理世界的感知与反馈；接入网络实现底层传感器网络与上层基础骨干网络的连接，由网关、Sink 节点等组成；基础骨干网络基于互联网、NGN（Next Generation Network）构建；中间件处理、存储传感数据并以服务的形式提供对各类传感数据的访问；应用平台实现各类传感器网络应用的技术支撑。

定义 3：传感器网络的主要任务是对物理世界的数据进行采集和对信息进行处理，信息传递载体为网络，以实现物与物、物与人之间的信息交互，它是提供信息服务的智能网络信息系统。

该定义出自我国信息技术标准化技术委员会所属传感器网络标准工作组 2009 年 9 月的工作文件。该文件认为传感器网络具体表现为：“它综合了微型传感器、分布式信号处理、无线通信网络和嵌入式计算等多种先进信息技术，能对物理世界进行信息采集、传输和处理，并将处理结果以服务的形式发布给用户。”

定义 4：传感网是以感知为目的，实现人与人、人与物、物与物全面互联的网络。其突出特征是通过传感器等方式获取物理世界的各种信息，结合互联网、移动通信网等进行信息的传送与交互，采用智能计算技术对信息进行分析处理，从而提升对物质世界的感知能力，实现智能化的决策和控制。

此定义出自工业和信息化部、江苏省联合向国务院上报的《关于支持无锡建设国家传感网创新示范区（国家传感信息中心）情况的报告》。此外，“传感网”这一名词最早出自业界专家对于无线传感器网络的简称，即定义 1 的中文简称。随着对物物互联相关概念的关注度不断提升，传感器网络逐渐演进为定义 4 所描述的内容。

比较传感器网络的 4 种定义，同样可以发现传感器网络的内涵起源于“由传感器组成通信网络，对所采集到的客观物体信息进行交换”这一概念。定义 2 提出了相对完整的体系架构，并且描述了各个层次在体系架构中的位置及功能。定义 3、4 尽管与定义 2 文字描述不同，但其内涵基本一致，并未对定义 2 进行实质性的突破与完善。定义 2、3、4 都是将定义 1 所定义的“网络”作为底层的、对于客观物质世界信息获取交互的技术手段之一，并对其进行了更为精确的文字描述。

显然，由传感器、通信网络和信息处理系统构成的传感网，具有数据实时采集、监督控制和信息共享与存储管理等功能，它使目前网络技术的功能得到了极大拓展，使通过网络实时监控各种环境、设施及内部运行机理等成为了可能。也就是说，原来与网络相距甚远的家电、交通管理、农业生产、建筑物安全、旱涝预警等都能够得到有效的监测，有的甚至能够通过网络进行远程控制。目前，无线传感网络仍旧处在闭环环境下应用的阶段，比如，用无线传感器监控金门大桥在强风环境下的摆幅。而基于传感技术的物联网主要采用嵌入式技术（嵌入式 Web 传感器），给每个传感器赋予一个 IP 地址，可应用于远程防盗、基础设施监控与管理、环境监测等领域。

（三）泛在网

泛在网络是指无所不在的网络。

最早提出 U 战略的日本和韩国给出的定义为：无所不在的网络社会将是由智能网络、最先进的计算技术以及其他领先的数字技术基础设施武装而成的技术社会形态。根据这样的构想，U 网络将以“无所不在”“无所不包”“无所不能”为基本特征，帮助人类实现 4A 化通信，即在任何时间（Anytime）、任何地点（Anywhere），与任何人（Anyone）、任何物（Anything）都能顺畅地通信。

（四）各概念之间的关系

目前，对于支持人与物、物与物广泛互联，实现人与客观世界的全面信息交互的全新网络的命名，一直存在着物联网、传感网、泛在网这 3 个概念之争。这 3 个概念间的关系如图 1-1 所示。

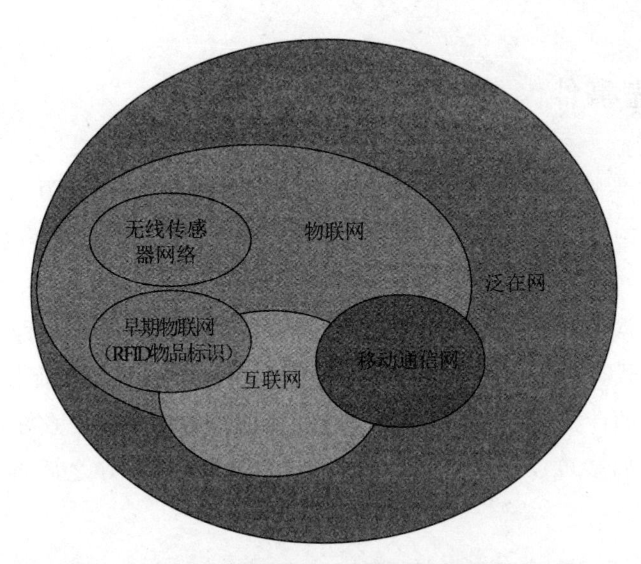

图 1-1　物联网、传感网、泛在网 3 个概念间的关系

不妨将传感器的概念进行扩展，认为 RFID、二维条码等信息的读取设备和音频、视频录入设备等数据采集设备都是特殊的传感器，那么范围得到扩展后的传感器网络简称为与物联网概念并列的传感网。从 ITU-T、ISO/IECJTC1 SC6 等国际标准组织对传感器网络、物联网定义和标准化范围来看，传感器网络和物联网其实是一个概念的两种不同表述，它们的实质都是依托于各种信息设备实现物理世界和信息世界的无缝融合。由此可见，无论从哪个角度看，都可以认为目前为人们所熟知的"物联网"和"传感网"都是以传感器、RFID 等客观世界标识和感知技术，借助无线传感器网络、互联网、移动网等实现人与物理世界的信息交互。泛在网是面向泛在应用的各种异构网络的集合，也被称为"网络的网络"，更强调跨网之间的互联互通和信息的聚合与应用。另外，泛在化、智能化是物联网的两大特征。所谓泛在化，是指传感器网络部署和移动通信网络覆盖的泛在化，以及各类物联网业务与应用的泛在化。各种信息的协同处理以及基于数据挖掘、专家系统、商业智能的决策支持是智能化的集中体现。

第二节　物联网的起源与发展历程

从有语言开始，人类一直没有停止对自由交流的追求。从书信到电话，再到互联网……现如今，人们又把目光投向身边的各种物体，开始设想如何与它们交流，这就是广受关注的物联网。

英文说法"Internet of Things"直译过来就是"物体的互联网"。其理想是让每个目标物体通过传感系统接入网络，让人们在享受"随时随地"两个维度的自由交流外，再加上一个"随物"的第三维度自由交流。而物联网的思想起源于哪里呢？

一、咖啡壶事件

1991 年剑桥大学特洛伊计算机实验室的咖啡壶事件，吸引了百万人的关注。

实现这一壮举的特洛伊咖啡壶事件发生在 1991 年，剑桥大学特洛伊计算机实验室的工作人员在工作时，要下两层楼梯到楼下看咖啡煮好了没有，而且大多数人常常空手而归，这让工作人员觉得很烦恼。为了解决这个麻烦，他们编写了一套程序，并在咖啡壶旁边安装了一个便携式摄像机，镜头对准咖啡壶，利用计算机图像捕捉技术，以 3 帧/秒的速率传递到实验室的计算机上，以方便工作人员随时查看咖啡是否煮好，省去了上下楼梯的麻烦。这样，他们就可以随时了解咖啡煮沸情况，咖啡煮好之后再下去拿，如图 1-2 所示。

图 1-2　咖啡壶事件

1993 年，这套简单的本地"咖啡观测"系统又经过其他同事的更新，以 1 帧/秒的速率通过实验室网站连接到了互联网上。没想到的是，仅仅为了查看"咖啡煮好了没有"这一情况，全世界互联网用户蜂拥而至，近 240 万人点击过这个"咖啡壶"网站。

此外，还有数以万计的电子邮件涌入剑桥大学旅游办公室，希望能有机会亲眼看看这个神奇的咖啡壶。最后关于这只咖啡壶的新闻：数字世界最著名的咖啡壶在 eBay 拍卖网站以 7 300 美元的价格卖出，时间大约在 2001 年 8 月。一个不经意的发明，居然在全世界引起了如此大的轰动。

二、聪明的饮料售货机

1995 年夏季，在卡耐基·梅隆大学校园里有一个自动售货机，出售各色可乐，价钱比市场上的便宜一半，所以很多学生都去那个机器上买可乐。但是大老远地跑过去，经常发现可乐已经售完，为了不想去自动售货机买饮料时白跑一趟，于是几个聪明的学生想到一个办法，他们在自动售货机里装了一串光电管，用来计数，然后装上芯片，把自动售货机与互联网对接，这样，学生在宿舍里先在网上查看一下就知道哪个售货机还有多少饮料，以免白跑一趟。

后来CNN（Cable News Network，美国有线电视新闻网）还专程来到该学校，实地拍摄了一段视频。当时还没有物联网这个概念，大家最初的想法很简单，就是把传感器连到互联网上去，提高数据的输入速度，扩大数据的来源，这是对于物联网的初次接触。

三、比尔·盖茨与《未来之路》

1995年，微软帝国的缔造者比尔·盖茨曾撰写过一本当时轰动全球的书——《未来之路》，如图1-3所示。书中预测了微软乃至整个科技产业未来的走势。盖茨在书中也提到了“物联网”的构想，意即互联网仅仅实现了计算机的联网，而未实现与万事万物的联网，但迫于当时的无线网络、硬件及传感设备发展的局限，这一构想无法真正落实。

图1-3　《未来之路》

《未来之路》中写道：

（1）您将会自行选择收看自己喜欢的节目，而不是等着电视台为您强制性选择。

（2）如果您计划购买一台冰箱，您将不需要再听那些喋喋不休的推销员唠叨，电子论坛将会为您提供最丰富的信息。

（3）一对邻居在各自的家中收看同一部电视剧，然而在中间插播电视广告的时段，两家电视中却出现完全不同的节目。中年夫妻家中的电视广告节目是退休理财服务的广告，而年轻夫妇的电视中播放的是假期旅行广告。

(4) 另外，当您驾车驶过机场大门时，电子钱包将会与机场购票系统自动关联，为您购买机票，而机场的检票系统将会自动检测您的电子钱包，查看是否已经购买机票。

(5) 您可以亲自进入地图中，这样可以方便地找到每一条街道、每一座建筑。

(6) 您丢失或失窃的摄像机将自动向您发送信息，告诉您它现在所处的具体位置，甚至当它已经不在您所在的城市后也可以被轻松找到。

四、Ashton与麻省理工学院（MIT）自动识别中心

英国工程师Kevin Ashton（见图1-4），于1998年春季在宝洁公司的一次演讲中首次提出“物联网”的概念。当时根据美国零售连锁业联盟的估计，美国几大零售业者，一年中因为货品管理不善而遭受的损失高达700亿美元。时任宝洁公司（P&G）营销副总裁的Kevin Ashton对此有切身之痛，1997年宝洁公司的欧蕾保湿乳液上市，商品大为畅销，可是太畅销了，许多商店货架常常空掉，由于商品太多，查补的速度又太慢，“我们眼睁睁地看着钱一分一秒从货架上流失”，Kevin Ashton表示。

图1-4 Kevin Ashton

他作为“条码退休运动”的核心人物，花了两年的时间找到了答案，就是用RFID取代现有的商品条码，使电子标签变成零售商品的最佳信息发射器，并由此变化出千百种应用与管理方式，来实现供应链管理的透明化和自动化。

1999年10月1日，Ashton与美国麻省理工学院的两位同仁创立了一个RFID研究机构——MIT自动识别中心，那时正是条码问世25周年之际。该机构于2003年11月1日更名为自动识别实验室，主要为EPCglobal（负责EPC网络的全球化标准的非盈利组织）

提供技术支持。

Ashton对物联网的定义很简单：把所有物品通过射频识别等信息传感设备与互联网连接起来，实现智能化识别和管理。MIT自动识别中心提出，要在计算机互联网的基础上，利用RFID、无线传感网（Wireless Sensor Network，WSN）、数据通信等技术，构成一个覆盖世界上万事万物的“物联网”。在这个网络中，物品（商品）能够彼此进行“交流”，而无需人的干预。Ashton说：“这是比互联网更大、为公司创造一种使用传感器识别世界各地商品的方法。这将彻底改变我们以往从生产厂商到顾客，甚至是通过回收产品来跟踪产品的固有模式。事实上，我们创造了物联网。”Kevin Ashton预测电子产品代码（Electronic Product Code，EPC）网络将使机器能够感应到全球任何地方的人造物品，从而创造真正的“物联网”。

五、物联网闪亮登场

无论是物联网还是传感网，都不是最近才出现的新兴概念。作为物联网的子网络——传感网的构想最早由美国军方提出，起源于1978年美国国防部高级研究计划局资助卡耐基梅隆大学进行分布式传感网研究项目。

随着技术不断进步，国际电信联盟（ITU）于2005年11月17日，在突尼斯举行的信息社会世界峰会（WSIS）上，正式提出了物联网的概念。

物联网是指通过射频识别（RFID）、红外感应器、全球定位系统、激光扫描器等信息传感设备，按约定的协议，把任何物体与互联网连接起来，进行信息交换和通信，以实现智能化识别、定位、跟踪、监控和管理的一种网络。

根据ITU的描述，在物联网时代，通过在各种各样的日常用品上嵌入一种短距离的移动收发器，人类在信息与通信世界里将获得一个新的沟通维度，从任何时间、任何地点的人与人之间的沟通连接，扩展到人与物、物与物之间的沟通连接。物联网时代的图景：当驾驶员出现操作失误时，汽车会自动报警；公文包会提醒主人忘带了什么东西；衣服会“告诉”洗衣机对水温的要求等。

第三节 物联网的现状、前景与应用领域

一、物联网发展的现状与前景

物联网是继计算机、互联网之后的又一新的信息科学技术。目前，世界主要国家已将物联网作为抢占新一轮经济科技发展制高点的重大战略，我国也将物联网作为战略性新兴产业予以重点关注和推进，将物联网发展上升为国家发展战略。

物联网是国家战略性新兴产业的重要组成部分，是继计算机、互联网和移动通信之后的新一轮信息技术革命，正成为推动信息技术在各行各业更深入应用的新一轮信息化浪潮。发展物联网产业，是实现技术自主可控，保障国家安全的迫切需要；是促进产业结构调整，推进“两化”融合的迫切需要；是发展战略性新兴产业，带动经济增长的迫切需要；是提升整体创新能力，建设创新型国家的迫切需要。物联网产业作为新一代信息技术产业中最为重要的一支，其发展的战略意义巨大。

随着高速宽带网络的普及和大数据、云计算的发展，以及物联网平台型企业的成长和行业标准的推进，对物联网行业的需求也随之升级，从基础的物品识别、网络信息传输，开始向平台管理、数据分析等更高层次的需求升级，如此一来，物联网的云、管、端的信息闭环将会打通。

我国物联网正经历从硬件、传感等基础设备向软件平台和垂直行业应用升级，迈入发展第二阶段，万物互联的产业生态才刚起步。预计2020年全球将有500亿连接，是当前连接数的6～7倍，我国物联网市场规模将超过2万亿元，是当前电信运营规模的2倍。驱动物联网生态发展的因素逐渐成熟，硬件成本下降、云计算与大数据与行业结合、5G和NB-IOT等技术推进。

据美国权威咨询机构Forrester预测，到2020年世界上物联网业务将达到互联网业务的30倍，物联网将会形成下一个万亿元级别的通信业务。其中，仅是在智能电网和机场防入侵系统方面的市场规模就有上千亿元。

阅读延伸

Forrester公司是一家独立的技术和市场调研公司，针对技术给业务和客户所带来的影响提供务实和具有前瞻性的建议。在过去的25年中，Forrester公司已经被公认为是思想的领导者和可信赖的咨询商，它通过所从事的研究、咨询、市场活动和高层对等交流计划，帮助那些全球性的企业用户建立起市场领导地位。

从已有的发展数据看，我国从2009年到2014年，物联网行业市场规模复合增长率达到27.1%。2010年后的几年我国物联网行业持续快速发展。据中国物联网研究发展中心预计，到2020年我国物联网产业规模将达到2万亿元，产业链发展潜力显著。

二、物联网主要应用领域

1. 零售行业

美国沃尔玛首先在零售领域运用物联网，通过使用RFID标签技术，零售商可实现对商品从生产、存储、货架、结账到离开商场的全程监管，货物短缺或货架上产品脱销的概率得到了很大降低，商品失窃也得到遏制。RFID标签未来也将允许消费者自己进行结算，而不再需要长时间等待结账。

2. 物流行业

物流是指物品从供应地向接收地的实体流动过程，现代物流系统是从供应、采购、生产、运输、仓储、销售到消费的供应链。物流信息化的目标就是帮助物流业务实现“6R”，即将顾客所需要的产品（Right product），在合适的时间（Right time），以正确的质量（Right quality）、正确的数量（Right quantity）、正确的状态（Right status）送达指定的地点（Right place），并实现总成本最小。物联网技术的出现从根本上改变了物流中信息的采集方式，提高了从生产、运输、仓储到销售各环节的物品流动监控、动态协调的管理水平，极大地提高了物流效率。

3. 医药行业

物联网在医药领域的应用已体现在生产、零售与物流的应用上，除此之外，在打击假药制造和提高药物的使用效果上，物联网将有很大的应用空间。RFID芯片在打击假药制造上已经得到应用，未来RFID芯片在医药领域的全面应用将能够减少因服用假药、过量服药或者服用相克药物而失去生命的病例。物联网在医疗领域的应用则可以实现医疗设备管理、医院信息化平台建设、重症病人自动监护、远程患者健康检测及咨询等。

同时，物联网技术在医院管理中也大有用武之地。比如，老弱患者、重症患者、智障患者、精神类患者的监护等，通过感知手链，可以及时掌握上述患者的空间位置、状态以及饮食用药情况等重要信息，对提升医院的护理水平和效率大有益处。

4. 智能电网

按照美国能源部的定义，智能电网是指一个完全自动化的电力传输网络，能够监视和控制每个用户和电网节点，保证从电厂到终端用户整个输配电过程中所有节点之间的信息和电能的双向流动，其构成包括数据采集、数据传输、信息集成、分析优化和信息展现五个方面。

5. 智能家居

智能家居可以定义为一个过程或者一个系统，利用先进的计算机技术、网络通信技术、综合布线技术，将与家居生活有关的各种子系统有机地结合在一起，实现家电设备、家居用品的远程控制与管理，同时也可以完成水、电、煤气以及安保等的监控。

6. 智能交通

智能交通是一种先进的一体化交通综合管理系统，在智能交通体系中，车辆靠自己的智能装置在道路上自由行驶，公路靠自身的智能装置将交通流量调整至最佳状态，借助这个系统，公交公司能够有序灵活地调度车辆，管理人员将对道路车辆的行踪掌握得一清二楚。智能交通领域中物联网的主要功能可以概括为五点：①车辆控制；②交通监控；③运营车辆高度管理；④交通信息查询；⑤智能收费。除此之外，智能收费功能还可以用在加油站的付款、公交车的电子票务等领域。

7. 环境保护

物联网传感器网络可以广泛地应用于生态环境监测、生物种群研究、气象和地理研究、洪水监测、火灾监测，具体包括：①水情监测；②动植物生长管理；③空气监测；④地质灾害监测；⑤火险监测；⑥应急通信。

8. 智能化农业

(1) 智能化培育控制。物联网通过光照、温度、湿度等各式各样的无线传感器，可以实现对农作物生产环境中的温度、湿度信号以及光照、土壤温度、土壤含水量、CO_2 浓度、叶面湿度、露点温度等环境参数进行实时采集。同时在现场布置摄像头等监控设备，实时采集视频信号。用户通过计算机或手机，随时随地观察现场情况，查看现场温、湿度等数据，并可以远程控制智能调节指定设备，如自动开启或者关闭浇灌系统、温室卷帘等。

(2) 农副产品安全溯源。在农副产品运输和仓储阶段，物联网技术可对运输车辆进行位置信息查询和视频监控，及时了解车厢和仓库内外的情况、感知其温、湿度变化。用户可以通过无线传感网络与计算机或手机的连接进行实时观察并进行远程控制，为粮食的安全运送和存储保驾护航。

对于消费者来说，每个农副产品都有唯一标识的电子标签，上面记录该农副产品从种植、采摘或养殖、屠宰到运输、销售的全过程的档案资料，包括畜禽信息、饲料信息、化肥农药信息、运输过程中温度、水分控制情况，疾病防疫等。消费者可以凭借农副产品对应的追溯码，通过网站、电话或短信形式查询该农副产品的来源、运输渠道、质量检疫等多方面的信息。一旦产品出现质量问题，便可追踪溯源查出问题所在。

除了上述常见应用外，物联网还可以广泛应用于工业生产监控、矿产资源开采、环境监控、城市管理、国防军事等领域，这里就不一一详述。

案例

外卖服务与物联网

中国领先的外卖服务提供商——饿了么，日单量相当庞大，但一直饱受配送效率低下困扰，还不知道慢在哪里。配送员不能说不卖力，但大量时间耗费在等饭的过程中。商户也有抱怨：厨房生产嘈杂，厨师做好外卖单基本靠吼，高峰期前台还常常配错订单。

阿里云用物联网思维理顺了这个纷杂的系统。

2017 年，阿里云为饿了么提供了基于 IoT 的配送流程优化，配送员不用在饭馆等，厨师做好饭之后，按下一个集成了阿里云 IoT SDK 的按钮，信息就发送到部署在阿里云的饿了么后台管理系统上，系统就可以实时调配距离最近的配送员取菜，同时通知顾客快递已在路上。大大提高了配送效率。下一步，阿里云还计划为每辆配送车也配备一个IoT按钮，配送员不仅可以安全抢单，饿了么还能够获得整个配送流程的数据，知道慢在哪里，从而实现流程优化。

这个提升了至少数百万人体验的物联网应用并不复杂，阿里云IoT只是充分利用了物联网的连接能力，让物体自己发出指令，构建起一个基于数据的动态调配系统，用数据改善人为的无序。这样类似的需求，一旦平台标准都成熟，会层出不穷百花齐放。我们要准备的，只是改变对待这个世界的态度。

对企业来说，物联网已经是新产品占位和降低成本的必需品。根据预测，到2020年，物联网项目预计将占IT预算的43%。

第四节　物联网体系结构

一、物联网体系结构的意义和功能

体系架构是指导具体系统设计的前提。物联网应用广泛，系统规划和设计极易因角度的不同而产生不同的结果，因此急需建立一个具有框架支撑作用的体系架构。另外，随着应用需求的不断发展，各种新技术将逐渐纳入物联网的体系中，体系架构的设计也将决定物联网的技术细节、应用模式和发展趋势。在物联网中，任何人和物之间都可以在任何时间、任何地点实现任何网络的无缝融合，它实现了物理世界的情景感知、处理和控制这一闭环过程，在真正意义上形成了人-物、人-人、物-物间信息联接的新一代智能互联网络。

（一）物联网体系结构的意义

物联网的最终目的是建立一个满足人们生产、生活以及对资源、信息有更高需求的综合平台，管理跨组织、跨管理域的各种资源和异构设备，为上层应用提供全面的资源共享接口，实现分布式资源的有效集成，提供各种数据的智能计算、信息的及时共享以及决策的辅助分析等。它是在传感网、互联网的基础上发展起来的，在体系结构和关键技术上存在一定的联系和相似性，但是又有本质上的区别。其意义具体表现在以下方面。

（1）无线传感网是一种“随机分布并集成传感网、数据处理模块和通信模块的节点，通过自组织的方式构成的网络”，它可以借助节点中内置的、形式多样的传感器测量周边环境中的热、红外、声呐、雷达和地震波信号。由无线传感器的定义可以看出，无线传感网的目的是传输数据，这些数据由传感器来采集，由无线网络来传输。参考物联网的定义，可以发现两种网络之间的明显区别：物联网主要用来解决物与物、人与物、人与人的相连，传输数据只是作为连接的手段。由此可以看出物联网与传统的无线传感器网不尽相同，但是无线传感网的相关技术可以作为物联网开发的基础。

（2）互联网是一种典型的客户端驱动模式，当用户需要了解一个物品时，需要依靠人在互联网上去收集这个物品的相关信息，然后放置到互联网上供人们浏览，人在其中要做很多的工作，且难以随时了解其中的动态变化。而物联网则不需要，它是靠物品"自己说话"，通过在物品中置入各种微型感应芯片，借助无线、有线通信网络，与现在的互联网相互连接，让其"开口说话"。可以说互联网连接的是虚拟世界，而物联网则是现实物理世界的互联、互通。

通过以上分析，物联网可以抽象划分为广泛分布的感知设备、物联网中间件及上层应用三个层次，如图 1-5 所示。中间件（Middleware）是位于感知设备和应用之间的通用服务，这些服务具有标准的程序接口和协议，即中间件＝平台＋通信。它处于设备和应用之间，作为两者之间的一个桥梁，主要作用是把用户和资源联系起来，提供用户对资源的透明使用。底层是广泛分布的感知设备，是感知资源的集合，也是感知信息的来源，是人们构建物联网的基础。顶层是应用层，各种反馈决策和应用都在这一层实现，它直接影响着物联网最终要达到的目的。

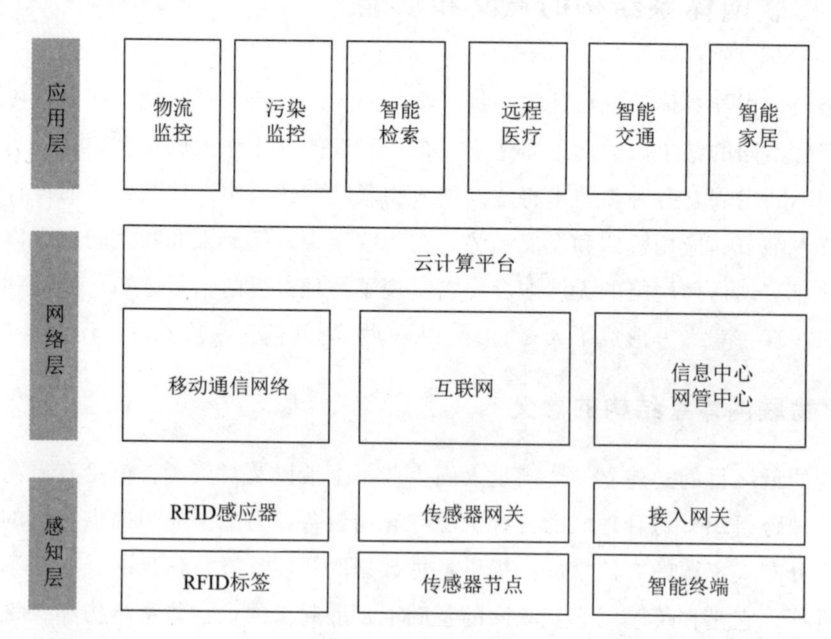

图 1-5　物联网三层结构

（二）物联网体系结构的功能

除此之外，物联网的体系结构还应满足以下功能。

1. 异构屏蔽性

异构屏蔽性表现在计算机软硬件之间的异构性，包括硬件（CPU 和指令集、硬件结构、驱动程序等）、操作系统（不同操作系统的API和开发环境）、数据库（不同的存储和访问格式）等。造成异构的原因源自市场竞争、技术升级以及保护投资等因素。物联网中的异构屏蔽性主要体现在两个方面：①物联网中低层的信息采集设备种类众多，如传感器、一维条形码、二维条形码、摄像头以及GPS等，这些信息采集设备及其网关拥有不同的硬件结构、驱动程序、操作系统等；②不同的设备所采集的数据格式不同，这就需要对这些数据进行格式转化，以便应用系统可直接处理这些数据。

2. 互联互通

在物联网中，同一信息采集设备所采集的信息可能要提供给多个应用环境，不同应用系统之间的数据也要实现互联、互通，但是异构屏蔽性使得不同系统在不同平台之间不能移植，而且因为网络协议和通信机制的不同，这些系统之间不能实现有效的集成。如何建立一种通用的应用架构，实现不同应用系统、应用平台之间的无缝融合和透明操作，是未来物联网体系结构设计时需要考虑的。

3. 安全性

安全是基于网络的各种系统运行的重要基础之一，物联网的开放性、包容性也决定了它不可避免地存在着信息安全隐患。这就需要建立可靠的安全架构，研究其中的安全关键技术，满足机密性、真实性、完整性、抗依赖性的四大要求，同时还需要解决好物联网中的用户隐私保护与信息管理问题。

综上所述，物联网体系结构是基于物联网应用的客观需求，抽象物联网的技术和规范，包括划分和定义物联网的基础组成部分、定义各部分功能、描述不同部分之间的关系以及设计的关键技术。显然，物联网体系结构是物联网的骨骼和灵魂，是最基本的内容，只有建立科学合理、符合需求的物联网体系结构，才能使物联网发挥自己的作用。

二、物联网体系结构的设计原则

物联网的问世，打破了传统的思维模式，必将在技术、应用模式等方面带来新的变革。物联网通过附着在物体上的各种感知设备，使物体具备了“开口说话”的能力，通过各种有线、无线方式接入网络，在真正意义上实现了物理世界与信息世界的融合。研究物联网体系结构，首先需要明确架构物联网体系结构的基本原则，以便形成统一的体系标准。

物联网从应用角度出发，利用互联网、无线通信网络进行感知信息的发送，是现有互联网、移动通信网的延伸，是自动化控制、遥控遥测及信息应用技术的综合展现。当物联网与进程通信、信息采集与网络技术、用户终端设备结合后，其价值才逐渐得以展现。因此，设计物联网体系结构时应该遵循以下几条原则。

1. 以用户为中心

物联网的最终应用都是为人服务的，人不仅是感知数据的参与者，还是数据的消费者。因此，在结构设计时要充分考虑到用户的便利性，满足用户的不同需求，实现人与人、人与设备的高效协同。

2. 时空性原则

物联网感知的数据具有空间复杂交错、时间离散的特点，其体系结构的设计应该满足在时间和空间上的需求。

3. 互联互通原则

物联网应该实现不同网络、通信协议的平滑过渡、无缝融合，更好地为上层应用提供服务。

4. 开放性原则

物联网体系结构除包含基本模块外，还应该包含一些为用户提供不同功能的可扩展模块。通过开放性、可扩展设计，可以最大限度地实现物联网的应用。

5. 安全性原则

物-物、物-人互联之后，物联网的安全性将比互联网的安全性更为重要，因此物联网的体系结构应能够防范大范围的网络攻击。

6. 健壮性和稳定性原则

物联网系统涉及传感器、网络、通信、人工智能等多方面知识，其系统是庞大而又复杂的。因此，系统结构应该具备一定的健壮性和稳定性。

7. 可管理性原则

物联网中感知设备众多，节点分布范围广，各节点实时状态未知，感知信息种类多，如何分析、解释、管理网络中产生的大量节点及其产生的数据是物联网必然要解决的问题。物联网应该具备良好的管理功能，可以监控网络内部的各种感知设备的活动状态、属性等信息，辅助用户监测网络行为，发现网络中的错误，实现对监测信息的图形显示、科学管理和实时监测。

物联网是继计算机、互联网与移动通信网之后的信息产业新方向，其价值在于让物体也拥有了“智慧”，从而实现人与物、物与物之间的沟通。

三、物联网体系结构的三个层次

物联网的价值在于让物体也拥有了“智慧”，从而实现人与物、物与物之间的沟通，物联网的特征在于感知、互联和智能的叠加。因此，物联网由三个部分组成：感知部分，即以二维码、RFID、传感器为主，实现对“物”的识别；传输网络，即通过现有的互联网、广电网络、通信网络等实现数据的传输；智能处理，即利用云计算、数据挖掘、中间件等技术实现对物品的自动控制与智能管理等。

目前，在业界物联网体系结构也大致被公认为这三个层次，底层是用来感知数据的感知层，中间层是数据传输的网络层，最上面则是应用层，如图 1-6 所示。

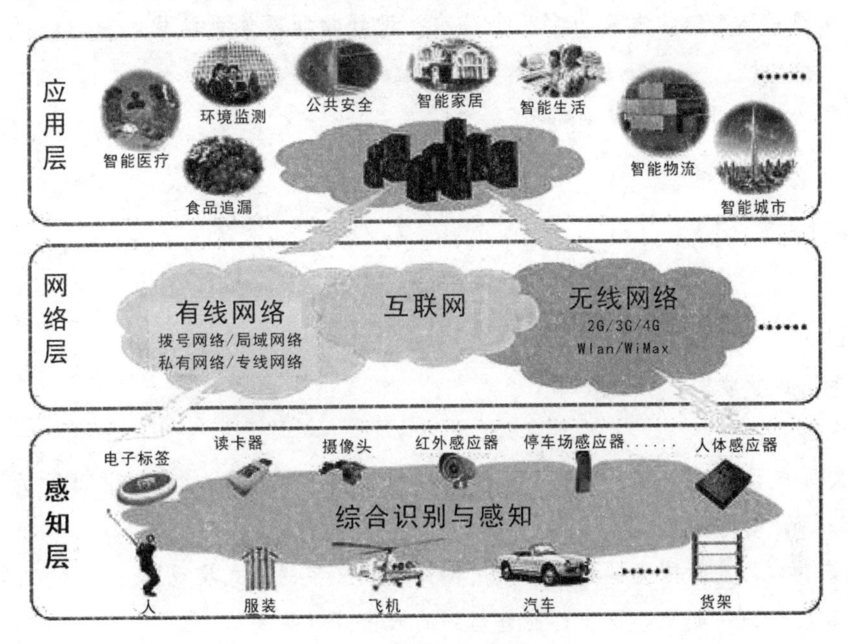

图 1-6 物联网体系结构

在物联网体系结构中，三层的关系可以这样理解：感知层相当于人体的皮肤和五官；网络层相当于人体的神经中枢和大脑；应用层相当于人的社会分工。具体描述如下。

（1）感知层是物联网的皮肤和五官——识别物体，采集信息。感知层包括二维码标签和识读器、RFID 标签和读写器、摄像头、GPS 等，主要作用是识别物体、采集信息，与人体结构中皮肤和五官的作用相似。

（2）网络层是物联网的神经中枢和大脑——信息传递和处理。网络层包括通信与互联网的融合网络、网络管理中心和信息处理中心等。网络层将感知层获取的信息进行传递和处理，类似于人体结构中的神经中枢和大脑。

（3）应用层是物联网的社会分工——与行业需求结合，实现广泛智能化。应用层是物联网与行业专业技术的深度融合，与行业需求结合，实现行业智能化，这类似于人的社会分工，最终构成人类社会。

在各层之间，信息不是单向传递的，也有交互、控制等，所传递的信息多种多样，这其中的关键是物品的信息，包括在特定应用系统范围内能唯一标识物品的识别码和物品的静态与动态信息。

思考题

1. 什么是物联网？

2. 物联网是怎样兴起的？

3. 物联网与互联网之间是什么样的关系？

4. 物联网在体系结构上分为哪几个层次？设计物联网体系结构时应该遵循的原则有哪些？

5. 物联网的应用领域主要有哪些？

实训拓展

认识物联网

实训目的

进一步认识物联网。

实训内容

充分发挥自己的想象力，憧憬未来的物联网生活。选题自拟，采用 PPT 的形式展示并发言讨论。讨论稿需要包含以下关键点。

1. 未来物联网生活有哪些特点，采用图片匹配文字的形式展现。

2. 开动脑筋发挥想象，说出你能够想到的未来可以拓展的功能。

第二章 识别技术

学习目标

了解条形码的结构特点、识读原理及常见的二维码。

掌握射频技术的基本原理、特点、技术及应用。

了解模式识别的系统组成与应用。

案例导入

防伪二维码标签

二维码越来越为大众所认识、接受并应用，近几年，二维码的应用，似乎一夜之间渗透到我们生活的方方面面。作为物联网浪潮中的一个产业，二维码防伪受到的关注相对较少，随着物联网的发展，二维码防伪或许会得到更大的发展。那么二维码的应用与优势又体现在哪里呢？

1. 加密技术安全可靠

加密二维条码是运用全球先进的组合数学原理，将密码与数字结合起来，对可数字化的信息，比如虹膜、指纹、编号等，作为原始数据加密，生成二维条码。

加密运算的中心在于加密密钥，它掌握在用户手中。用户用密钥对加密条码进行解读，恢复成数据方式，与初始数据比较便能区别真伪。

2. 防伪能力强

二维码防伪标签具有很高的数据安全性和可靠性，二维码内的信息数据不可更改，具有很强的防伪能力。而该技术已在美国、菲律宾、南非等已有大批量、长期运用的实例。

3. 信息量大，纠错能力强

在数据收集、数据传递方面，二维码拥有天然的优势。首先，二维码的存储容量可达上千字节，因此可以储存产品信息资料；其次，选用的是领先的纠错算法，即使在二维码有部分损坏的情况下，也能够还原出完整的初始信息。因此二维码拥有信息传递的安全、可靠、便捷的特点。

第一节　条码技术

感知层主要功能是识别物体、采集信息。与人体结构中皮肤和五官的作用相似，通过感知层，物联网可以实现对物体的感知。把传感器装备到电网、铁路、桥梁、隧道、公路、建筑、供水系统、大坝、油气管道以及家用电器物体上。通过互联网连接起来，进而运行特定的程序，达到远程控制或者实现物与物的直接通信，从而给物体赋予“智能”，实现人与物体的沟通和对话，也可以实现物体与物体间的沟通和对话。条形码技术是最早的、最著名，也是最成功的自动识别技术。

一、条形码概述

（一）条形码的概念

条形码（Bar Code）是由一组按一定编码规则排列的条、空符号组成的编码符号，用以表示一定的字符、数字及符号组成的信息。“条”是指对光线反射率较低的部分，“空”是指对光线反射率较高的部分，这些条和空组成的数据表达一定的信息，并能够用特定的设备识读，转换成与计算机兼容的二进制和十进制信息。

（二）条形码符号的构成

一个条形码图案由数条黑色和白色线条组成，如图 2-1 所示。一个完整的条形码的组成次序为：静区（前，左侧空白区）、起始符、数据符、中间分隔符（主要用于 EAN 码）、校验符、终止符、静区（后，右侧空白区）。同时，下端附有供人识别的字符。

图 2-1　条形码符号的构成

(三) 条形码的应用

条形码具有可靠准确、数据输入速度快、经济便宜、灵活实用、自由度大、设备简单等优越性，在当今的自动识别技术中占有重要的地位。目前，条形码技术已被广泛应用于商业、邮政、图书管理、仓储、工业生产过程控制、交通等领域。国际广泛使用的条形码种类有 EAN、UPC 码（商品条形码，用于在世界范围内唯一标识一种商品，超市中最常见的就是这种条形码）、Code39 码（标准 39 码，可表示数字和字母，在管理领域应用最广）、ITF25 码（交叉 25 码，在物流管理中应用较多）、Codebar 码（库德巴码，多用于医疗、图书领域）、Code93 码、Code128 码等。其中，EAN 码是当今世界上广为使用的商品条形码，已成为电子数据交换（EDI）的基础；Code39 码因其可采用数字与字母共同组成的方式而在各行业内部管理上被广泛使用；在血库、图书馆和照相馆的业务中，Codabar 码也被广泛使用。

二维条形码作为一种新的信息存储和传递技术，可把照片、指纹编制于其中，可有效地解决证件的可机读和防伪问题，已广泛应用于护照、身份证、行车证、军人证、健康证、保险卡等防伪领域。同时，二维条形码也在国防、公共安全、交通运输、医疗保健、工业、商业、金融、海关及政府管理等多个领域得到广泛应用。

二、条形码的分类

条形码的分类方法有很多种，主要依据条形码的编码结构和条形码的性质进行分类。按条形码的长度可分为定长条形码和非定长条形码；按排列方式可分为连续型条形码和非连续型条形码；按校验方式可分为自校验码条形码和非自校验条形码；按照应用可分为一维条形码和二维条形码；按应用场合又可分为金属条形码、荧光条形码等。

(一) 按码制分类

条形码种类很多，常见的大概有二十多种码制，其中包括：Code39 码（标准 39 码）、Codabar 码（库德巴码）、Code25 码（标准 25 码），ITF25 码（交叉 25 码）、Matrix25 码（矩阵 25 码）、UPC-A 码、UPC-E 码、EAN-13 码（EAN-13 国际商品条形码）、EAN-8 码（EAN-8 国际商品条形码）、中国邮政编码（矩阵 25 码的一种变体）、Code-B 码、MSI 码、Code11 码、Code93 码、ISBN 码、ISSN 码、Code128 码（Code128 码，包括 EAN128 码）、Code39EMS（EMS 专用的 39 码）等一维条形码和数据矩阵码（Data Matrix）、Maxi 码、Aztec 码、快速响应码、Vericode 码、PDF417 码、Ultracode 码、Code49 码等二维条形码。

（二）按维数分类

按维数条形码可分为一维条形码、二维条形码、多维条形码等。

一维条形码只在一个方向（一般是水平方向）上表达信息，而在垂直方向则不表达任何信息，其一定的高度通常是为了便于阅读器的对准。一维条形码的应用可以提高信息录入的速度，减少差错率，但是一维条形码也存在数据容量较小（30个字符左右）、只能包含字母和数字、条形码尺寸相对较大（空间利用率较低）、条形码遭到损坏后便不能阅读等一些不足之处。

二维条形码在平面的横向和纵向上都能表示信息，所以与一维条形码比较，二维条形码所携带的信息量和信息密度都提高了几倍，二维条形码可表示图像、文字，甚至声音。二维条形码的出现，使条形码技术从简单地标识物品转化为描述物品，它的功能有了质的变化，条形码技术的应用领域也就扩大了。

三、条形码识读原理与技术

（一）条形码识读原理

为了阅读出条形码所代表的信息，需要一套条形码识别系统，它由条形码扫描器、放大整形电路、译码接口电路和计算机系统等部分组成（见图2-2）。

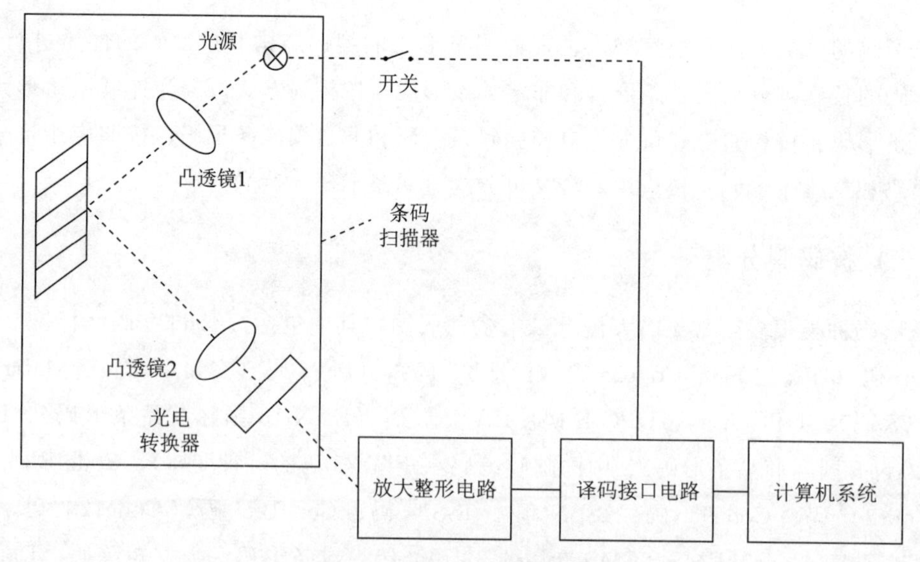

图 2-2　条形码识读原理示意图

由于不同颜色的物体，其反射的可见光的波长不同，白色物体能反射各种波长的可见光，黑色物体则吸收各种波长的可见光，所以当条形码扫描器（或称条形码阅读器）光源发出的光经光源及凸透镜1后，照射到黑白相间的条形码上时，反射光经凸透镜2聚焦后，照射到光电转换器上，于是光电转换器接收到与白条和黑条相应的强弱不同的反射光信号，并转换成相应的电信号输出到放大整形电路。白条、黑条的宽度不同，相应的电信号持续时间长短也不同。但是，由光电转换器输出的与条形码的条和空相应的电信号一般仅10 mV左右，不能直接使用，因而先要将光电转换器输出的电信号送放大器放大。放大后的电信号仍然是一个模拟电信号，为了避免条形码中的疵点和污点导致错误信号，在放大电路后需加一整形电路，把模拟信号转换成数字信号，以便计算机系统能准确判读。整形电路的脉冲数字信号经译码器译成数字、字符信息，它通过识别起始、终止字符来判别出条形码符号的码制及扫描方向，通过测量脉冲数字电信号0，1的数目来判别出条和空的数目，通过测量0，1信号持续的时间来判别条和空的宽度。这样便得到了被辨读的条形码符号的条和空的数目及相应的宽度和所用码制，根据码制所对应的编码规则，便可将条形符号换成相应的数字、字符信息，通过接口电路送给计算机系统进行数据处理与管理，便完成了条形码辨读的全过程。

（二）条形码阅读器

条形码阅读器又称为条形码扫描器、条形码扫描枪。普通的条形码阅读器通常有以下三种。

1. 光笔条形码扫描器

光笔是最先出现的一种手持接触式条形码阅读器，它也是最为经济的一种条形码阅读器（见图2-3）。使用时，操作者需将光笔接触到条形码表面，通过光笔的镜头发出一个很小的光点，当这个光点从左到右划过条形码时，在“空”的部分，光线被反射，“条”的部分，光线将被吸收，因此在光笔内部产生一个变化的电压。这个电压通过放大、整形后用于译码。

2. 激光条形码扫描器

可分为手持式和固定式两种，如图2-4和图2-5所示。其中手持式激光条形码扫描器的基本工作原理为：一个激光二极管发出一束光线，照射到一个旋转的棱镜或来回摆动的镜子上，反射后的光线穿过阅读窗照射到条形码表面，光线经过条或空的反射后返回阅读器，由一个镜子进行采集、聚焦，通过光电转换器转换成电信号，最后通过扫描器或终端上的译码软件对信号进行译码。

图2-3　光笔条形码扫描器

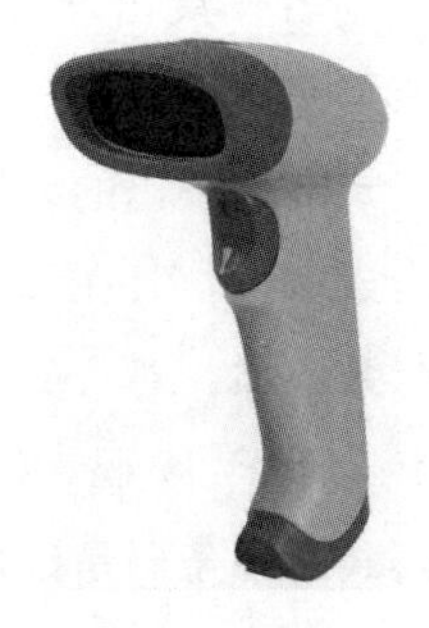

图2-4　手持式激光条形码扫描器

图 2-5　固定式激光条形码扫描器

3. CCD 阅读器

CCD 阅读器使用一个或多个 LED，发出的光线能够覆盖整个条形码，条形码的图像被传到一排光上，被每个单独的光电二极管采样，由邻近的探测结果为“黑”或“白”区分每一个条或空，从而确定条形码的字符，换言之，CCD 阅读器不是阅读每一个“条”或“空”，而是条形码的整个部分，并转换成可以译码的电信号。

手机条形码扫描器能扫描条形码到各款智能手机，并与之成为一体，通过调用手机镜头的照相功能，软件将快速扫描识别出一维码和二维码内的信息，使得手机变身数据采集器，能很好地应用于快递物流、医疗管理、家电售后、销售管理、政府政务等各个行业，帮助企业提高移动办事效率，降低规模成本。

四、二维码

（一）二维码概述

一维条码虽然提高了资料收集与资料处理的速度，但由于受到资料容量的限制，一维条码仅能标识商品，而不能描述商品。因此，一维条码通常需要依赖计算机网络中的资料库才能得到商品的信息。要提高条码信息密度，可用两种方法来解决：①在一维条码的基础上向二维码方向扩展；②利用图像识别原理，采用新的几何形体和结构设计出二维码。前者发展出堆叠式二维条码，后者则有矩阵式二维条码的出现，构成现今二维码的两大类型。

堆叠式二维条码的编码原理是建立在一维条码的基础上，将一维条码的高度变窄，再依需要堆成多行，其在编码设计、检查原理、识读方式等方面都继承了一维条码的特点。但由于行数增加，对行的辨别、解码算法则与一维条码有所不同。较具代表性的堆叠式二维条码有：PDF417 码、Code16K 码、Supercode 码和 Code49 码等。

矩阵式二维条码是以矩阵的形式组成，在矩阵相应元素位置上，用点（dot）的出现表示二进制的“1”，不出现表示二进制的“0”。点的排列组合确定了矩阵码所代表的意义。其中，点可以是方点、圆点或其他形状的点。矩阵码是建立在计算机图像处理技术、组合编码原理等基础上的图形符号自动辨识的码制。

（二）常见的二维码

1. PDF417 码

PDF417 码是美国符号科技（Symbol Technologies，Inc.）发明的二维码。目前 PDF417 码主要是预备应用于运输包裹与商品资料标签。PDF417 码是一种高密度、高信息含量的便携式数据文件，是实现证件及卡片等大容量、高可靠性信息自动存储、携带并可用机器自动识读的理想手段，如图 2-6 所示。

图 2-6　PDF417 二维码图例

2. Data Matrix 码

Data Matrix 二维码原名 Data-code，由美国国际数据公司（International Data Matrix，ID Matrix）于 1989 年发明。Data Matrix 二维码是一种矩阵式二维条码，其发展的构想是希望在较小的条码标签上存入更多的资料。Data Matrix 二维码的最小尺寸是目前所有条码中最小的，尤其适用于小零件的标识以及直接印刷在物品实体上，如图 2-7 所示。

Data Matrix 二维码主要用于电子行业小零件的标识，如英特尔的奔腾处理器的背面就印制了这种码。

图 2-7　Data Matrix 二维码图例

3. Maxicode 码

Maxicode 码是一种中等容量、尺寸固定的矩阵式二维码，它由紧密相连的六边形模组和位于符号中央位置的定位图形所组成。Maxicode 码是特别为高速扫描而设计的，主要应用于包裹搜寻和追踪上。国际物流巨头 UPS 除了将 Maxicode 码应用到包裹的分类、追踪作业上，还打算将其推广到其他应用上。1992 年与 1996 年所推出的 Maxicode 码的符号规格略有不同，如图 2-8 所示。

图 2-8　Maxicode 二维码图例

4. QR 码

QR 码于 1994 年由日本 DENSO WAVE 公司发明。日本的 QR 码标准 JIS X0510 在 1999 年 1 月发布，而其对应的 ISO 国际标准 ISO/IEC18004，则在 2000 年 6 月获得批准。而 QR 是英文“Quick Response”的缩写，即快速反应的意思，皆因用户只需以手机镜头拍下 QR 二维码图形，利用内置的读取软件就可马上解读其内容。根据 DENSO WAVE 公司的网站资料显示，QR 码标准属于开放式的标准，QR 码的规格公开，如图 2-9 所示。

图 2-9　QR 二维码图例

QR 码具有超高速识读、全方位识读、纠错能力强、能有效表示汉字等特点。QR 码外观呈正方形的不规则黑白点图像，其中 3 个角印有较小的“回”字形正方图案，供解码软件作定位用。该码无须对准，以任何角度扫描，资料均可被正确读取。而一般的 QR 二维码图形的储存量，可以是 7 089 个数字、4 296 个字母、2 953 个二进制数、1 817 个日文汉字或 984 个中文汉字。

在我国，目前普遍采用的二维码为 QR 码。其扫描工具就是我们常用的手机，因此也称为手机二维码。手机二维码是二维码技术在手机上的应用。手机二维码由一个二维码矩阵图形和一个二维码号，以及下方的说明文字构成。

用户通过手机摄像头对二维码图形进行扫描，或输入二维码号即可以进入相关网页进行浏览。手机二维码具有信息量大、纠错能力强、识读速度快、全方位识读等优点。将手机需要访问、使用的信息编码到二维码中，利用手机的摄像头识读，这就是手机二维码。

手机二维码可以印刷在报纸、杂志、广告、图书、包装以及个人名片等多种载体上，用户通过手机摄像头扫描二维码或输入二维码下面的号码、关键字即可实现手机上网查看，快速便捷地浏览网页，下载图文、音乐、视频，获取优惠券，参与抽奖，了解企业产品信息，而省去了在手机上输入网址的烦琐过程，实现一键上网。同时，还可以方便地用手机识别和存储名片、自动输入短信、获取公共服务（如天气预报），实现电子地图查询定位、手机阅读等多种功能。随着网络的进一步发展，二维码可以为网络浏览、下载、在线视频、网上购物、网上支付等提供方便的入口。

五、二维码应用实例

二维码结合手机上网技术，造就了新型的营销模式。图 2-10 是手机移动商务与传统计算机上网方式的对比。

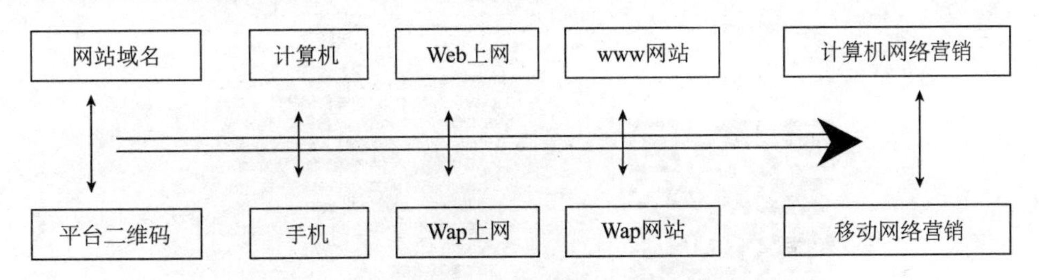

图 2-10 手机移动商务与传统计算机上网方式的对比

下面以中国某移动通信公司为例对二维码应用做简单介绍。

中国某移动通信公司的手机二维码业务是指以移动终端和移动互联网作为二维码存储、解读、处理和传播渠道而产生的各种移动增值服务，根据手机终端承担的任务是解读二维码信息还是存储二维码信息可分为被读类业务和主读类业务两大类。

（一）被读类业务

平台将二维码通过彩信发到用户手机上，用户持手机到现场，通过二维码扫描进行内容识别，如图 2-11 所示。

图 2-11 被读类手机二维码应用示意图

被读类二维码的主要应用包括以下几个领域。

（1）移动订票。用户在网上商城完成购买并收到二维码作为电子票。

(2) 电子 VIP。二维码作为电子会员卡，通过读取二维码验证身份。

(3) 积分兑换。用户积分兑换后收到二维码，在商家刷手机二维码获取商品。

(4) 电子提货券。二维码替代提货卡，用户到商家刷二维码领取货品。

(5) 电子访客。二维码存储访客信息，通过识读机具进行读取保存。

(二) 主读类业务

用户在手机上安装二维码客户端，使用手机拍摄并识别报纸、杂志、产品包装、产品本身等上面印刷的二维码图片，获取二维码所存储内容。主读类手机二维码应用如图 2-12 所示。

图 2-12　主读类手机二维码应用示意图

主读类二维码的主要应用包括以下几个领域。

(1) 溯源。手机对动物、蔬菜、水果等上的二维码拍码进行来源查询。

(2) 防伪。手机对商品上的二维码拍码，可链接后台查询真伪。

(3) 拍码上网。二维码替代网址，用户拍摄二维码后即可跳转对应网站。

(4) 拍码购物。二维码存储商品购买链接网址，拍码并链接后台实现手机购物。

(5) 名片识别。手机对名片上的二维码进行拍码读取所存储的名片信息。

(6) 广告发布。二维码和传统平面广告结合，拍码可浏览或查看详细内容。

案 例

万科智能门禁应用　二维码扫描器助力万科

万科地产一直以打造智慧、科技和环保的现代智慧城市生活为目标。万科用推行智慧社区来实现全面的智慧化、智能化，来营造一个科技、时尚、智能的智慧社区，让更多的住户选择这种宜居的环境，同时也让住户认识房产的本身所带来的自身价值。随着智慧社区的推出，更多的住户感受到了智慧社区带来的安全感和幸福感。

现在很多社区还是采用传统的出入方式，就是刷门卡进入社区。现在我们不光能用门卡进入，而且较之更具现代感的是通过手机扫描识读就能进入，只要用手机对准条码扫描识别器就能够完成。由于在手机里储存了大量的有效个人信息，只要通过条码识别器将你的信息录入到门禁控制管理系统中它就能够自动识别你的身份，由于你的个人信息和社区门禁控制管理系统中的信息是对应的，只有你的信息正确，在系统里才有反应。所以在进入社区没有门禁卡也无所谓，通过手机扫码录入信息也能完成，现在相应的在很多场景都采用了手机扫码，在应用领域不只是比以前快捷和方便而且也更加安全。

六、条码/二维码发展趋势

从 20 世纪 70 年代至今，条码技术及应用都取得了长足的发展。符号表示已由一维条码发展到二维条码，目前又出现了将一维条码和二维条码结合在一起的复合码。条码介质由纸质发展到特殊介质。条码的应用已从商业领域拓展到物流、金融等经济领域，并向纵深发展，面向企业信息化管理的深层次的集成。条码技术产品逐渐向高、精、尖和集成化方向发展。目前，国际上条码技术的发展呈如下特点。

（一）条码技术产业迅猛发展

根据美国的专业研究机构 VDC（Venture Development Corp）的统计，全球条码市场规模一直在持续稳步增长。

随着应用的深入，条码技术装备也朝着多功能、远距离、小型化、软件硬件并举、安全可靠、经济适用方向发展，出现了许多新型技术装备，具体表现在以下几方面。

（1）条码识读设备向小型化，与常规通用设备的集成化、复合化方向发展。

（2）条码数据采集终端设备向多功能、便携式、集成多种现代通信技术和网络技术的设备一体化方向发展。

（3）条码生成设备向专用和小批量印制方向发展。例如，基于 GPRS 和 CDMA 的条码通信终端使条码技术在现场服务、物流配送、生产制造等诸多领域得到更加广泛和深入的应用；又如，由于现阶段手机广泛普及，能够识读条码的手机可以成为一种集数据采集、处理、交互、显示、认证等多种功能于一体的移动式数据终端，实现手机价值的最大化。

（二）条码技术与其他自动识别技术趋于集成

由于各种自动识别技术都有一定的局限性，多种技术共存既可充分发挥各自的优势，又可以有效互补。当前，发达国家都积极开展条码技术与射频识别技术等的集成研究，如：条码符号和射频标签的生成和识读设备一体化的研发。美国的 InteHnec 公司已经研发出了 900 MHz 的条码射频一体化识读设备，条码行业的领军者——美国迅宝科技公司也正在积极投入到该类设备的研发中。

（三）条码技术标准体系逐渐完善

条码技术作为信息自动化采集的基本手段，随着应用的深入，新的条码技术标准不断出现，标准体系逐渐完善。国际上，条码技术标准化已经成为一个独立的标准化工作领域。国际标准化组织（ISO）和国际电工委员会（IEC）的联合工作组 JTC1 于 1996 年成立的第 31 分委会（SC31），是国际上开展自动识别与数据采集技术标准化研究的专门机构。国际物品编码协会（GS1，事实上的全球第一商务标准化组织）也在开展条码技术商务应用的标准化研究。该组织通过全球近百万成员企业，针对条码技术在全球开放的商品流通与供应链管理过程，开展商务应用标准的研究及在全球的应用推广，制定了《EAN. UCC 通用规范》，并进行实时、动态维护。

（四）条码自动识别技术应用向纵深发展

1. 积极建立基于条码技术应用的全球产品与服务分类编码标准

条码作为信息采集的手段，必须以信息的分类编码为基础。但当前国际上，不同的行业，针对不同的用途，采用不同的分类编码体系，各体系互不兼容，信息系统无法通信和共享。鉴于此，国际物品编码协会正在积极联合 GCI（全球商务倡议联盟）、ECR（高效消费者响应）委员会等，致力于构建一个全球统一的产品与服务分类编码标准。

2. 积极构建基于条码技术应用的电子商务公共信息平台

在电子商务时代，商品基础数据在供应链各贸易伙伴的信息系统或信息平台的一致性和适时同步，是实现贸易伙伴间连续顺畅的数据交换、信息有效共享的基础，同时也是流通领域实现现代化的前提。因此，全球许多国家均发起了商品数据同步的倡议。美国、英国、德国、澳大利亚、韩国等国家，正在积极建设本国基于现有条码技术的用于电子商务的商品数据库，对这些国家的国内贸易的电子化起到了非常大的作用。各国都在关注条码技术在供应链管理、电子商务中的作用，以及如何实现多行业、多地区、多层次的信息资源的联通与共享，致力于基于条码技术应用的电子商务公共信息平台的构建。

3. 条码技术在产品溯源、物流管理等重点领域得到更深层次的应用

当前，条码技术的应用向纵深发展，面向企业信息化管理的深层次的集成。其中以条码技术在食品安全方面的应用尤为突出。采用条码技术可对食品原料的生长、加工、储藏及零售等供应链环节进行管理，实现食品安全溯源。联合国欧洲经济委员会（UNECE）已经正式推荐运用条码技术进行食品的跟踪与追溯。包括法国、澳大利亚、日本在内的全球 20 多个国家和地区，都采用条码技术建立食品安全系统。此外，建立基于条码技术应用的高度自动化的现代物流系统，是目前国际上物流发展的一大趋势，也是当前条码技术推广应用的一个重点。

第二节　射频识别技术

射频识别（RFID）技术，也称为电子标签、无线射频识别，是 20 世纪 80 年代开始出现的一种自动识别技术。RFID 可以通过无线电信号识别特定目标并获取相关的数据信息，即无须在识别系统与特定目标之间建立机械或光学接触，利用射频信号通过空间耦合（交变磁场或电磁场）实现无接触信息传递，并通过所传递的信息达到识别目的的技术。射频识别技术最突出的特点：不需要人工干预，可以非接触识读（识读距离可以从 10 厘米至几十米）；可识别高速运动物体；抗恶劣环境能力强，一般污垢覆盖在标签上不影响标签信息的识读；保密性强；可同时识别多个对象或高速运动的物体等。

一、RFID 的基本原理

与条码相比，RFID 标签具有读取速度快、存储空间大、工作距离远、穿透性强、外形多样、工作环境适应性强和可重复使用等多种优势。

RFID 技术的基本工作原理：标签进入磁场后，会接收到读写器发出的射频信号，凭借感应电流所获得的能量发送出存储在芯片中的产品信息（Passive Tag，无源标签或被动标签），或者主动发送某一频率的信号（Active Tag，有源标签或主动标签）；读写器读取信息并解码后，送至中央信息系统进行有关数据处理。射频识别系统是利用射频标签与射频读写器之间的射频信号及其空间耦合、传输特性，实现对静止的、移动的待识别物品的自动识别。在射频识别系统中，射频标签与读写器之间，通过两者的天线架起空间电磁波传输的通道，通过电感耦合或电磁耦合的方式，实现能量和数据信息的传输。最基本的 RFID 系统由标签（Tag）、读写器（Reader）、天线（Antenna）三部分组成，如表 2-1 所示。

表 2-1 RFID 系统的组成

读写器	读取（有时还可以写入）标签信息的设备，可设计为手持式或固定式
天线	在标签和读写器间传递射频信号
标签	由耦合元件及芯片组成，每个标签具有唯一的电子编码，附着在物体上标识目标对象；每个标签都有一个全球唯一的 ID 号码——UID，UID 是在制作芯片时放在 ROM 中的，无法修改

（一）标签

由耦合元件及芯片组成，每个标签具有唯一的电子编码，附着在物体上标识目标对象。电子标签中一般保存有约定格式的电子数据，在实际应用中，电子标签附着在待识别物体的表面。读写器可无接触地读取并识别电子标签中所保存的电子数据，从而达到自动识别体的目的。通常读写器与电脑相连，所读取的标签信息被传送到电脑上进行下一步处理。在以上基本配置之外，还应包括相应的应用软件。

RFID 系统在实际应用中，电子标签附着在待识别物体的表面，电子标签中保存有约定格式的电子数据。读写器可无接触地读取并识别标签中所保存的电子数据，从而达到自动识别物体的目的。读写器通过天线发送出一定频率的射频信号，当标签进入磁场时产生感应电流从而获得能量，发送出自身编码信息，被读写器读取并解码后送至电脑进行有关处理。

RFID 标签分为被动标签（Passive Tag）和主动标签（Active Tag）两种。主动标签自身带有电池供电，读写距离较远时体积较大，与被动标签相比成本更高，也称为有源标签，一般具有较远的阅读距离，不足之处是电池不能长久使用，能量耗尽后需更换电池。

无源电子标签在接收到读写器（读出装置）发出的微波信号后，将部分微波能量转化为直流电供自己工作，一般可做到免维护，成本很低并具有很长的使用寿命，比主动标签更小也更轻，读写距离则较近，也称为无源标签，相比有源系统，无源系统在阅读距离及适应物体运动速度方面略有限制。

按照存储的信息是否被改写，标签也被分为只读式标签（Read Only）和可读写标签（Read and Write）。只读式标签内的信息在集成电路生产时就将信息写入，以后不能修改，只能被专门设备读取；可读写标签将保存的信息写入其内部的存储区，需要改写时也可以采用专门的编程或写入设备擦写。一般将信息写入电子标签所花费的时间远大于读取电子标签信息所花费的时间，写入花费的时间为秒级，读取花费的时间为毫秒级。

（二）读写器

近年来，随着微型集成电路技术的进步，RFID 读写器得到了发展，图 2-13 所示为一种 RFID 读写器。被动 RFID 标签无须电池，从 RFID 读写器产生的磁场中获得工作所需的能量，但是读取距离较近。过去，RFID主动标签体积大、功耗大、寿命短，而采用最新技术制造的主动RFID标签不但读取距离远，而且具有被动标签寿命长、性能可靠的优点。读取（有时还可以写入）标签信息的设备，可设计为手持式或固定式。在读写器中，由检波电路将经过ASK调制的高频载波进行包络检波，并把高频成分滤掉后将包络还原为应答器单片机所发送的数字编码信号送给读写器上的解码单片机。解码单片机收到信号后控制与之相连的数码管显示电路，将该应答器所传送的信息通过数码管显示出来，实现信息传送。

图 2-13　RFID 读写器

（三）RFID 天线及工作频率

在无线通信系统中，需要将来自发射机的导波能量转变为无线电波，或者将无线电波转换为导波能量。用来辐射和接收无线电波的装置称为天线，如图2-14所示。发射机所产生的已调制的高频电流能量（或导波能量）经馈线传输到发射天线，通过天线将转换为某种极化的电磁波能量，并向所需方向发射出去。到达接收点后，接收天线将来自空间特定方向的某种极化的电磁波能量又转换为已调制的高频电流能量，经馈线输送到接收机输入端。

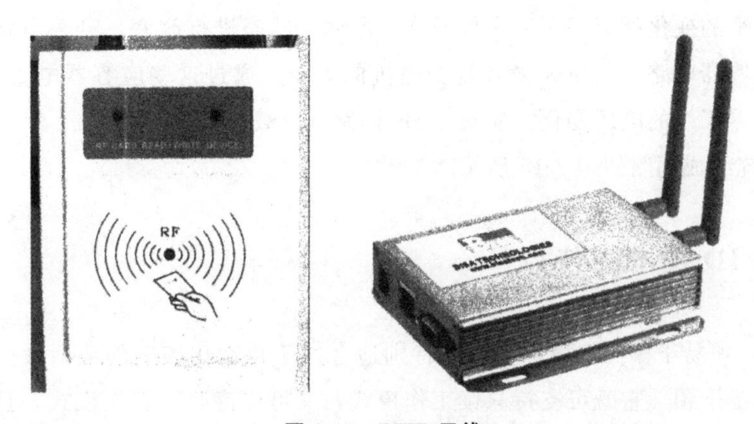

图 2-14　RFID 天线

通常读写器发送时所使用的频率被称为 RFID 系统的工作频率。低频系统一般是指其工作频率小于 30 MHz，典型的工作频率有 125 kHz，225 kHz 等，这些频点应用的射频识别系统一般都有相应的国际标准予以支持。低频系统的基本特点是电子标签的成本较低，标签内保存的数据量较少，阅读距离较短，电子标签外形多样（卡状、环状、纽扣状、笔状），阅读天线方向性不强等。

高频系统一般指其工作频率大于 400 MHz，典型的工作频段有 915 MHz，2.45 GHz，5.8 GHz 等。高频系统在这些频段上也有众多的国际标准予以支持。高频系统的基本特点是电子标签及读写器成本均较高、标签内保存的数据量较大、阅读距离较远（可达几米至十几米），适应物体高速运动性能好，外形一般为卡状，阅读天线及电子标签天线均有较强的方向性。RFID 系统的工作频率如表 2-2 所示。

表 2-2　RFID 系统的工作频率

频　段	描　述	作用距离	穿透能力
125～300 kHz	低频（LF）	45 cm	能穿透大部分物体
3～30 MHz	高频（HF）	1～3 m	勉强能穿透金属和液体
300 MHz～3 GHz	超高频（UHF）	3～9 m	穿透能力较弱
2.45～5.8 GHz	微波（Microwave）	3 m	穿透能力最弱

RFID 系统的工作过程：接通读写器电源后，高频振荡器产生方波信号，经功率放大器放大后输送到天线线圈，在读写器的天线线圈周围会产生高频强电磁场。当应答器线圈靠近读写器线圈时，一部分磁力线穿过应答器的天线线圈，通过电磁感应，在应答器的天线线圈上产生一个高频交流电压，该电压经过应答器的整流电路整流后再由稳压电路进行稳压输出、直流电压作为应答器单片机的工作电源，实现能量传送。

应答器单片机在通电之后进入正常工作状态，会不停地通过输出端口向外发送数字编码信号。单片机发送的有高低电平变化的数字编码信号到达开关电路后，开关电路由于输入信号高低电平的变化就会相应地在接通和关断两个状态进行改变。开关电路高低电平的变化会影响应答器电路的品质因素和复变阻抗的大小。通过这些应答器电路参数的改变，反作用于读写器天线的电压变化，实现 ASK 调制（负载调制）。

RFID 系统组成框图如图 2-15 所示。

二、RFID 技术的特点

RFID 是一项易于操控、简单实用且特别适合用于自动化控制的灵活性应用技术，识别工作无须人工干预，它既可支持只读工作模式，又可支持读写工作模式，且无须接触或瞄准；可自由工作在各种恶劣环境下，短距离射频产品不怕油渍、灰尘污染等恶劣的环境，可以替代条码，如用在工厂的流水线上跟踪物体；长距离射频产品多用于交通上，识别距离可达几十米，如自动收费或识别车辆身份等。其所具备的独特优越性是其他识别技术无法企及的。RFID 技术主要有以下几个方面特点。

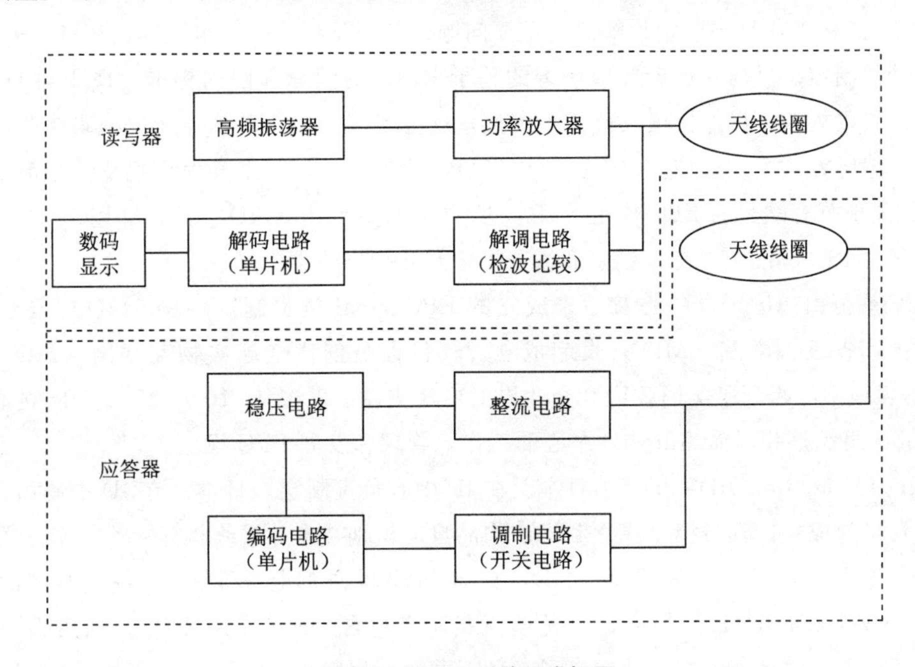

图 2-15　RFID 系统组成框图

（1）读取方便快捷。数据的读取无须光源，甚至可以通过外包装来进行。有效识别距离更大，采用自带电池的主动标签时，有效识别距离可达到 30 m 以上。

（2）识别速度快。标签一进入磁场，解读器就可以即时读取其中的信息，而且能够同时处理多个标签，实现批量识别。

（3）数据容量大。数据容量最大的二维条形码（PDF417），最多也只能存储 2 725 个数字；若包含字母，存储量则会更少；RFID 标签则可以根据用户的需要扩充到数十 KB。

（4）使用寿命长，应用范围广。其无线电通信方式，使其可以应用于粉尘、油污等高污染环境和放射性环境，而且其封闭式包装使得其寿命大大超过印刷的条形码。

（5）标签数据可动态更改：利用编程器可以写入数据，从而赋予 RFID 标签交互式便携数据文件的功能，而且写入时间相比打印条形码更少。

（6）更好的安全性。不但可以嵌入或附着在不同形状、类型的产品上，而且可以为标签数据的读写设置密码保护，从而具有更高的安全性。

（7）动态实时通信。标签以 50～100 次/秒的频率与解读器进行通信，所以只要 RFID 标签所附着的物体出现在解读器的有效识别范围内，就可以对其位置进行动态的追踪和监控。

三、RFID的技术标准

RFID的标准化是当前亟须解决的重要问题，各国及相关国际组织都在积极推进RFID技术标准的制定。目前，还未形成完善的关于RFID的国际和国内标准。RFID的标准化涉及标识编码规范、操作协议及应用系统接口规范等多个部分。其中标识编码规范包括标识长度、编码方法等；操作协议包括空中接口、命令集合、操作流程等规范。当前主要的RFID相关规范有欧美的EPC规范、日本的UID（Ubiquitous ID）规范和ISO 18000系列标准，其中ISO标准主要定义标签和读写器之间互操作的空中接口。

EPC规范由Auto-ID中心及后来成立的EPCglobal负责制定。Auto-ID中心于1999年由美国麻省理工学院（MIT）发起成立，其目标是创建全球实物互联网（Internet of Things），该中心得到了美国政府和企业界的广泛支持。2003年10月26日，成立了新的EPCglobal组织接替以前Auto-ID中心的工作，管理和发展EPC规范。

UID（Ubiquitous ID）规范由日本泛在ID中心负责制定。日本泛在ID中心由T-Engine论坛发起成立，其目标是建立和推广物品自动识别技术并最终构建一个无处不在的计算环境。该规范对频段没有强制要求，标签和读写器都是多频段设备，能同时支持13.56 MHz或2.45 GHz频段。UID标签泛指所有包含Ucode码的设备，如条码、RFID标签、智能卡和主动芯片等，并定义了9种不同类别的标签。

四、RFID技术的应用

目前，RFID已成为IT业界的研究热点，世界各大软/硬件厂商，包括IBM，Motorola，Philips，TI，Microsoft，Oracle，Sun，BEA，SAP等在内的公司都对RFID技术及其应用表现出了浓厚的兴趣，相继投入大量研发经费，推出了各自的软件或硬件产品及系统应用解决方案。在应用领域，以Wal-Mart，UPS，Gillette等为代表的大批企业已经开始准备采用RFID技术对业务系统进行改造，以提高企业的工作效率并为客户提供各种增值服务。RFID典型应用包括：①在物流领域用于仓库管理、生产线自动化、日用品销售；②在交通运输领域用于集装箱与包裹管理、高速公路收费与停车收费；③在农牧渔业用于羊群、鱼类、水果等的管理以及宠物、野生动物跟踪；④在医疗行业用于药品生产、病人看护、医疗垃圾跟踪；⑤在制造业用于零部件与库存的可视化管理；⑥RFID还可以应用于图书与文档管理、门禁管理、定位与物体跟踪、环境感知和支票防伪等多种应用领域。

（一）RFID技术的重要参数

根据行业和性能要求（如读取速度、需要同时读取的RFID标签数量）可以采用不同的技术。RFID技术可以基本分为低频系统、频率为13.56 MHz的高频（HF）系统，以及频段在900 MHz左右的超高频系统（UHF），还有工作在2.4 GHz或者5.8 GHz（见表2-3）微波频段的系统。除了频率范围外的另外一个差异性因素是电源：无源RFID收发器，这种收发器主要用在物流和目标跟踪，它们自身并没有电源，而是从读写器的RF电场获得能量；有源收发器由电池供电，因此具有数十米的长距离，但是体积更大，价格也更贵。

表2-3 目前主要的几种RFID技术的主要参数比较

参 数	低频率	高频率			UHF	微 波
频率	125～134 kHz	13.56 MHz	13.56 MHz	PJM13.56 MHz	868～915 MHz	2.45～5.8 GHz
读取距离	达1.2 m	0.7～1.2 m	达1.2 m	达1.2 m	达4 m	达15 m
速度	不快	少于5 s (8 KB为5 s)	中 (0.5 m/s)	非常快 (4 m/s)	快	非常快
潮湿环境	没有影响	没有影响	没有影响	没有影响	严重影响	严重影响
发送器与阅读器的方向要求	没有	没有	没有	没有	部分必要	总是必要
全球接受的频率	是	是	是	是	部分的 (EU/USA)	部分的 (欧洲除外)
已有的ISO标准	11784/85和14223	14443 A+B+C	18000-3.1/15693	18000-3.2	18000-6和EPC C0/C1/C1G2	18000-4
主要的应用	门禁、锁车架、加油站、洗衣店	智能卡、电子ID票务	针对大型活动、货物物流	机场验票、邮局、药店	货盘记录、卡车登记、拖车跟踪	公路收费、集装箱跟踪

阅读延伸

频段就是一定的频率范围。例如，人们使用的收音机，有的可收中波，有的可收短波，还有调频。人们购置收音机时，总要先弄清楚它能收几个波段，这个波段就相当于我们所说的频段。按照国际无线电规则的规定，现有的无线电通信共分成航空通信、航海通信、陆地通信、卫星通信、广播、电视、无线电导航，定位以及遥测、遥控、空间探索等50多种不同的业务，并对每种业务都规定了一定的频段。

低频RFID芯片（无源）工作在130 kHz左右的频率上，当前主要应用在门禁控制、电子锁车架、机器控制的授权检查等。该技术读取速度非常慢并不是问题，因为只需要在单方向上传输非常短的信息，相应的ISO标准为11484/85和14223。13.56 MHz系统将在很多工业领域中越来越重要，这种系统归为无源类，具有高度的可小型化特点，在最近几年不断地得到改进。用来获取货物和产品信息，并符合ISO标准14443、18000-3/1的系统相对较慢，在某些情况下一次读取操作需要几秒的时间，不同的数据量所需的具体时间不同。根据不同的种类，ISO 15693标准类型的系统可以对付最大速度为0.5 m/s的运动目标，能获得高达26.48 kb/s的数据传输速度，每秒能实现30个对象的识别。

然而，在未来大规模的物流应用中，工作在 13.56 MHz 的传统方法，甚至在 ISO 15693中定义的最近的方法都不再能满足需要。在这种应用中出现了相位抖动调制（PJM）技术，PJM 的 RFID 标签适合被标记物体在传输带上的任何地方以高速通过读写器，并必须以非常高数据速率地逐个读取，如识别包装严实的药品、机场行李跟踪或在远达 1.2 m 的距离登录文档。

在 8 个射频信道之间连续切换可以增加阅读的速度并保证可靠识别，即使是在很大的吞吐率情况下。在 Magellan 公司的 PJM 技术基础上，英飞凌公司和澳洲的 Magellan 技术公司已经合作开发出了应用这种目的的芯片。与当前的 13.56 MHz RFID 技术相比，这些芯片能提供快 25 倍的读写速度，数据速率达 848 kb/s。PJM 系统为用于物流进行了优化（ISO Standard 18000-3 Mode 2），可以在不到 1 s 的时间内可靠地对多达 500 个电子标签进行识别、读取和写入，甚至在目标运动速度在 4 m/s 的情况下，用于这些新芯片的读取器都能胜任。

10 KB 的可用存储器空间相当于大约两张 A4 纸的简单文本存储。这个存储器空间还可以进一步分成几个扇区，只有被授权的人才能进行读写访问。特殊的加密方法可以防止对存储数据的非授权访问。UHF 和微波系统最终可以允许达到几米的覆盖距离，它们通常具有自已的电池，因此适合于在装载坡道上货盘内的大型货物的识别，或者甚至是在汽车厂产品线上的车辆底盘等。这些频率范围的缺点是受大气湿度的负面影响，以及需要不时地或始终需要保持收发器相对于读写天线的方位。

案例

第十三届 RFID 世界大会在苏州举办

2018 第十三届 RFID 世界大会在苏州国际博览中心隆重召开。作为 RFID 行业颇具影响力的高端专业会议，今年的大会共吸引 400 余位 RFID 行业产业链各环节的优秀企业、行业权威专家、RFID 终端用户代表共同参与。

在本次大会上，来自 RFID 产业链上下游的企业及行业专家共聚一堂，共同分享最近一年里最具代表性的 RFID 行业技术突破与 RFID 行业创新应用成功案例，剖析行业发展方向，探索行业发展新模式。此次大会演讲内容精彩纷呈，应用贴切实际，热点、新点齐现，创新、发展全面诠释。

此次会议，共设 12 个主题演讲，一场圆桌论坛，其中涉及零售、物流、工业热门应用领域。

"在全球，零售 RFID 市场形成的欧美主导，亚太异军突起的趋势，以及 RFID 技术在全球零售业复合增长达到 40%应用的现状，这些都传递出零售商的全渠道变革时代已经到来，RFID 技术将会大规模普及。"深圳市远望谷信息技术股份有限公司 CEO 汤军在大会上这样说到并强调，"RFID 要融合多种物联网技术，并根据实际应用场景和需求，采用不同的融合技术。新零售系统能把一些机械化、重复性的工作交给机器、交给智能设备去完成，把一些有温度的、有价值的事情交给人去做，真正还原新零售的初衷和本质。”

(二) RFID技术的典型应用

从全球的范围来看，美国政府是RFID应用的积极推动者，在其推动下，美国在RFID标准的建立、相关软/硬件技术的开发与应用领域均走在世界前列。欧洲RFID标准追随美国主导的EPCglobal标准。在封闭系统应用方面，欧洲与美国基本处在同一阶段。日本虽然已经提出UID标准，但主要得到的是本国厂商的支持，要成为国际标准还有很长的路要走。RFID在韩国的重要性得到了加强，政府给予了高度重视，但至今韩国在RFID的标准上仍模糊不清。目前，美国、英国、德国、瑞典、瑞士、日本、南非等国家均有较为成熟且先进的RFID产品。从全球产业格局来看，目前RFID产业主要集中在RFID技术应用比较成熟的欧美市场。飞利浦、西门子、ST、TI等半导体厂商基本垄断了RFID芯片市场；IBM、HP、微软、SAP、Sybase、Sun等国际巨头抢占了RFID中间件、系统集成研究的有利位置；Alien，Intermec，Symbol，Transcore，Matrics，Impinj等公司则提供RFID标签、天线、读写器等产品及设备。RFID技术应用领域极其广泛，其典型应用领域如表2-4所示。

表2-4　RFID技术典型应用领域

车辆自动识别管理	铁路车号自动识别是射频识别技术最普遍的应用
高速公路收费及智能交通系统	高速公路自动收费系统是射频识别技术最成功的应用之一，它充分体现了非接触识别的优势。在车辆高速通过收费站的同时完成缴费，解决了交通的瓶颈问题，提高了行车速度，避免拥堵，提高了收费结算效率
货物的跟踪、管理及监控	射频识别技术为货物的跟踪、管理及监控提供了快捷、准确、自动化的手段。以射频识别技术为核心的集装箱自动识别，成为全球范围最大的货物跟踪管理应用
仓储、配送等物流环节	射频识别技术目前在仓储、配送等物流环节已有许多成功的应用。随着射频识别技术在开放的物流环节统一标准的研究开发，物流业将成为射频识别技术最大的受益行业
电子钱包、电子票证	射频识别卡是射频识别技术的一个主要应用。射频识别卡的功能相当于电子钱包，实现非现金结算，目前主要应用在交通方面
生产线加工过程自动控制	主要应用在大型工厂的自动化流水作业线上，实现自动控制、监视，可提高生产效率、节约成本
动物跟踪和管理	射频识别技术可用于动物跟踪。在大型养殖场，可通过采用射频识别技术建立饲养档案、预防接种档案等，达到高效、自动化管理动物的目的，同时为食品安全提供保障。射频识别技术还可用于信鸽比赛、赛马识别等，用以准确测定到达时间

近年来，RFID 技术已经在物流、零售、制造业、服装业、医疗、身份识别、防伪、资产管理、食品、动物识别、图书馆、汽车、航空、军事等众多领域开始应用，对改善人们的生活质量、提高企业经济效益、加强公共安全，以及提高社会信息化水平产生了重要的影响。我国已经将 RFID 技术应用于铁路车号识别、身份证和票证管理、动物标识、特种设备与危险品管理、公共交通以及生产过程管理等多个领域。2013 年全球 RFID 规模达到了 98 亿美元，2003—2013 年均复合增长率为 19%。

通常总是由某种特定应用来主导采用哪个技术的。对于百货公司，在货品上加上标签仅仅方便在销售终端读取当然是毫无意义的，因为在当前的成本环境下，这会使产品更贵。但是，下面的应用非常有意义：在图书馆出借书或 CD 时，粘贴在书或 CD 上的 13.56 MHz标签在经过时的几秒就能读取标签，或者在药物批发商的挑选输送带上可靠地识别药品，以避免可能造成严重后果的药品误发。然而，基本上任何对象的读取、识别和跟踪任务可以受益于经过深思熟虑的 RFID 技术应用，特别是当每个数据都必须被写入到芯片、被授权用户修改，以及防止对可分段存储器的非授权访问，可能的话，甚至可以以非常高的速度对大量的对象进行同时处理。

整体看来，整个 RFID 市场仍具备成长潜力。ABI Research 认为，成长最快的 RFID 应用是供应链管理所需的单品追踪（Item-Level Tracking），成长率可超越 37%。该机构表示，其成长动力将来自对于被动式 UHF 系统的大量需求，其支持案例如下。

（1）在美国与欧洲等市场的服装零售业卷标应用。

（2）韩国因政府规定对药品追踪的应用。

（3）对烟酒类产品与其他防止仿冒商品的卷标应用，特别是在中国。

（4）化妆品、消费性电子装置等其他商品长期以来的应用。

从垂直市场来看，在五年期间成长最快的应用项目依序为零售消费者包装产品（CPG）、零售商店（Retail In-Store）、医疗与生命科学产业，以及各种非 CPG 制造业与商业服务领域。更具体地说，主要的 RFID 应用可分为传统与现代两大类：前者包括接取控制（Access Control）、动物识别、汽车防盗、AVI 与 e-ID 文件；后者则包括资产管理、行李托运、货柜追踪，以及保全、销售终端非接触式支付、立即寻址、供应链管理与交通票务等。在 2011—2016 年，现代化 RFID 应用的成长性是传统应用的 2 倍。

目前射频识别技术的演进正在迈入下一阶段，包括许多 RFID 项目规模不断扩展、持续部署的基础建设、不断深化的技术融合，以及业界对此技术的投资增长。多种以 RFID 技术为核心的应用，如供应链管理、库存控制、票务、身份证和电子商务等，都在经历前所未有的高速成长。随着 RFID 的应用更加广泛和深入，这个产业也形成了从制造到销售的完整价值链。尽管迄今多数的大型 RFID 项目仍然部署在美洲和欧洲，以及中东和非洲（EMEA）等地，但未来，随着制造业务持续转移到亚太区，加上源卷标（在原始发货点即贴上的卷标）日益成为标准程序，亚太地区（APAC）市场最终将成为全球 RFID 市场中心。

现在大多数最终用户已经认识到，RFID 是一种与自动辨识及资料获取系统互补的解决方案。一些从业者在技术方面的投资也逐步提升，并开始与其他的核心系统融合，如条形码、传感器、防盗、数据采集或全球定位系统（GPS）等，并尝试在更短的时间内对这些汇聚技术进行试行或评估。从这些发展态势来看，未来用户对于 RFID 在企业和整个价值链中的应用将采取更宽阔的视野，而且也将开始思考未来这项技术将扮演的角色及其前景。

所有 RFID 供货商都乐见目前的需求增长，并开始开发及推出可满足未来更复杂应用需求的产品。近年来，几乎所有的主要 RFID 芯片供货商，如恩智浦、Alien、Impinj 等，都推出了更新一代的产品。尽管他们所推出的每一款芯片都有着不同的频率或针对不同的市场，但整体而言，新推出的芯片都添加了新功能，并解决了许多该产业过去所面临的问题，如强化安全性；信息共享和控制、增加内存、可编程触发器或警告器；整合及其他技术的支持和解决方案（如传感器、多功能卷标等）。

RFID 的发展充满着更多的可能性，这都有望成为未来支撑这个开放市场及其全球价值链的关键。今天，根据所采用的技术、功能设定、频率和外形设计，IC 可占到 RFID 应答器（Transponder）中 30％～65％的成本。而随着市场不断拓展，未来产品势必对价格更加敏感，下一代的先进集成电路也必须以成本竞争力、更大产量为诉求，同时芯片的进展脚步也必须保持与领先应用的发展同步。

五、RFID 技术的研究方向

将 RFID 应用到供应链中还存在一些需要解决的问题，如读写设备的可靠性、成本、数据的安全性、个人隐私的保护和与系统相关的网络的可靠性、数据的同步等，不解决好这些问题，RFID 技术的进步就会受到制约。与欧美发达国家或地区相比，我国在 RFID 产业上的发展还较为落后。目前，我国 RFID 企业总数虽然超过 100 家，但是缺乏关键核心技术，特别是在超高频 RFID 方面。从包括芯片、天线、标签和读写器等硬件产品来看，低高频 RFID 技术门槛较低，国内发展较早，技术较为成熟，产品应用广泛，目前处于完全竞争状况；超高频 RFID 技术门槛较高，国内发展较晚，技术相对欠缺，从事超高频 RFID 产品生产的企业很少，更缺少具有自主知识产权的创新型企业。从产业链上看，RFID 的产业链主要由芯片设计、标签封装、读写设备的设计和制造、系统集成、中间件、应用软件等环节组成。目前我国还未形成成熟的 RFID 产业链，产品的核心技术基本还掌握在国外公司的手里，尤其是在芯片、中间件等方面。中低、高频标签封装技术在国内已经基本成熟，但是只有极少数企业已经具备了超高频读写器设计制造能力。国内企业基本具有 RFID 天线的设计和研发能力，但还不具备应用于金属材料、液体环境上的可靠性 RFID 标签天线设计能力。综上所述，RFID 技术主要在以下方面还有待进一步的研究。

1. 芯片设计

RFID芯片在RFID的产品链中占据着举足轻重的位置，其成本占到整个标签的三分之一左右。对于广泛用于各种智能卡的低频和高频频段的芯片而言，以复旦微电子、上海华虹、大唐微电子、清华同方等为代表的中国集成电路厂商已经攻克了相关技术，打破了国外厂商的统治地位。但在UHF频段，RFID芯片设计面临巨大困难，如苛刻的功耗限制、片上天线技术、后续封装问题、与天线的适配技术。目前，国内UHF频段RFID芯片市场几乎被国外企业垄断。

2. 标签封装

目前国内企业已经熟练掌握了低频标签的封装技术，高频标签的封装技术也在不断完善，出现了一些封装能力很强，尤其是各种智能卡封装能力强的企业，如深圳华阳、中山达华、上海申博等。但是国内欠缺封装超高频、微波标签的能力，当然这部分产品在我国的应用还很少，相关的最终标准也没有出台。我国的标签封装企业大多是做标签的纯封装，没有制作Inlay的能力。提高生产工艺，提供防水、抗金属的柔性标签是我国RFID标签封装企业面临的问题。

3. 读写设备的设计和制造

国内低频读写器生产加工技术非常完善，生产经营的企业很多且实力相当。高频读写器国内的生产加工技术基本成熟，但还没有形成强势品牌，企业实力差不多，只是注重的应用方向不同。例如，面对消费领域（校园一卡通等）的企业中哈尔滨新中新、沈阳宝石、北京迪科创新等有一定的影响力。国内只有如深圳远望谷，江苏瑞福等少数几家企业具有设计、制造超高频读写器的能力。

4. 系统集成

国内市场上集成商可以分为两类：第一类是国外大厂商，如IBM，HP等，他们通过与国内集成商和硬件厂商合作，专攻大型的集成项目；第二类是本地较有影响力的集成商，如维深、励格、富天达、实华开、倍思得等，做的大规模有影响力的集成项目不是很多，基本都是中小型的闭环应用。目前，国内RFID市场还是处于初级阶段，项目和机会在逐步增加，大规模有影响力的应用项目还有待进一步开发。

5. RFID中间件

RFID中间件又称为RFID管理软件，它屏蔽了RFID设备的多样性和复杂性，能够为后台业务系统提供强大的支撑，从而驱动更广泛、更丰富的RFID应用。当前我国的RFID中间件市场还不成熟，应用较少而且缺乏深层次上的功能。市场上比较有影响力的中间件企业有SAP，Manhattan Associatesz，Oracle，OAT Systems等。

6. 标准发展

目前，世界一些知名公司各自推出了自己的标准，这些标准互不兼容，表现在频段和数据格式上的差异，这也给RFID的大范围应用带来了困难。目前全球有两大RFID标准阵营：欧美的 Auto-ID Center 与日本的 Ubiquitous ID Center（UID）。前者的领导组织是美国的 EPC 环球协会，旗下有沃尔玛集团、英国 Tesco 等企业，同时有 IBM、微软、飞利浦、Auto-ID Lab 等公司提供技术支持。后者主要由日系厂商组成。欧美的 EPC 标准采用 UHF 频段，为 860～930 MHz，日本 RFID 标准采用的频段为 2.45 GHz 和 13.56 MHz；日本标准电子标签的信息位数为 128 位，EPC 标准的位数则为 96 位。中国在 RFID 技术与应用的标准化研究工作上已有一定基础，目前已经从多个方面开展了相关标准的研究制定工作，如制定了《中国射频识别技术政策白皮书》《建设事业 IC 卡应用技术》等应用标准，并且得到了广泛的应用。在频率规划方面，已经做了大量的试验；在技术标准方面，依据 ISO/IEC 15693 系列标准已经基本完成国家标准的起草工作，参照 ISO/IEC 18000 系列标准制定国家标准的工作已列入国家标准制订计划。此外，中国 RFID 标准体系框架的研究工作也基本完成。

第三节　模式识别技术

模式识别（Pattern Recognition）是人类的一项基本智能，在日常生活中，人们经常进行“模式识别”，比如识别声音、文字、颜色、形状、冷热等。随着 20 世纪 40 年代计算机的出现以及 20 世纪 50 年代人工智能的兴起，人们当然也希望能用计算机来代替或扩展人类的部分脑力劳动。模式识别在 20 世纪 60 年代初迅速发展并成为一门新学科。

一、模式识别概述

模式识别是指对表征事物或现象的各种形式的（数值的、文字的和逻辑关系的）信息进行处理和分析，以对事物或现象进行描述、辨认、分类和解释的过程，是信息科学和人工智能的重要组成部分。

模式识别分为抽象的模式识别和具体的模式识别两种形式。前者如意识、思想、议论等，属于概念识别研究的范畴，是人工智能的另一研究分支。我们所指的模式识别主要是对语音、图像、视频及生物传感器等对象的具体模式进行辨识和分类。

二、模式识别的系统组成与方法

（一）模式识别系统的组成

模式识别系统的组成如图 2-16 所示。

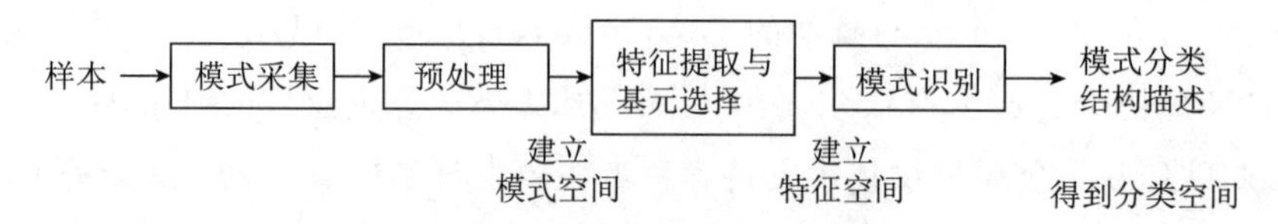

图 2-16　模式识别系统的组成

其中，模式采集是用适当的方法、手段获取样本的全部描述信息；预处理是指对信息进行的滤波、转换、编码等加工；特征提取与基元选择可降低维数，提高效率，节省系统开支；模式识别就是依据一定规则确定待识别模式在模式类型中的归属。

（二）模式识别的方法

根据模式的定义，描述模式有两种方法：定量描述和结构性描述。定量描述就是用一组数据来描述模式；而结构性描述就是用一组表达各局部特征的基元来描述模式。

对应于上述两种不同的描述，有两种基本的模式识别方法：统计模式识别方法和结构模式识别方法。

1. 统计模式识别方法

统计模式识别方法采用特征向量表示模式。以样本在特征空间中的具体数值为基础。统计模式识别方法是从被研究的模式中选择能足够代表它的若干特征，于是每一个模式就在特征空间中占有一个位置。一个合理的假设是同类的模式在特征空间中相距很近，而不同类的模式在特征空间中则相距较远。因为相距近的模式意味着它们的各个特征相差不多，从而在同一类中的可能性也较大。如果用某种方法来分割特征空间，使得同一类模式大体上都在特征空间的同一个区域中，对于待分类的模式，就可根据它的特征向量位于特征空间中哪一个区域而判定它属于哪一类模式。模式识别的任务就是用不同的方法划分特征空间，从而达到分类识别的目的。

如：辨别苹果或橘子，我们可以通过颜色和形状两个特征来识别。颜色在计算机中由红、绿、蓝三基色合成，每种颜色都有一个具体的数值；形状则可以用水果上部到直径最大处的距离与总高度之比来表示。这两个特征可组成一个二维特征向量，其格式如下。

$$X=(x_1, x_2)=\begin{bmatrix}x_1\\x_2\end{bmatrix}=\begin{bmatrix}\text{颜色}\\\text{形状}\end{bmatrix}$$

这样的描述就是定量描述，对于一个具体的水果，x_1 和 x_2 都有一个具体的数值。

2. 结构模式识别方法

结构模式识别方法采用符号串或符号树来描述模式。以图形结构特征为基础便于图像分析和理解。结构模式识别方法立足于分析模式的结构信息。至今比较成功的是句法结构模式识别方法。

在这个方法中，把模式的结构类比为语言中句子的构造。这样就可利用形式语言学的理论来分析模式。大家知道，句子由单词按文法规则构成。同样，模式由一些模式基元按一定的结构规则组合而成，分析模式如何由基元构成的规则就相当于在形式语言学中对一个句子做句法分析。句法结构模式识别就是检查代表这个模式的句子是否符合事先规定的某一类文法规则，如果符合，那么这个模式就属于这个文法所代表的那个模式类。除分类信息外，句法还能给出模式的结构信息。

如图 2-17 所示，左边所示的物体由右边所示的 a，b，c 三个基元（基本单元）组成，其中 a，c 表示两个圆弧段，b 表示直线段，这样 $X=abc$ 就不但表达了物体的形状，而且也表达了各基元之间的连接关系，从而在结构上描述了这个物体。这也是模式的一种描述——结构性描述。结构性描述的结果是符号形式。

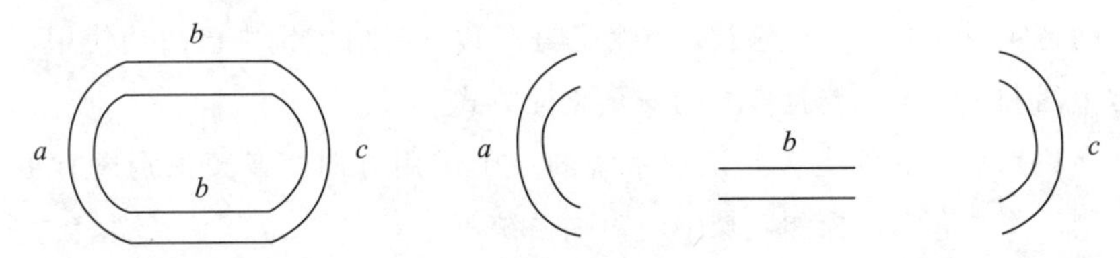

图 2-17　结构性描述示意图

三、模式识别的发展与应用

经过多年的研究和发展，模式识别技术已被广泛应用于人工智能、计算机工程、机器学、神经生物学、医学、侦探学以及高能物理、考古学、地质勘探、宇航科学和武器技术等许多重要领域，如声音识别、语音翻译、人脸识别、指纹识别、手写体字符的识别、工业故障检测、精确制导等。

（一）文字识别

文字识别是当前发展最成熟、应用最广泛的模式识别技术之一。处理的信息可分为两大类。一类是文字信息，处理的主要是用各国家、民族的文字（如汉字、英文等）书写或印刷的文本信息。目前在印刷体和联机手写方面的识别技术已趋向成熟。另一类是数据信息，主要是由阿拉伯数字及少量特殊符号组成的各种编号和统计数据，如邮政编码、统计报表、财务报表、银行票据等，处理这类信息的核心技术是手写数字识别。

由于汉字为非字母化的文字，从识别技术的难度来说，中文汉字识别难于西文字符，手写体识别的难度又高于印刷体识别。而在手写体识别中，脱机手写体的难度又远远超过了连机手写体识别。

到目前为止，印刷体中文汉字识别已广泛用于出版印刷、新闻通信、资料文献管理等；脱机手写体数字识别则已成功用于邮政信函分拣。而汉字等文字的脱机手写体识别还处在实验阶段。手写板输入汉字采用在线文字识别技术，它增加了笔顺信息，从而降低了识别难度，已得到了一定程度的应用。

（二）音频识别

音频识别中被熟知的是语音文字识别。语音文字识别不仅可以实现文字的快速机器录入，从而提高向计算机中录入文字的速度，而且可以实现不同语言之间的快速翻译。但它不仅需要分析语言结构和语音的物理过程，而且涉及听觉的物理、生理过程。目前孤立单一的语言文字的识别已很成功，但识别连续的语言文字仍很困难，主要是连续语言文字的分割断句、节拍信息的提取以及某些辅音的准确检出还没得到很好的解决。

声音识别相对简单，它不需要关心声音所表达的内容，只需关心声音的特征，从而确定发出声音的特定目标。声音识别技术在反恐斗争以及身份鉴别中已成功使用，并日益成为人们日常生活和工作中重要且普及的安全验证方式。

语音文字识别其实仅仅是音频识别系统的一个应用方向，音频识别还有更广泛的应用。例如，用于军事和海洋探测领域中的声呐系统等。

（三）身份识别

人类手指、脚趾内侧表面的皮肤凹凸不平，因而产生的纹路会形成各种各样的图案。而这些皮肤的纹路在图案、断点和交叉点上各不相同，是唯一的。依靠这种唯一性，就可以将一个人同他的指纹对应起来，通过将这个人的指纹和预先保存的指纹进行比较，便可以验证这个人的真实身份。

实现指纹识别的方法有很多，大致为基于神经网络的方法、基于奇异点的方法、语法分析的方法以及其他的方法。在指纹识别的应用中，一对一的指纹鉴别已经获得较大的成功，但一对多的指纹识别，还存在着比对时间较长、正确率不高的特点。为了加快指纹识别的速度，无论是对图像的预处理，还是对算法的改进，都刻不容缓。掌纹、手形、笔迹、人类面部特征以及虹膜、耳郭、姿态等识别技术与此相似。

（四）医学应用

这是模式识别应用较为广泛的领域。例如：心电图分析、脑电图分析、血象分析、细胞识别分类、中医专家系统分析脉象等。

细胞识别分类是最近在识别技术中比较热门的一个话题。以前，对疾病的诊断仅仅通过表面现象，经验在诊断中起了主导作用，错判率始终占有一定的比例；而通过人工辨识显微细胞来诊断疾病不仅费力费时、得不偿失，还容易判断错误、耽误治疗。而今，通过对显微细胞图像的研究和分析，基于图像区域特征，利用计算机技术对显微细胞图像进行自动识别来诊断疾病的方法则越来越受到广泛的关注，并且也获得了不错的效果。

（五）工业应用

工业上可以进行零件识别、表面缺陷检查、故障诊断，应用于智能机器人等。

（六）其他应用

其他应用包括车辆号牌识别、人眼关注角度识别、视频监控中的对象识别、网络内容分析过滤、基于内容的图像检索等；天文望远镜图像分析、股票交易预测、天气云图分析、遥感探矿、农业估产、军事侦察监听、敌友识别、数据挖掘等。

（七）物联网应用

模式识别技术虽然早于物联网的发展，但其在物联网中的作用与其他感知技术一样重要。当我们需要感知自然界各种物品的音频、图像以及视频等复杂信息时，模式识别将是最重要的支撑技术，是实现对物质世界全面感知的关键保障。

对音频、图像和视频的感知技术早已有之，如录音、照相和摄像技术早就成了大众化技术。但能否从这些信息中提取关键因素用于物联网中的数字化细节感知，则需要对这些技术进行进一步的研究。比如，拍摄一张汽车车牌很容易，但要想把照片中车牌号码转换成数字化号码存储在数据库中，则必须要用到模式识别技术。

四、模式识别技术应用实例

（一）智能车牌识别系统

车牌识别技术是指能够检测到受监控路面的车辆并自动提取车辆牌照信息（含汉字字符、英文字母、阿拉伯数字及号牌颜色）进行处理的技术。

车牌识别是现代智能交通系统中的重要组成部分之一，应用十分广泛。它以数字图像处理、模式识别、计算机视觉等技术为基础，对摄像机所拍摄的车辆图像或者视频序列进行分析，得到每一辆汽车唯一的车牌号码，从而完成识别过程。通过一些后续处理手段可以实现停车场收费管理、交通流量控制指标测量、车辆定位、汽车防盗、高速公路超速自动化监管、闯红灯电子警察、公路收费站等功能。对于维护交通安全和城市治安，防止交通堵塞，实现交通自动化管理有着现实的意义。

下面以北京某公司研制的自动车牌识别系统为例作简单介绍。

1. 车牌识别流程

该系统的工作流程如图 2-18 所示。该系统可以通过视频摄像头获取车牌的图像信息，根据内在的分割和识别算法，将视频中的车牌信息转化为字符串形式存储以备后续处理。

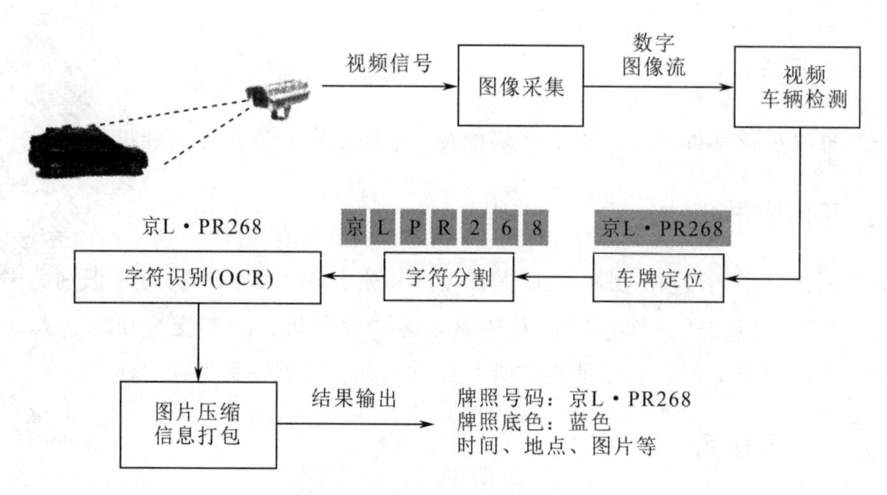

图 2-18　车牌识别流程示意图

2. 系统组成

该系统的组成如图 2-19 所示。

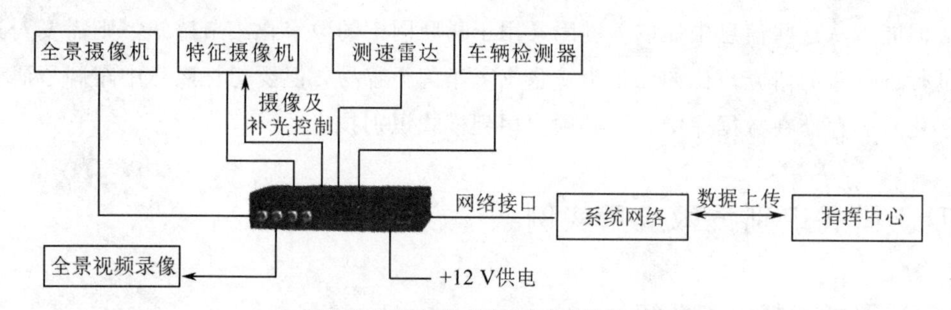

图 2-19　自动车牌识别系统的组成

在这一系统中，视频采集部分包括全景摄像机和特征摄像机。其中，全景摄像机用于车辆行驶状态视频捕捉；特征摄像机用于车牌信息的捕捉。系统还包括测速雷达装置，用于车速检测（测速功能可选择雷达测速或线圈测速）。

3. 实际应用

该系统可以用于车辆管理系统、城市卡口系统、超速抓拍系统等方面。

（二）人脸识别系统应用

人脸识别系统采用区域特征分析算法，融合计算机图像处理技术与生物统计学原理于一体，利用计算机图像处理技术从视频中提取人像特征点，利用模式识别原理进行分析建立数学模型，从而对特定人员身份进行识别。

人脸识别系统可应用于：出入境管理系统、门禁考勤系统、公共安全管理、计算机安全防范、照片搜索、来访登记、ATM 机智能视频报警系统、监狱智能报警系统、公安罪犯追逃智能报警等广泛领域。我们以中国某公司的人脸识别门禁系统为例做详细介绍。

1. 系统构成

如图 2-20 所示，人脸识别门禁系统由人脸识别门禁机、控制器（门禁电源）、电锁（电插锁或者磁力锁等）、开关、管理主机（计算机）、门禁管理软件等组成。控制器是门禁系统的核心。它由一台微处理机以及相应的外围电路组成。由它来决定某一个人是否为本系统已注册的有效人员，是否符合所限定的时间段和开门权限，从而控制电锁是否打开。

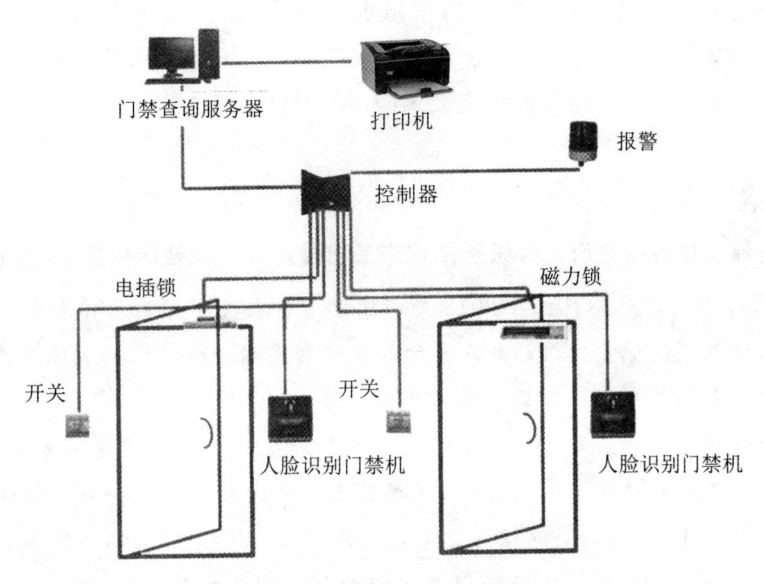

图 2-20　人脸识别门禁系统结构图

2. 工作原理

该系统采用“双目立体”红外人脸识别算法。“双目立体”红外人脸识别算法采用的专用双摄像头，就好像一个人的一双眼睛，该算法既保留了二维人脸识别技术中简单的优点，又借鉴了三维人脸识别技术中三维信息的优势，识别性能达到国际一流水准，识别速度快，产品技术成熟。“双目立体”识别的基本原理如图 2-21 所示。

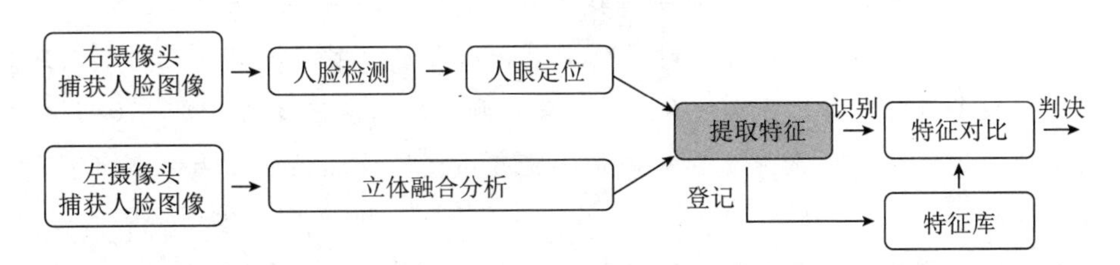

图 2-21　“双目立体”识别的基本原理图

人脸识别设备中左摄像头捕获人脸图像，进行立体融合分析；右摄像头捕获到含有人脸的图像后，对人脸进行脸部的一系列相关比对分析，包括人脸检测、人眼定位、人脸特征预处理、记忆存储和比对辨识，达到识别不同人身份的目的。

3. 系统特点

人脸识别门禁系统采用人脸识别门禁设备，将每个有权进入的人员脸部特征录入识别设备，相当于一把钥匙。系统根据该人员的脸部特征及权限等信息，判断该人是否被允许进入该场所。对于工厂、机关等需要考勤的场所，人脸识别门禁系统还可以记录每个员工是否按时上下班。人脸识别门禁系统的最大优势是避免了射频卡容易丢失，容易被他人冒用，以及指纹识别困难等几个问题。其主要特点是：①避免了刷卡门禁卡容易丢失、易被他人冒用的问题；②避免了指纹门禁指纹识别困难的问题；③识别速度快，节省时间；④设备采用嵌入式技术，不需要后台服务器实时支持；⑤不受室内光线影响，黑暗中也可识别；⑥非接触，卫生，可避免疾病交叉感染；⑦人机交互性能好。

案 例

佳都科技首款商用人脸识别终端产品已量产，人脸检测仅需10毫秒

2018年6月，佳都科技在2018广州国际智能安全科技应用博览会上发布首款商用人脸识别终端一体机，新发布的人脸识别终端一体机已经实现量产，在公安、交通、能源等领域的项目中开始产品交付。

佳都科技的主营业务为智能轨道交通和智能安防，主要承建城市智能轨交、平安城市、智能交通等大型项目。“熟悉佳都科技的朋友可能会疑惑我们为何会发布这一款‘小’产品。”刘斌在发布会上解释，“2015年佳都科技参股人工智能独角兽企业云从科技，从而获得人工智能算法团队的研发支持，2016年开始研发以动态人脸识别技术、视频结构化为核心的视频云平台，主要应用于公安系统，2018年3月中标了广东省公安厅一期项目，成为国内首家实战落地的省级视频云平台。2017年佳都科技在深圳安博会首次展出地铁边门人脸识别闸机。我们也因此掌握了人脸识别在其他场景和环境下的应用。”

据刘斌介绍，佳都科技本次推出的人脸识别终端一体机，可支持1万人脸比对，准确率达到99.9%，识别时间为0.2秒，其中人脸检测耗时10毫秒，同时进行特征提取和活体检测运算耗时100毫秒，人脸特征对比不到1毫秒。“在1秒钟里，设备进行了高达8次的人脸特征提取和8次的活体检测运算，10万次的人脸对比，这些计算全部在设备里完成，没有强大的计算性能是做不到的。”刘斌说。

除了可以实现7×24小时工作、快速识别，该款人脸识别终端一体机还可提供标准的开发接口，与众多行业集成商、软件开发商合作，灵活对接门禁、闸机、考勤、消费等系统。

思考题

1. 什么是条形码？条形码有什么用途？
2. 条形码按码制可分为哪几类？
3. 列举二维码的种类，并作简单比较。
4. 什么是 RFID？它的基本工作原理是什么？
5. 一个 RFID 系统有哪些组成部分？
6. 简述射频识别技术的应用情况。
7. RFID 技术的发展趋势是什么？
8. 试说明模式识别与射频识别的区别。
9. 模式识别技术有哪些实际的应用？

实训拓展

射频识别基础实验

实训目的

熟悉 RFID 技术，对物联网感知层有进一步的认识。

实验设备

实验箱或物联网实验套件、PC 机 1 台、RFID 电子标签、读写器、相应配套软件 1 套。

实训内容

利用 RFID 读写器，读取电子标签信息并在上位机上进行显示；对电子标签进行写入信息。

第三章 传感器技术与智能终端

学习目标

理解传感器的特性指标并了解常用传感器的工作特点。

掌握智能终端的三大特点。

理解智能终端的应用与发展。

案例导入

“贴纸”可让普通物体秒变物联网传感器

近日，研究人员展示了一款可剪裁的“电子魔术贴纸”（见图 3-1），这款贴纸可以粘贴在任意物品的表面，从而实现特定的物联网功能，非常神奇。

研究人员首先在玩具积木上进行了试验，并且成功地赋予了它们传感器功能。从实验结果不难看出，这种贴纸可以扩大物联网的市场潜力，而且有朝一日能够帮助用户拓展智能家居的体验。

图 3-1 让普通物品秒变物联网传感器的神奇贴纸

据悉，这项技术为快速部署和多种新型应用敞开了大门，比如为无人机贴上薄膜气敏电子贴纸，从而实现远程气体检测；或者是在花盆上贴上这款贴纸，从而实现远程监控温湿度的功能。

研究人员表示，这款贴纸的生产成本非常低廉，除了为现有非智能设备添加感应功能之外，在未来还可用于无线通信等领域。

（资料来源：http://nb.zol.com.cn/693/6938794.html）

第一节 传感器技术

随着物联网、云计算等新兴技术的出现，人类已进入了科学技术空前发展的信息社会。在这个瞬息万变的信息世界里，传感器可检测出满足不同需求的感知信息，充当着电子计算机、智能机器人、自动化设备、自动控制装置的“感觉器官”。如果没有传感器将形态各样、功能各异的数据转换为能够直接检测并被人类理解的信息，物联网等技术的发展将是困难的。显而易见，传感器在物联网技术领域中占有极其重要的地位。

一、传感器概述

传感器是一种物理装置或生物器官，能够探测、感受外界的信号、物理条件（如光、热、湿度）或化学组成（如烟雾），并将探知的信息传递给其他装置或器官。“传感器”在《新韦式大词典》中定义为：“从一个系统接受功率，通常以另一种形式将功率送到第二个系统中的器件。”根据这个定义，传感器的作用是将一种能量转换成另一种能量形式，所以不少学者也用“换能器”来称谓“传感器”。

（一）传感器的功能

在人们的生产和生活中，经常要和各种物理量和化学量打交道，例如经常要检测长度、重量、压力、流量、温度、化学成分等。在生产过程中，生产人员往往依靠仪器、仪表来完成检测任务。这些检测仪表都包含有或者本身就是敏感元件，能很敏锐地反映待测参数的大小。在为数众多的敏感元件中，人们把那些能将非电量形式的参量转换成电参量的元件叫作传感器。这是因为传感器信号大部分是以电信号形式存在的，原因在于电信号容易显示、存储、传输、变换和处理。

例如，温度计等机械仪表要想得到更快、更准确的测量结果，总希望把这些被测参量变换成电量形式，用热电偶或热敏电阻作为传感器，配以毫伏表、记录仪和简单的电路来测量和记录温度。若还想把温度控制在预定的值上，则配上自动调整电路即可实现这一任务。若要对一个复杂的生产过程进行全面控制，可采用以工业控制计算机为中心的全套控制系统。不论是简单的显示和记录，还是很复杂的调整和控制，都是在用各种电技术手段对电信号进行加工和处理，因此都需要传感器这种敏感元件预先把非电量形式的物理、化学等参量转化成电参量。如果没有传感器，这一过程就无法实现。

通过上述对传感器场景的分析可得出，传感器是能够感受规定的被测量并按照一定的规律将其转换成可用输出信号的元器件或装置，其实质是在两个物理系统之间将信号从一种能量形式转换成另一种能量形式。所以，从狭义角度来看，传感器是一种将测量信号转换成电信号的变换器；从广义角度看，传感器是指在电子检测控制设备输入部分中起检测信号作用的器件。

传感器输出电量有很多种形式，如电压、电流、电容、电阻等，输出信号的形式由传感器的原理确定。通常，传感器由敏感元件和转换元件组成，如图 3-2 所示。其中，敏感元件是指传感器中能直接感受或响应被测量的部分；转换元件是指传感器中能将敏感元件感受或响应的被测量转换成适于传输或测量的电信号的部分。由于传感器输出信号一般都很微弱，需要有信号调理与转换电路进行放大、运算调制等，此外信号调理转换电路以及传感器的工作必须有辅助的电源。随着半导体器件与集成技术在传感器中的应用，传感器的信号调理转换电路与敏感元件通常会集成在同一芯片上，安装在传感器的壳体里。

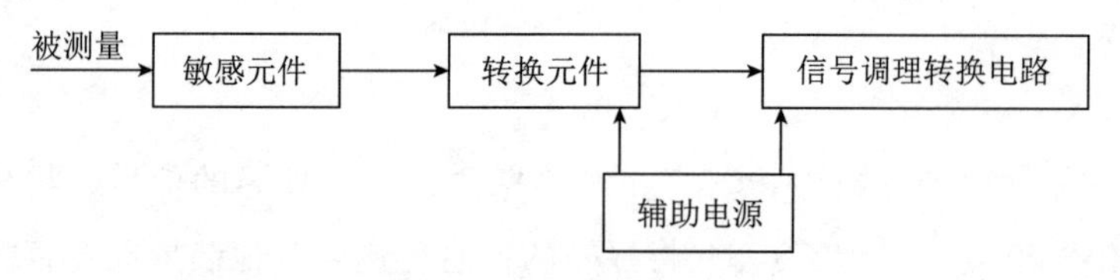

图 3-2 传感器结构

（二）传感器的特性

在科学试验和生产、生活过程中，需要对各种各样的物理参数进行检测和控制。这就要求传感器能感受被测非电量并将其转换成与被测量有一定函数关系的电量。传感器所测量的非电量是处在不断变动之中的，传感器能否将这些非电量的变化不失真地变换成相应的电量，取决于传感器的输出/输入特性。传感器这一基本特性可用其静态特性和动态特性来描述。

1. 静态特性

传感器的静态特性是指被测量的值处于稳定状态时的输出/输入关系。只考虑传感器的静态特性时，输入量与输出量之间的关系式中不含有时间变量。衡量静态特性的重要指标是线性度、灵敏度、迟滞和重复性等。

（1）线性度。传感器的线性度是指传感器的输出与输入之间数量关系的线性程度。输出与输入关系可分为线性特性和非线性特性。从传感器的性能看，希望其具有线性关系，即具有理想的输出/输入关系。但实际遇到的传感器大多为非线性的，如果不考虑迟滞和蠕变等因素，传感器的输出与输入关系可用一个多项式表示：

$$y=a_0+a_1x+a_2x^2+\cdots+a_nx^n \tag{3-1}$$

其中，a_0 表示输入量 x 为 0 时的输出量；a_1，a_2，…，a_n 各项系数。

静态特性曲线可通过实际测试获得。在实际使用中，为了标定和数据处理的方便，希望得到线性关系，因此引入各种非线性补偿环节。如采用非线性补偿电路或计算机软件进行线性化处理，从而使传感器的输出与输入关系为线性或接近线性。如果传感器非线性项的次方不高，输入量变化范围较小时，可用一条直线（切线或割线）近似地代表实际曲线的一段，如图 3-3 所示，使传感器输出/输入特性线性化。所采用的直线称为拟合直线。实际特性曲线与拟合直线之间的偏差称为传感器的非线性误差（或线性度），通常用相对误差 γ_L 表示，即：

$$\gamma_L=\pm\frac{\Delta L_{\max}}{Y_{FS}}\times100\% \tag{3-2}$$

其中，$\Delta L_{\max}$表示最大非线性绝对误差；Y_{FS}表示满量程输出。

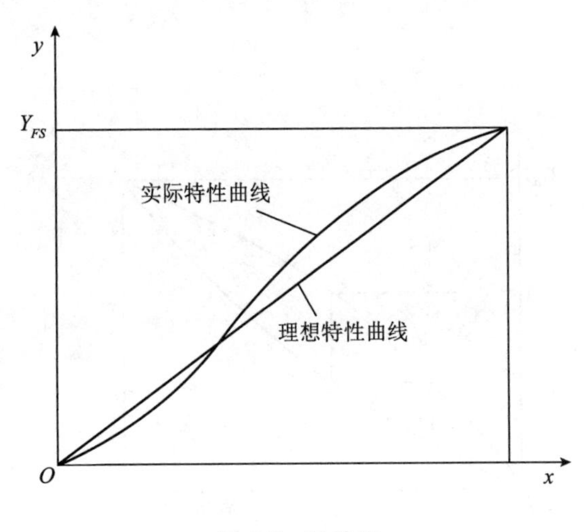

图 3-3　线性度

（2）灵敏度。灵敏度是传感器静态特性的一个重要指标，其定义是输出量增量 Δy 与引起输出量增量 Δy 的相应输入量的增量 Δx 之比。用 S 表示灵敏度，即：

$$S=\frac{\Delta y}{\Delta x} \tag{3-3}$$

它表示单位输入量的变化所引起传感器输出量的变化，如图 3-4（a）所示。很显然，灵敏度 S 值越大，表示传感器越灵敏，如图 3-4（b）所示。

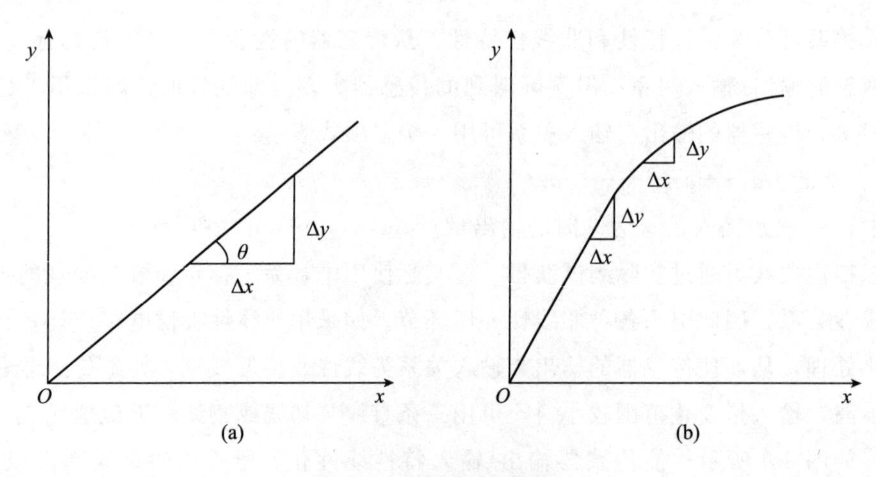

图 3-4　传感器的灵敏度

(3) 迟滞。传感器在正（输入量增大）反（输入量减小）行程期间其输出/输入特性曲线不重合的现象称为迟滞，如图 3-5 所示。也就是说，对于同一大小的输入信号，传感器的正反行程输出信号大小不相等。产生这种现象的主要原因是传感器敏感元件材料的物理性质和机械零部件的缺陷，例如弹性敏感元件的弹性滞后、运动部件摩擦、传动机构的间隙、紧固件松动等。

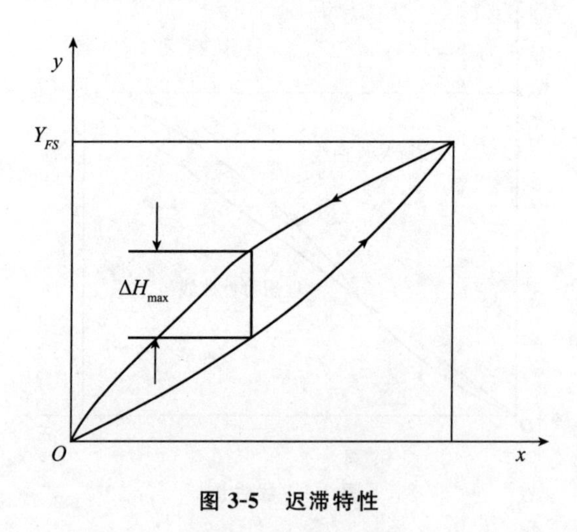

图 3-5　迟滞特性

迟滞大小通常由实验确定。迟滞误差可由下式计算：

$$\gamma_H = \frac{\Delta H_{max}}{Y_{FS}} \times 100\% \tag{3-4}$$

其中，ΔH_{max}为正反行程输出值间的最大差值。

(4) 重复性。重复性是指传感器在输入量按同一方向作全量程连续多次变化时，所得特性曲线不一致的程度，如图 3-6 所示。重复性误差属于随机误差，常用标准差 σ 计算，也可用正反行程中最大重复差值 ΔR_{max} 计算，即

$$\gamma_R=\pm\frac{(2\sim3)\ \sigma}{Y_{FS}}\times100\%\tag{3-5}$$

或

$$\gamma_R=\frac{\Delta R_{\max}}{Y_{FS}}\times100\%\tag{3-6}$$

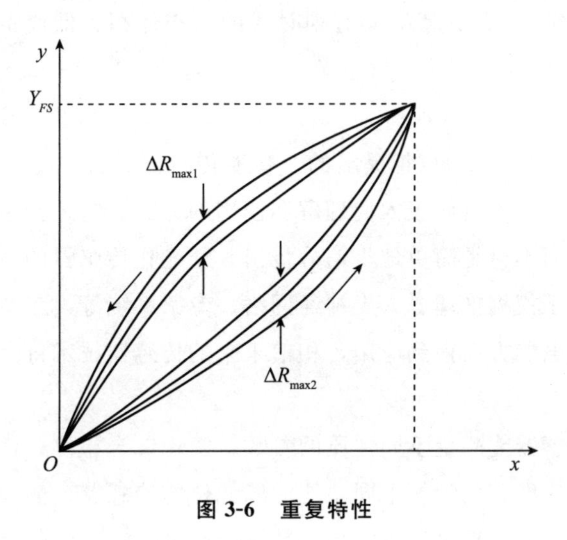

图 3-6　重复特性

2. 动态特性

传感器的动态特性是指其输出对随时间变化的输入量的响应特性。当被测量随时间变化，是时间的函数时，则传感器的输出量也是时间的函数，其间的关系要用动态特性来表示。一个动态特性好的传感器，其输出将再现输入量的变化规律，即具有相同的时间函数。实际上除了具有理想的比例特性外，输出信号将不会与输入信号具有相同的时间函数，这种输出与输入间的差异就是所谓的动态误差。

传感器的动态特性往往可以从时域和频域两个方面采用瞬态响应法和频率响应法来分析。由于输入信号的时间函数形式是多样的，在时域内研究传感器的动态响应特性，通常只能研究几种特定的输入时间函数，如跃阶函数、脉冲函数和斜坡函数等响应特性。在频域内研究动态特性则一般采用正弦函数。动态特性良好的传感器暂态响应时间很短且频率响应范围很宽。这两种分析方法内部存在必然的联系，在不同的场合、根据不同的应用需求，通常采用正弦变化和跃阶变化的输入信号来分析和评价。

（三）传感器的发展趋势

传感器技术是当今世界迅猛发展的高新技术之一，它与计算机技术、通信技术共同构成本世纪产业的三大支柱技术，受到世界各发达国家的高度重视。当前传感器技术的发展趋势主要是微型化、智能化、多样化、网络化、集成化、新材料化、高精度和高可靠性等，主要形式有微型传感器、智能传感器、纳米传感器等。

1. 微型化

随着微电子工艺、微机械加工和超精密加工等先进制造技术在各类传感器的开发和生产中的不断普及，可使传感器向以微机械加工技术为基础、仿真程序为工具的微结构技术方向发展，如采用微机械加工技术制作的微型机电系统（MEMS）、微型光电系统（MEOMS）、片上系统（SOC）等，具有划时代的微小体积、低成本、高可靠性等独特的优点。

2. 智能化

智能传感器的概念是在1980年提出的。智能传感器具有一定的智能，可以将纯粹的原始传感器信号转化成一种更便于人们理解和使用的方式。它还具有数值优化功能，从而可以优化信号的质量而不再是简单地将信号传出。智能化传感器的发展开始与人工智能相结合，创造出各种基于模糊推理、人工神经网络、专家系统等人工智能技术的高智能传感器，并且已经在家用电器方面得到应用，相信未来的传感器技术将会更加成熟。

3. 多样化

多样化体现在传感器能测量不同性质的参数，实现综合检测。例如，集成有压力、温度、湿度、流量、加速度、化学等不同功能敏感元件的传感器，能同时检测外界环境的物理特性或化学特性，进而实现对环境的多参数综合监测。未来的传感器将突破零维、瞬间的单一量检测方式，在时间上实现广延，空间上实现扩张，检测量实现多元，检测方式实现模糊识别。

4. 网络化

传感器的网络化是传感器领域近些年发展起来的一项新兴技术，它利用TCP/IP协议，使现场测量数据就近通过网络与网络上有通信能力的节点直接进行通信，实现了数据的实时发布和共享。传感器网络化的目标就是采用标准的网络协议，同时采用模块化结构将传感器和网络技术有机地结合起来，实现信息交流和技术维护。

5. 集成化

它是指将信息提取、放大、变换、传输以及信息处理和存储等功能都制作在同一基片上，实现一体化。与一般传感器相比，它具有体积小、反应快、抗干扰、稳定性好及成本低等优点。目前随着半导体集成技术与厚、薄膜技术的不断发展，传感器的集成化已成为传感器技术发展的一种趋势。

6. 新材料化

陶瓷、高分子、生物、智能等新型材料的开发与应用，不但扩充了传感器种类，而且改善了传感器的性能，拓宽了传感器的应用领域，比如新一代光纤传感器、超导传感器、焦平面阵列红外探测器、生物传感器、诊断传感器、智能传感器、基因传感器及模糊传感器等。

7. 高精度、高可靠性

随着自动化生产程度的不断提高，须研制出具有灵敏度高、精确度高、响应速度快、互换性好的新型传感器以确保生产自动化的可靠性。同时，需要进一步开发高可靠性、宽温范围的传感器。大部分传感器的工作范围都在－20～70 ℃，在军用系统中要求工作温度在－40～85 ℃，汽车、锅炉等场合对传感器的温度要求更高，而航天飞机和空间机器人甚至要求工作温度在－80 ℃以下，200 ℃以上。

（四）传感器的应用领域

随着电子计算机、生产自动化、现代信息技术的不断发展，传感器在军事、交通、化学、环保、能源、海洋开发、遥感、宇航等不同领域的需求与日俱增，其应用的领域已渗透到国民经济的各个部门以及人们的日常文化生活之中。可以说，从太空到海洋，从各种复杂的工程系统到人们日常生活的衣、食、住、行，都离不开各种各样的传感器，它是实现物理世界与数字世界融合的桥梁。可以说传感技术对物联网发展的成败起到关键性作用。下面就传感器在一些主要领域中的应用进行简要介绍。

1. 工业检测和自动化控制系统

传感器在工业自动化生产中占有极其重要的地位。在石油、化工、电力、钢铁、机械等加工工业中，传感器在各自的工作岗位上担负着相当于人们感觉器官的作用，它们每时每刻按需要完成对各种信息的检测，再把大量测得的信息通过自动控制、计算机等处理后进行反馈，用以进行生产过程、质量、工艺管理与安全方面的控制。在自动控制系统中，电子计算机与传感器的有机结合在实现控制的高度自动化方面起到了关键的作用。

2. 智能家居

现代智能家居中普遍应用着传感器。传感器在电子炉灶、自动电饭锅、吸尘器、空调、电热水器、热风取暖器、风干器、报警器、电熨斗、电风扇、游戏机、电子驱蚊器、洗衣机、洗碗机、照相机、电冰箱、彩色电视机及家庭影院等方面得到了广泛的应用。

随着人们生活水平的不断提高，对提高家用电器产品的功能及自动化程度的要求极为迫切。为满足这些要求，首先要使用能检测模拟量的高精度传感器，以获取正确的控制信息，再由微型计算机进行控制，使家用电器的使用更加方便、安全、可靠，并减少能源消耗，为更多的家庭创造一个舒适、智能化的生活环境。

目前，家庭智能化的蓝图正在设计之中。未来的家庭将通过各种传感器代替人监视家庭的各种状态，并由作为中央控制装置的微型计算机通过控制设备进行各种控制。家庭自动化的主要内容包括安全监视与报警、空调及照明控制、耗能控制、太阳光自动跟踪、家务劳动自动化及人身健康管理等。家庭自动化的实现，可使人们有更多的时间用于学习、教育或休闲娱乐。

3. 环境保护及遥感技术

目前，大气和水质污染及噪声已严重地破坏了地球的生态平衡和我们赖以生存的环境，这一现状已引起了世界各国的重视。为保护环境，利用传感器制成的各种环境监测仪器正在发挥着积极的作用。

此外，传感器在遥感技术上也有着广泛的应用。所谓遥感技术，简单地说就是从飞机、人造卫星、宇宙飞船及船舶上对远距离的广大区域的被测物体及其状态进行大规模探测的一种技术。飞机及航天飞行器上装载的是近紫外线、可见光、远红外线及微波等传感器，在船舶上向水下观测时多采用超声波传感器。例如，要探测一些矿产资源埋藏在什么地区，就可以利用人造卫星上的红外接收传感器测量地面发出的红外线的量，然后由人造卫星通过微波再发送到地面站，经地面站计算机处理后，便可根据红外线分布的差异判断出埋有矿藏的地区。

4. 医疗及人体医学

随着医用电子学的发展，仅凭医生的经验和感觉进行诊断的时代将会结束。现在，应用医用传感器可以对人体的表面和内部温度、血压及腔内压力、血液及呼吸流量、肿瘤、血液的分析、脉波及心音、心脑电波等进行高准确度的诊断。显然，传感器对促进医疗技术的高度发展起着非常重要的作用。

为提高人民的健康水平，我国医疗制度的改革，将把医疗服务对象扩大到全民。以往的医疗工作仅局限于以治疗疾病为中心，今后，医疗工作将在疾病的早期诊断、早期治疗、远距离诊断及人工器官的研制等广泛的范围内发挥作用，而传感器在这些方面将会得到越来越多的应用。

5. 航空航天

在航空及航天的飞行器上也广泛地应用着各种各样的传感器。要了解飞机或火箭的飞行轨迹，并把它们控制在预定的轨道上，就要使用传感器进行速度、加速度和飞行距离的测量；要了解飞行器飞行的方向，就必须掌握它的飞行姿态，飞行姿态可以使用陀螺仪传感器、阳光传感器、星光传感器及地磁传感器等进行测量；此外，对飞行器周围的环境、飞行器本身的状态及内部设备的监控也都要通过传感器进行检测。

6. 智能机器人

目前，在劳动强度大或作业危险的场所，已逐步使用机器人取代人的工作。一些高速度、高精度的工作，由机器人来承担也是非常合适的。这些机器人多数是用来进行加工、组装、检验等工作，属于生产用的自动机械式的单能机器人。在这些机器人身上便采用了检测臂的位置和角度的传感器。

要使机器人和人的功能更为接近，以便从事更高级的工作，要求机器人具有判断能力，这就要给机器人安装物体检测传感器，特别是视觉传感器和触觉传感器，使机器人通过视觉对物体进行识别和检测，通过触觉对物体“感受”压觉、力觉、滑动和重量的感觉。这类机器人被称为智能机器人，它不但可以从事特殊的作业，而且一般的生产、事务和家务，全部可由智能机器人去处理。

二、传感器分类

传感器一般可从工作原理、用途、输出信号类型等方面进行分类。

（一）按传感器工作原理分类

传感器按工作原理可以分为物理传感器和化学传感器两大类。

1. 物理传感器

物理传感器应用的是物理效应，如压电（陶瓷）传感器（压电效应）、磁致伸缩位移传感器（磁致伸缩现象），此外还有离化、极化、热电、光电、磁电效应等。物理传感器非常敏感，被测信号量的微小变化都能转换成电信号。

2. 化学传感器

化学传感器包括那些以化学吸附、电化学反应等现象为因果关系的传感器，它们对各种化学物质敏感，具有对待测化学物质的形状或分子结构选择性捕获的功能（接收器功能），以及将捕获的化学量有效转换为电信号的功能（转换器功能）。

（二）按传感器用途分类

按照不同的用途，传感器可分为以下十四类。

1. 力敏传感器

力敏传感器通常由力敏元件及转换元件组成，是一种能感受作用力并按一定规律将其转换成可用输出信号的器件或装置。多数情况下，该种传感器的输出采用电量的形式，如电流、电压、电阻、电脉冲等。常见的力敏传感器广泛应用于电子衡器的压力传感器。

2. 位移传感器

位移传感器可以分为直线位移传感器和角位移传感器两种。直线位移传感器具有工作原理简单、测量精度高、可靠性强等优点，典型应用如电子游标卡尺。角位移传感器主要有可旋转电位器，具有可靠性高、成本低的优点。

3. 速度传感器

线速度传感器和角速度传感器统称为速度传感器。目前广泛使用的速度传感器是直流测速发电机，可以将旋转速度转变成电信号。测速机要求输出电压与转速间保持线性关系，并要求输出电压灵敏度高、时间及温度稳定性好。

4. 加速度传感器

加速度传感器是一种可以测量加速度的电子设备。由加速度的定义（牛顿第二定律）可知，a（加速度）$=F$（作用力）$/m$（质量）。只要能测量到作用力 F 就可以得到已知质量物体的加速度。利用电磁力去平衡这个力，就可以得到作用力与电流（电压）的对应关系。加速度传感器就是利用这一简单原理工作的，其本质是通过作用力使传感器内部敏感元件发生变形，通过测量其形变量并用相关电路转化成电信号输出，得到相应的加速度信号。常用的加速度传感器有压电式、压阻式、电容式和谐振式等。大量程加速度传感器主要用于军事和航空航天等领域。

5. 振动传感器

它的主要作用是将机械量接收下来，并转换为与之成比例的电量信号。由于它是一种机电转换装置，因此，也称它为换能器、拾振器等。

6. 热敏传感器

热敏传感器是利用某些物体的物理性质随温度变化而发生变化的敏感材料制成的传感器元件。例如，易熔合金或热敏绝缘材料、双金属片、热电偶、热敏电阻、半导体材料等，常用的热敏传感器有热敏电阻。

7. 湿敏传感器

电子式湿度传感器通常有电阻式和电容式两大类。电阻式湿度传感器利用感湿材料的电阻率和电阻值随着空气中湿度的不同而变化，来测量空气的湿度值，通常为相对湿度。电容式湿度传感器一般是由使用高分子薄膜电容制成的湿敏电容组成的，当空气湿度变化时，湿敏电容的介电常数也发生变化，导致其电容量发生变化，这一变化量与相对湿度成正比。

8. 磁敏传感器

利用磁场作为媒介可以检测很多物理量，如位移、振动、力、转速、加速度、流量、电流、电功率等，它不仅可以实现非接触测量，还可从磁场中获取能量。在很多情况下，可采用永久磁铁来产生磁场，不需要附加能源，因此这一类传感器获得了极为广泛的应用。

9. 气敏传感器

气敏传感器是一种检测特定气体的传感器，它主要包括半导体气敏传感器、接触燃烧式气敏传感器和电化学气敏传感器等，其中用得最多的是半导体气敏传感器。它的应用主要有：一氧化碳气体的检测、瓦斯气体的检测、煤气的检测、氟利昂的检测、呼气中乙醇的检测、人体口腔口臭的检测等。

10. 生物传感器

生物传感器（Biosensor）是对生物物质敏感并将其浓度转换为电信号进行检测的仪器。它是由固定化的生物敏感材料作识别元件（包括酶、抗体、抗原、微生物、细胞、组织、核酸等生物活性物质）与适当的理化换能器（如氧电极、光敏管、场效应管、压电晶体等）及信号放大装置构成的分析工具或系统。生物传感器具有接收器与转换器的功能。近年来，环境污染问题日益严重，人们迫切希望拥有一种能对污染物进行连续、快速、在线监测的仪器，生物传感器满足了人们的要求。目前，已有相当部分的生物传感器应用于环境监测中。

11. 霍尔传感器

霍尔传感器是根据霍尔效应制作的一种磁场传感器，用它可以检测磁场及其变化，可在各种与磁场有关的场合中使用，如在工业生产、交通运输和日常生活中有着非常广泛的应用。按被检测对象的性质可将霍尔传感器的应用分为直接应用和间接应用。前者直接检测受检对象本身的磁场或磁特性；后者检测受检对象上人为设置的磁场，这个磁场是被检测的信息的载体，通过它可将许多非电、非磁的物理量，如速度、加速度、角度、角速度、转数、转速，以及工作状态发生变化的时间等，转变成电学量用于检测。

12. 核辐射传感器

核辐射传感器是利用放射性同位素来进行测量的传感器，适用于核辐射监测。

13. 光纤传感器

光纤传感器是将来自光源的光经过光纤送入调制器，使待测参数与进入调制区的光相互作用后，导致光的光学性质发生变化，称为被调制的信号光，再经过光纤送入光探测器，经解调后，获得被测参数，适用于对磁、声、压力、温度、加速度、陀螺、位移、液面、转矩、光声、电流和应变等物理量的测量。

14. MEMS 传感器

MEMS 即 Micro-Electro-Mechanical Systems，是微机电系统的缩写，包含硅压阻式压力传感器和硅电容式压力传感器，两者都是在硅片上生成的微机械电子传感器，广泛应用于国防、生产、医学和非电测量等。

（三）按传感器输出信号分类

根据传感器的输出信号，可将传感器分为以下三类。

1. 模拟传感器

这类传感器将被测量的非电学量转换成模拟电信号。

2. 数字传感器

这类传感器将被测量的非电学量转换成数字信号输出（包括直接和间接转换）。这类传感器的数字接口有 RS-232C（含 RS-422，RS-485）、SPI（Serial Peripheral Interface）总线、I2C（Inter-Integrated Circuit Bus）总线、一线总线接口等。

3. 开关传感器

当一个被测量的信号达到某个特定的阈值时，传感器相应地输出一个设定的低电平或高电平信号。

三、常用传感器的工作特点和应用

常用传感器包括温度、光、压力、湿度、霍尔（磁性）传感器等。

（一）温度传感器

常见的温度传感器包括热敏电阻、半导体温度传感器以及温差电偶，如图 3-7 所示。

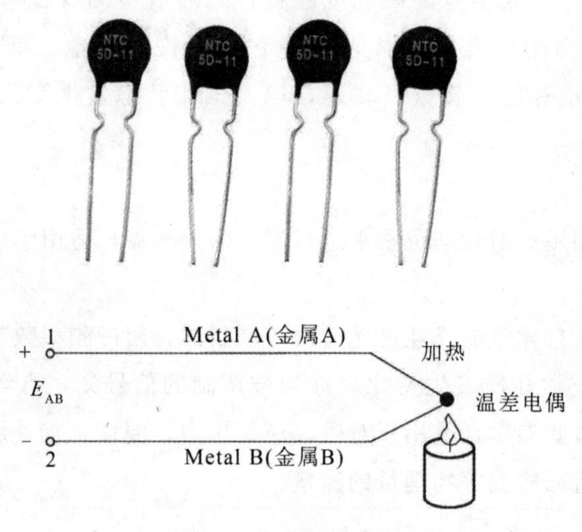

图 3-7　温度传感器

热敏电阻主要是利用各种材料电阻率的温度敏感性，根据材料的不同，热敏电阻可以用于设备的过热保护以及温控报警等。

半导体温度传感器利用半导体器件的温度敏感性来测量温度，具有成本低廉、线性度好等优点。

温差电偶则是利用温差电现象，把被测端的温度转化为电压和电流的变化。由不同金属材料构成的温差电偶，能够在比较大的范围内测量温度，例如－200～2 000 ℃。

（二）光传感器

光传感器可以分为光敏电阻以及光电传感器两个大类，如图 3-8 所示。

光敏电阻主要利用各种材料的电阻率的光敏感性来进行光探测。

光电传感器主要包括光敏二极管和光敏晶体管，这两种器件都运用了半导体器件对光照的敏感性。光敏二极管的反向饱和电流在光照的作用下会显著变大，而光敏晶体管在光照时其集电极、发射极导通，类似于受光照控制的开关。此外，为方便使用，市场上出现了把光敏二极管和光敏晶体管与后续信号处理电路制作成一个芯片的集成光传感器。

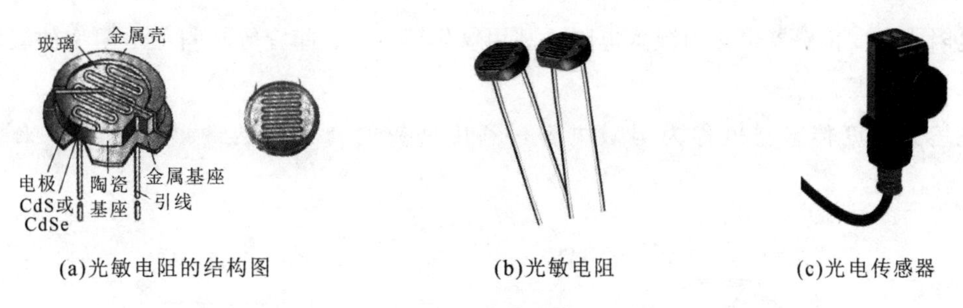

(a)光敏电阻的结构图 (b)光敏电阻 (c)光电传感器

图 3-8 光传感器

光传感器的不同种类可以覆盖可见光、红外线（热辐射）以及紫外线等波长范围的传感应用。

（三）压力传感器

压力传感器是通过测量目标沿地面所产生的压力变化来发现和测定目标的侦察设备。其种类有应变钢丝传感器、平衡压力传感器、振动/磁性电缆传感器、驻极体电缆和光纤压力传感器等。

常见的压力传感器在受到外部压力时会产生一定的内部结构的变形或位移，进而转化为电特性的改变，产生相应的电信号，如图 3-9 所示。

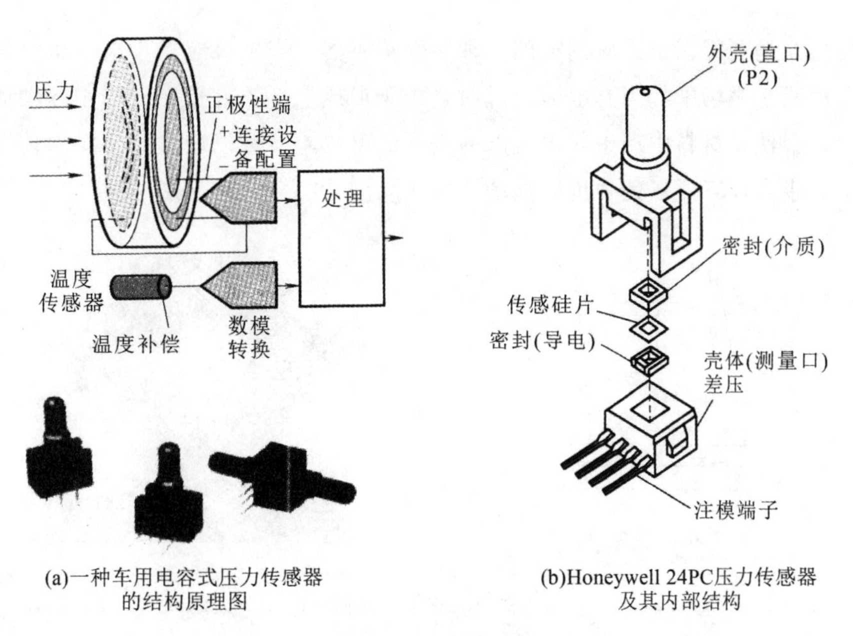

(a)一种车用电容式压力传感器的结构原理图 (b)Honeywell 24PC压力传感器及其内部结构

图 3-9 压力传感器

（四）湿度传感器

湿度传感器主要包括电阻式和电容式两类，如图 3-10 所示。

电阻式湿度传感器也称为湿敏电阻，利用氯化锂、碳、陶瓷等材料的电阻率的湿度敏感性来探测湿度。

电容式湿度传感器也称为湿敏电容，利用材料的介电系数的湿度敏感性来探测湿度。

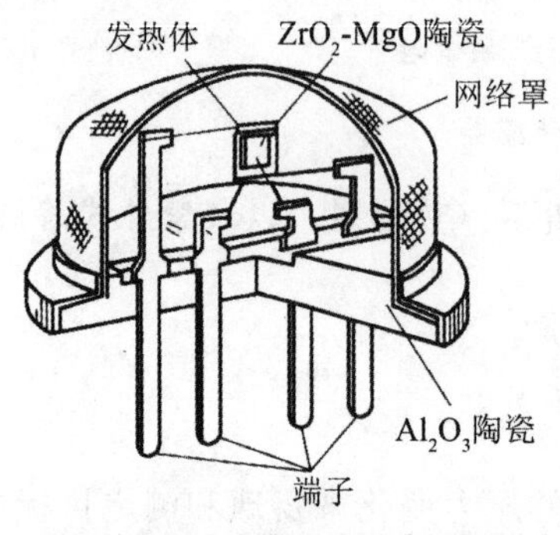

(a)一种电阻式陶瓷湿敏传感器结构图

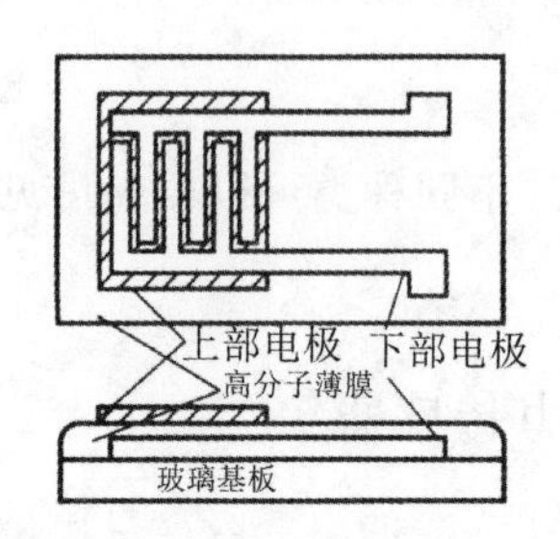

(b)一种电容式湿敏传感器结构图

图 3-10　湿度传感器

(五）霍尔（磁性）传感器

霍尔传感器是利用霍尔效应制成的一种磁性传感器。霍尔效应是指把一个金属或者半导体材料薄片置于磁场中，当有电流流过时，由于形成电流的电子在磁场中运动而受到磁场的作用力，会使得材料中产生与电流方向垂直的电压差。可以通过测量霍尔传感器所产生的电压的大小来计算磁场的强度，如图 3-11 所示。

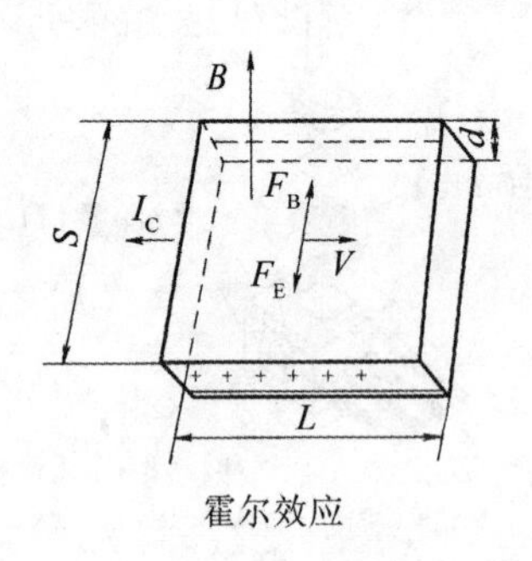

霍尔效应

图 3-11　霍尔传感器

霍尔传感器结合不同的结构，能够间接测量电流、振动、位移、速度、加速度、转速等，具有广泛的应用价值，如图 3-12 所示。

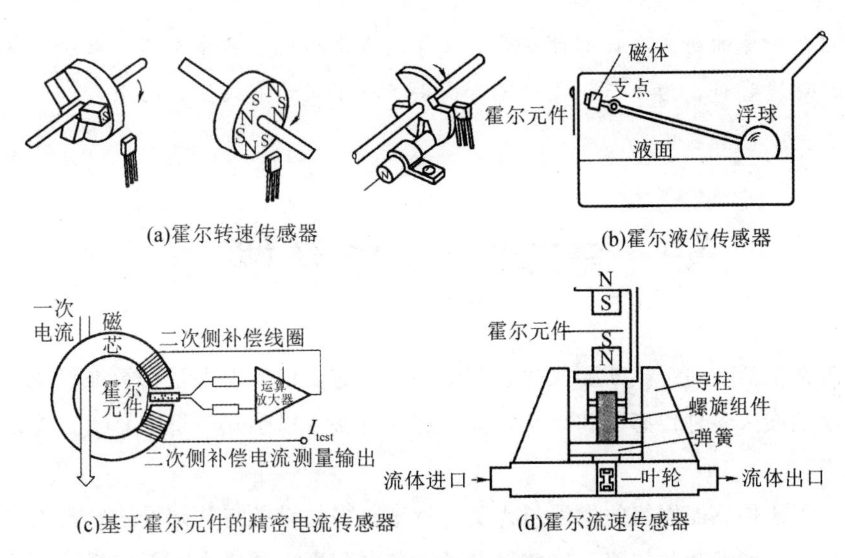

(a)霍尔转速传感器　(b)霍尔液位传感器

(c)基于霍尔元件的精密电流传感器　(d)霍尔流速传感器

图 3-12　各种霍尔传感器

(六) 图像传感器

CCD（Charge Coupled Device）是电荷耦合器件图像传感器。它使用一种高感光度的半导体材料制成，能把光线转变成电荷，通过模-数转换器芯片转换成数字信号，数字信号经过压缩以后由相机内部的闪速存储器或内置硬盘卡保存，因而可以轻而易举地把数据传输给计算机，并借助计算机的处理手段，根据需要和想象来修改图像。CCD 由许多感光单位组成，通常以百万像素为单位。当 CCD 表面受到光线照射时，每个感光单位会将电荷反映在组件上，所有的感光单位所产生的信号加在一起，就构成了一幅完整的画面。CCD 和传统底片相比，CCD 更接近人眼对视觉的工作方式。只不过，人眼的视网膜是由负责光强度感应的杆细胞和色彩感应的锥细胞分工合作组成视觉感应。CCD 经过长达 35 年的发展，大致的形状和运作方式都已经定型。CCD 的组成主要是由一个类似马赛克的网格、聚光镜片以及垫于最底下的电子电路矩阵组成。

案 例

大鸭岛生态环境监测系统

2002 年，由英特尔的研究小组和加州大学伯克利分校以及巴港大西洋大学的科学家把无线传感网技术应用于监视大鸭岛海鸟的栖息情况。位于缅因州海岸的大鸭岛由于环境恶劣，海燕又十分机警，研究人员无法采用一般方法进行跟踪观察。为此他们使用了包括光、湿度、气压计、红外传感器、摄像头在内的近 10 种传感器类型及数百个节点，系统通过自组织无线网络，将数据传输到 300 ft（1 ft＝0.304 8 m）外的基站计算机内，再由此经卫星传输至加州的服务器。在那之后，全球的研究人员都可以通过互联网查看该地区各个节点的数据，掌握第一手的环境资料，为生态环境研究者提供了一个极为有效便利的平台。

第二节 智能终端

人们现在生活在一个不断膨胀的数字世界中，这个世界由大量的智能设备组成。物理世界被广泛地嵌入各种传感器和控制设备，这些设备可以感知环境信息，智能地提供方便快捷的服务。

伴随着无线传感器网络的发展与普及，越来越多的设备与基础设施紧密地融入物理环境中。集成电路和芯片的快速发展使得电子设备体积更小、成本更低，操作更可靠，能耗更少。智能手机除了可以拨打电话发短信，还可以作为多种音频、视频摄像机和播放器，或者当作信息设备和游戏控制台，通过共享个性化服务模式，移动设备可以获取用户上下文信息。

一、智能终端的定义

终端（Terminal），是一台电子计算机或者计算机系统，用来让用户输入数据及显示其计算结果的机器。终端有些是全电子的，也有些是机电的。终端又名为终端机，它与一部独立的计算机不同。终端其实就是一种输入输出设备，相对于计算机主机而言属于外设，本身并不提供运算处理功能。

而智能终端设备是指那些具有多媒体功能的智能设备，这些设备支持音频、视频、数据等方面的功能，如：可视电话、会议终端、内置多媒体功能的 PC，PDA 等。这些终端之所以被称为“智能”是因为该终端内置处理器，它们能够理解转义序列，可以定位光标和控制显示位置。

智能终端的主要表现形式有智能电视、智能机顶盒、智能手机、平板电脑等。智能终端包含的主要要素：高性能中央处理器、存储器、操作系统、应用程序和网络接入。

二、智能终端特点

（一）设备的高度集成

智能终端设备的高度集成体现在两个方面：快速发展的半导体制造工艺和高速发展的硬件架构。

从智能终端半导体的制造工艺来讲，制造工艺一直遵循摩尔定律而快速地发展。在28 nm制造工业还没有大规模普及的同时，22 nm 的制造工艺在 Intel、台积电等公司中已经较为成熟。Intel 在 22 nm 中采用的鳍式场效晶体的技术，大大地提升了芯片的性能。14 nm 的制造工艺已经在半导体厂商的规划之中。工艺的提升能有效地减小芯片的面积，提高终端的集成度。

从智能终端的硬件架构来讲，智能终端应有高集成度、高性能的嵌入式系统软硬件。智能终端是 SoC 的典型应用，其系统配置类似于个人电脑，既包含了中央处理器、存储器、显示设备、输入输出设备等硬件，又包含操作系统、应用程序、中间件等软件，要求系统的集成度高于个人电脑。

智能终端的硬件呈现集成度越来越高的现象，使得 SoC 单颗芯片的功能越来越多，SoC 的设计趋向于模块化，不同的芯片设计厂商设计不同的 IP 核，SoC 系统厂商将中央处理器单元和 IP 软核或硬核集成在单颗芯片中，提高了系统的集成度。

目前市场上用于智能终端的中央处理器主要包含 ARM 系列处理器、Intel ATOM 系列处理器等。这些高性能的处理器增强了智能终端的运行速度，为智能终端所承载的多业务、多应用提供了支持。和个人电脑市场不同，在智能终端领域，ARM 系列处理器凭借低功耗、高性能的特点，赢得了大部分的市场份额。

（二）开放式操作系统的广泛应用

开放式操作系统不同于开源操作系统，开放式操作系统指操作系统具有开放的应用编程接口，能为应用程序开发者提供统一的编程接口，方便应用程序的开发，统一的编程接口也提高了应用程序的运行效率。图 3-13 为简化的智能终端开放式操作系统模型，主要包含驱动、操作系统内核、系统库资源和开放式应用编程环境和接口。开放式操作系统是智能终端的核心，也是智能终端系统资源管理、应用程序运行的基础。开放式操作系统决定了应用程序开发的环境和应用程序的生态链系统，决定了智能终端利用系统软硬件资源的能力。

目前市场上针对智能终端的操作系统主要有苹果的 IOS 系统、谷歌的安卓（Android）系统和微软的 Windows Phone 操作系统。苹果的 IOS 操作系统只在苹果产品上有应用，以 Darwin 操作系统为基础。安卓是谷歌为智能终端开发的操作系统，以 Linux 操作系统为基础。安卓系统已成为智能终端市场的第一大操作系统。与非智能终端相比，基于安卓等开源系统开发的一款智能终端产品，需要在软件方面投入更多的资源，开发工作涉及对芯片的支持、元器件的驱动、系统稳定性和性能优化、耗电、运营商认证、用户界面和上层应用开发等诸多方面。在硬件技术越来越成熟和标准化的情况下，智能手机中“软成本”越来越高，包括 HTC、三星、联想等领先的智能终端厂商，无一不是在软件方面大量投入，在系统功能和用户体验方面形成了独特的竞争力。

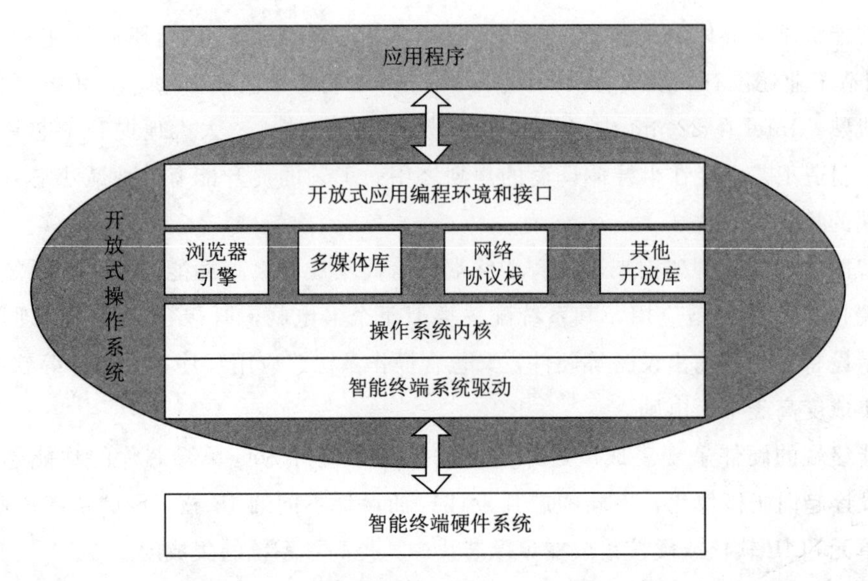

图 3-13　智能终端开放式操作系统构架模型

而作为行业龙头的芯片厂商，如高通、联发科、展讯、英特尔等，也都在开发和推广其“Turnkey”方案，即硬件/软件/服务一体化的参考设计，为产业链提供更成熟和具有竞争力的一揽子方案。在“Turnkey”方案开发中，操作系统软件开发和支持部分要占到其工作量的一半以上。

（三）完善的应用程序开发环境

智能终端具有很强的扩展性。和非智能终端相比，智能终端的扩展性来源于智能终端能安装大量的应用程序。智能终端的应用程序开发环境是指涉及应用程序的开发、发布、下载、安装、使用等环境，具体包含应用程序开发的软件开发工具包（Software Development Kit，SDK)、应用程序的发布方式和下载安装方式。

智能终端的 SDK 和操作系统息息相关，SDK 是应用程序的开发工具，一般包含编译器、调试器、系统库、文档和示例等。Android 操作系统支持 C/C＋＋作为底层的开发，应用层 SDK 采用 Java。而 IOS SDK 于 2008 年 2 月发布，采用 C/C＋＋编写应用程序。

为方便应用程序的开发。编写应用程序还需遵循统一的应用编程接口（Application Programming Interface，API)。任何操作系统或中间件系统均有 API 的标准，统一的 API 方便了应用程序调用系统资源，加快了应用程序的开发速度和应用程序的质量，同时这也决定了 API 是标准化的重要环节。

Android，Windows Phone 和 IOS 均支持第三方应用程序开发者向应用程序商店上传应用，不同的是谷歌只审核 Android 应用程序的数字签名是否正确，不审核应用程序的质量和用户界面。而 Windows Phone 和 IOS 的应用程序商店对应用程序的质量、用户界面均有严格的审核制度。

购买智能终端不再仅局限于购买时的功能，而是可以通过安装并运行应用程序扩展终端的功能。用户主要通过应用程序商店选购所需的程序，安装在智能终端上。智能终端的应用程序商店和操作系统一一对应，例如IOS操作系统的应用程序商店为Apple APP Store，采用Windows操作系统的应用程序商店为Marketplace。无论智能终端采用何种操作系统，完善的应用程序开发环境对应用程序开发者和用户体验都起着决定性的作用。

三、智能传感器与智能终端

在传感器领域中，主要是将传感器智能化，使其具有数据采集，数据处理，以及数据传输的功能，伴随着物联网与IPv6的不断发展，无线传感器网络技术不断成熟。相应智能终端种类繁多，主要包含各种不同类型与用途的传感器节点。

传感器节点是采用自组织方式进行组网以及利用无线通信技术进行数据转发的，节点都具有数据采集与数据融合转发双重功能。节点对本身采集到的信息和其他节点转发给它的信息进行初步的数据处理和信息融合之后以相邻节点接力传送的方式传送到基站，然后通过基站以互联网、卫星等方式传送给最终用户。

传感器节点是无线传感器网络的基本功能单元。传感器节点基本组成模块有：传感单元、处理单元、通信单元以及电源部分。

处理器模块是传感器节点的核心，负责整个节点的设备控制、任务分配与调度、数据整合与传输等。传感单元主要是由各种传感器组成，负责数据的采集。通信单元负责对处理的数据进行传输，电源部分则是为整个传感器节点的运作供能。受节点体积限制，传感器节点的能量非常有限。因此，在整个节点设计中，以低功耗、高精度为主要要求，采取一系列有效的措施来节省能量。另外，医疗传感器节点不能频繁更换电池，影响人的正常生活。所以，所设计的医疗节点应该具有较长的生命周期。

四、智能终端的应用

智能终端可应用于多个领域，包含机械制造、工业过程控制、汽车电子、通信电子、消费电子、传感器领域，与相应专用设备包括医疗、环保、气象等领域应用。与传统的终端相比，这些智能终端的显著特点是都是网络的终端，能够连接到网络，这也是物联网的显著特征。

（一）消费电子中的智能终端

消费电子是指围绕着消费者应用而设计的与生活、工作娱乐息息相关的电子类产品，最终实现消费者自由选择资讯、享受娱乐的目的。消费电子主要侧重于个人购买并用个人消费的电子产品。目前较流行的消费电子中的智能终端包括可穿戴设备、智能手机、平板电脑、智能家居设备等围绕消费者的设备。

1. 可穿戴智能终端

穿戴设备如图 3-14 所示，为可穿戴于身上、出外进行活动的微型电子设备。此种电脑由轻巧的设备构成，利用手表类小机械电子零件组成，达成像头戴式显示屏（HMD）一般，使得电脑更具便携性，目前已出现了将衣服与电脑进行结合的研究。这类技术已经开发用来支持通用或特殊目的的信息技术和媒体发展。穿戴式电脑对于除了硬件编码逻辑需要更复杂计算支持的应用非常有用。

图 3-14　可穿戴智能终端

可穿戴式设备主要特征之一是持续性，在计算机和用户之间要保持稳定交互，例如，设备不需要主动打开或关闭。其他特征还有多任务运行能力，不需停止你正在做的事情来使用这种设备，它是被增强到其他动作上的。这些设备可以与用户结合像假肢一样。因此，它可以成为用户大脑或身体的延伸。

在移动计算（Mobile Computing）、环境智能（Ambient Intelligence）、普适计算研究组织中，很多主题经常与可穿戴相关，包括电源管理（Power Management）、散热片、软件架构、无线和个人局域网。国际可穿戴计算机研讨会（International Symposiumon Wearable Computers）是以可穿戴式电脑为主题的长期学术会议。

以个人电脑为理念，穿戴式电脑具有作为终端与用户进行直接联系的重大意义。手表型电脑与 PDA、小型电脑、随身通信设备、感应设备（相机、GPS 等接收设备）等的多样化、广泛范围研究正在进行与提出中。但是如同头戴式显示屏一样，由于在室外使用时会因为外观及使用上较为奇特，因此在实用与普及上有许多问题需要克服。

其他还有高度机能化的手机、掌上型游戏机、IC 卡等广义上也能称作穿戴式电脑的一种。

案 例

海航科技联手 vivo　为智能终端装上“超级大脑”

2018 年 6 月 8 日，海航科技股份有限公司（以下简称：海航科技）与维沃移动通信有限公司（以下简称：vivo）在广东省东莞市 vivo 总部签署战略合作协议。双方将围绕超级智能终端的生产，在人工智能、大数据合作、渠道推广、人才共建等方面展开全面战略合作，在朝着融入各产业价值链重构和场景创新的方向上，迈出了坚实一步。

随着人工智能和物联网技术的发展，智能终端产品已经深度融入智慧金融、智慧出行、智慧物流等应用场景中，成为打造各领域智能服务的硬件入口。此次与 vivo 合作的终端设备，将帮助海航科技打通航空、旅游、零售和酒店等垂直领域的服务，并通过数据抓取和分析，为用户提供旅游出行的智能服务。

5 月 11 日，海航科技旗下的海航云 AI 开放平台已正式对外开放。基于海航云在机器视觉、智能语音等领域的 AI 能力，未来双方还将共同开发刷脸解锁、刷脸支付、智能语音助手和智能美颜相机等应用，将 vivo 手机、手环、音响等产品打造成为具备 AI 智慧的超级智能终端。

海航科技运营总裁吴亚洲表示，和 vivo 的合作是海航云打造超级智能终端计划的新起点，“我们致力于打造统一的对接平台，服务于第三方智能终端与企业对接，实现智能终端的全场景连接，打造‘终端＋数据＋服务’的智能生态。”

vivo 中国区副总裁何正建表示，作为一家全球性的移动互联网终端公司，vivo 始终从消费者的终端需求出发，此次与海航科技及旗下海航云的强强联手，有助于 vivo 深度参与海航场景的智能开发。

2. 移动智能终端

现今关注度最高的智能终端无疑为移动智能终端，它是安装具有开放式操作系统，使用宽带无线移动通信技术实现互联网接入，通过下载、安装应用软件和数字内容为用户提供服务的终端产品。生活中常见的移动智能终端包括智能手机、PDA、平板电脑、笔记本电脑与可穿戴设备等。同时移动智能终端具有移动性，实时性，硬件可靠性，软件可靠性，可上网，多任务性，多媒体功能，应用程序安装使用广泛性，易用性，且基于操作系统等特性。

移动智能终端的发展始于 1999 年摩托罗拉 A6188 的出现，同时也标志着智能手机的诞生。经过十几年的创新，移动智能终端呈现快速发展趋势。随着信息技术的发展，移动智能终端成本会越来越低，移动智能终端以用户为中心，向更加智能化、环保化、云化和融合化方向发展。我国移动终端制造自 1998 年起步，十余年来一直保持着高于全球平均水平的发展速度，本土品牌终端实力有了长足进步。2011 年国内市场本土品牌移动终端出货占比达到 71.68%，连续 6 年保持 30%以上的同比增幅。随着移动智能终端市场的逐渐饱和，各大终端企业在智能手机、平板电脑等领域的竞争也日趋激烈。

3. 智能电视

智能电视（Smart TV），也被称为联网电视（Connected TV）或混合式电视（Hybrid TV），是一种加入互联网与 Web 2.0 功能的电视机或数字视频转换盒（Set-top Box）。智能电视可以运行完整的操作系统或移动操作系统，并提供一个软件平台，可以供应用软件开发者开发他们自己的软件在智能电视上运行。它将电脑的功能集成融入电视，许多人预测它将是未来的潮流。目前最为人所知的智能电视为 Google TV，Apple TV。

智能电视是谷歌推出的一个开放平台，可加载“无限的内容，无限的应用”，不仅具有强劲的网络搜索功能，还有好的用户界面、社交网络服务（Social Networking Services，SNS）、精准广告等功能。英特尔公司与行业领先企业谷歌、索尼和罗技等公司合作，共同开发智能电视产品。他们表示，智能电视中，互联网将于广播电视、个性化内容及搜索功能无缝集成。简单来讲就是在电视上插上网线，利用机顶盒来处理电视视频、互联网等多种内容，向家庭用户提供更多服务，融合 PC、数字电视和互联网的功能。与互联网电视相比，智能电视的体验更加全面，不仅仅是通过电视下载、播放高清视频，还让互联网的所有功能都得以体现。

（二）工业中的智能终端

工业领域的智能终端包含智能表，以及相应的手持设备以及现场设备等。

1. 智能表

传统的供水、供电、供气计量操作通常是由各管理部门派人到装表地点抄表，由于用户面广、量大，极易造成差错，人工抄表效率低，且不利于科学管理，给城市管理网络的建模、分析、规划等都带来很大的困难。远程智能抄表系统不仅能够节约人力资源，更重要的是可提高抄表的准确性，减少因估计或誊写而造成的账单出错，所以这种技术越来越受到用户欢迎。

该系统一般包括三个部分：上位机、集中器和采集终端。其中采集终端是介于集中器和终端之间的中间设备，主要具有数据采集、处理、存储及转发等功能。根据终端的不同，采集终端以智能通信方式（规约）或脉冲采集方式采集数据，并以一定的算法或格式将采集数据加以周期性和选择性的存储，同时将实时或历史电量数据以集中器要求的格式和内容传递给集中器。

2. 智能手持设备

工业手持终端包括工业 PDA、条形码手持终端、RFID 手持中距离一体机等，如图 3-15所示。工业手持终端的特点就是坚固、耐用，可以用在很多环境比较恶劣的地方，同时针对工业使用特点做了很多的优化。工业级手持终端可以同时支持RFID读写和条码扫描功能，同时具备了IP64工业等级，这些是消费类手持终端所不具备的。

图3-15 智能手持终端

智能手持终端根据应用场景的不同可以包含不同的作用，如条码扫描，IC卡读写，非接触式IC卡读写，指纹采集、比对，GSM/GPRS/CDMA无线数据通信，RS232串行通信，USB通信，其他功能如拍照、可插CF卡、可插SD卡等，需要根据用户的需求选择。

3. 现场智能设备

当前工厂设备管理维护工作是基于经验和被动的，随着现场总线技术的发展，为了实现主动和有效的设备实时管理，微机化的、具有通信和自诊断能力的现场智能设备应运而生，且安装的数量日益增多。

现场智能设备是微机化的、具有完善通信功能的、能够在工业现场实现测量控制功能的智能设备。现场智能设备主要包括不同类型的变送器和执行机构，它除了能够向工厂监控软件提供生产过程变量外，因它具有额外的传感器，可向微处理机提供判定现场设备状态或者设备周围环境的信息，所以它还能够提供现场智能设备本身的状态信息。如变送器能够检测RAM故障、模块EEPROM写失败、传感器污染严重、应变片疲劳过度等，执行机构既控制它们的输出也可以检测它们的反馈，如阀门的响应速度过慢、控制输出与实际开度误差太大等。在工厂测控网络中，每个现场智能设备都是一个网络节点。

将工业领域中智能终端进行有机的结合便形成了工业物联网，它是通过将具有感知能力的智能终端、无处不在的移动计算模式、泛在的移动网络通信方式应用到工业生产的各个环节，提高制造效率。把握产品质量，降低成本，减少污染，从而实现智能工业。常用的工业物联网需要满足以下几点要求：其一是精确的时间同步要求；其二是通信的准确性；其三是工业环境的高适应性。

阅读延伸

金融智能终端机

金融智能终端机覆盖金融服务网点网络，覆盖社区（以便利店居多），用户在家门口即可完成还款、付款、缴费、充值、转账等日常金融业务，从而缓解银行柜面压力，解决用户在银行营业厅的排队难题。沃尔玛、中国石油、中国石化、7-11、物美、快客、好德、海王星辰、华润万家、美宜佳、苏宁、国美等全国所有知名便利店、商超和社区店都配备金融智能终端机进行便利支付。

智能终端机商家主要通过消费者刷卡支付商户消费款的手续费获得利润，银行获取的终端消费利润与智能终端机商家以配股比例进行分红，使得智能终端机商家获取高额利润。知名智能终端机商家有拉卡拉、鑫邦易富通、腾富通、卡友等，各商家分红比例不同也是争取市场、赢得商户的法宝。

五、智能终端发展现状与趋势

（一）智能终端发展现状

当前业界已经迈入智能终端大规模普及阶段，不仅终端产业本身发生巨变，智能终端还引发了整个 ICT 产业的颠覆性变革，其引领的制造与服务的一体化创新和跨界融合强烈冲击着整个信息通信产业。从具备开放的操作系统平台、PC 处理能力、高速数据网络接入能力和丰富的人机交互界面四大基本特征出发，智能终端产品形态已从智能手机、平板电脑延伸至智能电视、可穿戴设备、车载电子等泛终端领域。总的来说，我国在整机制造和代工制造方面具有较好积累，但在基础软件、重要元器件等关键环节还相对薄弱。

1. 智能终端技术网络化

目前，智能终端技术已基本完成了数字化演进，进入网络化的发展阶段。家庭内部布线技术包括以太网、Wi-Fi、PLC、Bluetooth、ZigBee 等将构建出一个覆盖各种应用场景需求的完整智能终端网络，突破设备间彼此独立的传统模式，完成智能终端设备的互联互通。而各种宽带接入技术包括 xDSL，PON，3G/4G，WiMax 等将各种公共网络服务及内容引入到智能终端，使得信息在智能终端内部、智能终端之间，以及智能终端与公共网络之间实现无缝的流通和协同。

2. 智能终端技术智能化

随着网络技术在智能终端中的普及，传感器技术的进步，以及嵌入式芯片计算能力的大幅提高，智能终端将呈现出深度智能化的趋势。通过各种传感器、信息设备，以及互联网服务之间的互联互通、协同服务，智能终端可对各类情境数据进行存储、建模、推理及分析，并最终反馈至各个智能终端，最大程度地方便用户的使用，并形成各种创新产品和应用模式。

3. 对智能电网应用的支持

通过网络化、智能化的室内外环境传感器、用户行为监测、实时能耗提示、自动控制反馈等新型技术手段，实现系统管理上的节能，并通过智能终端来转变和改善用户的生活方式及习惯，从而在日常生活中实现主动式的“绿色节能”。此外，通过与智能电网技术的结合，通过智能终端与电网的自动交互，实现能源资源的大范围优化配置。

（二）智能终端发展趋势

随着物联网概念的诞生与发展，智能终端也有了新的理解与定位，呈现出以下七个新的趋势。

1. 更深入的智能化

物联网中的设备融入了更深入的智能化，这包含两层含义：横向智能化与纵向智能化。纵向智能化是传统意义上的智能化，即在个体设备性能上的提升，利用硬件设备更多样的功能和更强大的处理能力来实现设备的智能化。横向智能化则是指在智能化的广度上提升，让那些没有处理能力的简单设备也融入整个智能化的系统中，通过给其他智能设备提供更加丰富的信息，并执行其他智能设备做出的反馈和决策来实现自身的智能化。

未来的智能终端将是高集成度和高性能的终端。从消费类终端看，终端的处理性能直接影响到用户体验。未来，随着集成电路设计能力的提高和集成度的不断发展，智能终端呈现更高的集成度和性能。高集成度体现在智能终端上将更多的功能模块集成到中央处理器中完成，而传统的电脑主板南北桥将会更加模糊，更强功能的处理器和系统将是智能终端未来的发展基础。

智能终端的高性能体现在中央处理器上将继续向高主频和多核方向发展，提高硬件和系统的性能。而多核中央处理器的发展，必将对基于智能终端的应用产生巨大影响，终端应用如何运用多核的协同工作以提升软件运行的效率是未来研究的重点，也是提升终端运行速率的有效手段。

同时智能终端将变得更加的人性化。智能终端发展的核心理念是为人类提供更好的服务。而智能终端的人机交互将向更加人性化的方向发展，为人类提供更好的用户体验。随着新型交互技术的采用，体感、语音等方式已被集成到智能终端上。体感输入能让智能终端“感受”到用户的特定手势，并且根据用户的特定手势做出回应。体感输入能完善智能终端用户体验，并且能带动创新性的应用，如交互式游戏等。

语音输入将实现人机对话，智能终端不再仅仅是将用户的语音翻译成文字，而是智能终端能够“理解”用户的语言，并且根据语言的内容做出回应。智能终端的用户界面设计将更加趋向人性化，配合智能终端的多种输入方式，提供直观、清晰的用户使用界面。通过设备上的摄像头和其他传感器，可以进行更复杂的交互，如模式识别、场景识别等，进一步提高移动智能终端的“智能”，提高使用效率，带来新的应用方式以及商业机会。

2. 更透彻的感知

更透彻的感知是物联网向物理世界延伸的基础，这样的感知同样分为两个层面：主动感知和被动感知。

主动感知即传统意义上的感知，通过分布在物理环境中各种各样的传感器设备来感知复杂多变的物理世界。随着感知技术的发展，人类日常工作和生活所需的各种环境参数都可以通过传感器感知所得。

除了设备主动感知环境的信息和状态外，设备会自动向周围广播自身的功能和状态，以便与其他新加入的环境的设备进行更好的协作。设备可以被动获取环境中其他终端发来的信息，包括它们的功能和状态等。物联网将感知从传统意义上的传感器扩展到空间里的任何一个可以被描述的设备中去，实现更透彻的感知。

3. 更全面的IP化

只有实现全面的互联互通才能实现更深入的智能化和更透彻的感知，不仅让一个空间内的所有终端可以自由的互联互通，还要通过互联网这个强大的信息共享平台实现更广阔的互联互通。

终端之间广泛的互联互通在实现信息共享的同时有利于相互协作完成既定任务。这样通过互联网的连接形成一个数量庞大、功能完善的终端群，这些数以万计的设备联合起来，将发挥难以想象的潜力。

物联网的终端是多种多样的，小型化、智能化和低成本是物联网的必然需求，此外物联网是任何物体都需要在网络中被寻址，所以物体就需要一个地址，整个网络需要庞大的地址空间来支撑。IPv6从根本上解决了地址紧缺的问题，其强大的地址空间完全可以满足物联网的需要，每件物品都可以直接编址，确保了物联网中端到端连接的可能性。

4. 通过云计算获取服务

伴随着物联网、云计算等技术的应用，智能终端不再是一个独立的电子产品，而是可以通过软件升级、应用安装等方式提供更多的增值服务，为智能终端功能扩展奠定了基础。未来的智能终端不仅是个人娱乐中心，而且是个人信息服务中心，故智能终端将在物联网和云计算中充当重要角色。

在物联网应用模型中，所有物体通过不同类型的传感器连接到物联网数据中心的传感适配器中，传感适配器处理数据，智能终端可通过其物联网应用程序，通过网络访问物联网数据中心，获取物体的信息，并且通过一定的指令，在一定范围内可以控制物体，实现物联网业务的应用。

在云计算领域，智能终端是云计算的载体。云计算把智能终端的部分业务置于云端，让智能终端通过控制云端来处理部分工作，实现云计算功能。

智能终端和云端服务具有良好的互补性，由智能终端产生的大量用户数据将聚集在云服务器端，形成大数据。未来，对于云端服务器大数据的使用和发掘将催生全新商业模式的应用，带来全新的消费体验。

5. 更高效的操作系统

操作系统是智能终端的软件灵魂，智能终端的软件开发环境、资源管理的效率和软件运行的效率都和操作系统有一定联系。目前，越来越多地采用 ARM 处理器架构，国内外嵌入式软硬件开发商和服务提供商都对基于 Android 平台的开发表示出了更大的兴趣，希望通过 Android 等开源操作系统，开发出基于 Linux、开源和免费软件的数字电视产品。Android 开源操作系统给国内数字电视厂商提供了一个新平台，以便开发网络视频、网络下载、内容提供等方面的新应用。在面向各种工业和更多行业的嵌入式智能设备领域，国内嵌入式软件开发商投入到基于 ARM 架构和 Android 平台的开发上不仅可以降低成本，还是解决我国缺乏核心技术的一个出路。

除了 Android 与 IOS，还有众多的潜在操作系统，如 Chrome OS 正准备进入智能终端市场，这些产品为市场带来了多元化发展的基础，加强竞争，避免产生新的技术和商业垄断。随着软硬件技术的进一步发展，未来肯定会出现更加高效的新兴操作系统应用于智能终端领域。

6. 新型网络接入

网络的接入速度和接入方式直接影响到智能终端的用户体验。随着 802.11n 的普及，未来 WLAN 将成为视频流传输的载体，尽管有线技术实施起来仍更可靠，但是在 QoS 和吞吐量方面逐渐得到改善的 WLAN 由于具有移动性将会使其占据优势地位。电力线上网在欧洲将获得广泛应用，欧洲的建筑结构可能意味着 WLAN 的应用并不太适合。2017 年 11 月 15 日，工信部发布《关于第五代移动通信系统使用 3 300—3 600 MHz 和 4 800—5 000 MHz频段相关事宜的通知》，确定 5G 中频频谱。2018 年 6 月 26 日，中国联通表示在 2019 年进行 5G 试商用，2020 年正式商用。由于 IPv6 等技术的快速发展，智能终端的网络接入技术将随宽带技术的发展而发展，智能终端未来将会兼容移动通信网络。

接入技术提升的同时，智能终端的数字接口如 HDMI，DisplayPort 等技术的应用，使得智能终端具备有网络数据的转发功能。该功能让智能终端代替了传统的路由器，成为家庭内部的网关系统，让家庭内部的网络设备、智能终端设备之间的网络接入形式不再仅仅是通过 RJ45 或者 Wi-Fi 等方式接入。以通过数字接口来实现网络连接功能，大大简化了家庭内部终端之间的连接。

7. 终端技术的融合与互动

触摸屏、LED、数字高清和 3D 等技术将被更大规模地应用到智能终端产品中去。三网融合对普通消费者来说意味着实现三屏合一，对于传统的电脑、手机、电视来说，屏幕所具备的功能将趋于一致，只是各自的角色不同，消费者选择使用任何一个屏幕，都将可以获得同样的功能。单向机顶盒变为双向互动机顶盒已是必然趋势，双向、高清机顶盒将成为主流产品，机顶盒技术将向高集成度方向发展。未来几年，超高清逐行扫描分辨率、网络连接、无线连接、支持 120 Hz/240 Hz 播放的帧频转换等技术都需要大量使用高级视频处理芯片，高级视频处理芯片需求量将快速增长。

而在智能终端数字版权保护方面，CA 和 DRM 之间的竞争日趋激烈，但同时又有融合发展的趋势。欧洲出现了 TV2.0 架构，是一种混合模式。这种混合模式是融合了 CA 和 DRM，也就是广电与网络的融合，终端融合技术的发展趋势更加明显。

六、智能终端产业发展情况

智能终端在平板电脑、智能手机市场都取得了长足的发展。平板电脑方面，自从苹果的 iPad 引燃了市场后，出货量逐年翻倍增长。目前智能终端产业处于高速发展阶段，而且伴随着智能终端种类的增多，产业规模会持续扩大。越来越多的非智能设备会进行智能化改造，例如家电、汽车、工业设备等；越来越多的传统行业会进行信息化建设，应用智能终端提高生产效率，例如医疗、教育、物流、税务、能源等。这些都将对智能终端技术提出更多的需求，特别是软件方面的需求。在智能手机、平板电脑领域，随着厂商的增多、出货量的增加、产品功能的增强，大量的新交互技术、新硬件快速引入，LTE/4G 等高速数据网络的开放，智能终端的技术发展和更新换代速度加快。终端厂商在巨大的市场竞争压力和硬件标准化、同质化的情况下，更希望通过软件实现产品的差异化竞争优势。而 Windows Phone，Firefox OS 等新一代操作系统的诞生和发展，为智能终端产业提供了多元化的市场机遇，也需要更多的技术投入。综合上述因素，在未来的 3～5 年间，全球智能终端操作系统软件二次开发投入还将以 20%～30%的增长率持续扩大。

以这种量级的市场、增长空间和旺盛的需求，已经足以支撑一个细分行业的发展。事实上，伴随着智能移动终端的发展和专业分工的深化，以及智能终端厂商对降低成本的需要，国内外已经有一些专门的企业通过为智能终端生产厂商和芯片厂商提供基于 Android/Windows 等操作系统的增值软件方案、二次开发服务和技术支持服务，建立了新的业务模式并快速发展。

智能终端的产品解决方案中，硬件方案大部分采用 ARM 处理器平台，占据了移动智能终端 80%以上的市场份额，剩下的处理器市场一般采用基于 Intel 的 X86 平台。在操作系统市场，IOS 和 Android 两家独大，微软 2012 年发布的 Windows 8 则加剧了移动智能终端操作系统市场的竞争。由于 IOS 只在苹果的产品上采用，除苹果外的其他厂商只能从 Android 和 Windows 8 之间选择，Android 以其开放性、免费的特点，获得了更多厂商的青睐，迅速占领了智能终端市场，逐渐成为主流。

智能电视作为智能终端的典型代表之一，当前各厂商对智能电视都有自己不同的理解和定义，采用不同的操作系统和内容接口，各厂商的智能电视应用互不兼容。因此，多家彩电企业建议，有必要建立比较完整的智能电视技术标准体系框架及产业链各环节的相关标准，以促进智能电视产业协同快速发展。由于智能电视涉及芯片技术、多媒体技术、软件技术、网络技术、云计算技术等多种技术，相关标准体系的建立需要产业链各环节的共同努力。智能终端处于发展初期，为满足产业发展需要，亟须建立设备互联接口、内容服务接口、应用程序开发接口、系统安全技术等方面的标准。

思考题

1. 如何对传感器进行分类？按用途分，传感器有哪些类型？
2. 传感器的发展趋势有哪些？
3. 什么是传感器的静态特性？它有哪些性能指标？如何用公式表示这些性能指标？
4. 常用的传感器有哪些？
5. 什么是智能终端？
6. 在消费领域中有哪些智能终端？
7. 简述智能终端的发展趋势。

实训拓展

传感器数据采集实验

实训目的

了解物联网的传感器技术。

实训设备

实验箱或物联网实验套件、PC机1台、传感器（温度等）1个、信息采集软件1套。

实训内容

利用传感器，周期性采集传感器的信息，然后在上位机上显示。

第四章 网络传输层技术

学习目标

了解互联网与移动互联网。

掌握无线传感器网络的体系结构与路由技术。

了解短距离无线通信及相应的技术。

掌握物联网定位技术。

理解全球卫星定位系统。

案例导入

预计 2025 年，工业无线传感器网络市场价值 86.7 亿美元

全球工业无线传感器网络（IWSN）的市场规模预计将在 2025 年达到 86.7 亿美元，根据 Grand View Research 公司的一份最新报告显示，在预测期间年复合增长率为 14.5%。IWSN 通过有线网络的优势，如移动性、自我发现能力、紧凑的规模、成本效益和降低的复杂性，预计将在全球需求的增加中发挥重要作用。IWSN 是两个或多个远程定位设备之间通信的先进方法，不受干扰。系统包括作为访问点的节点，以形成更好的通信系统。在 IWSN 中，传感器节点通过 ZigBee、Wi-Fi、蓝牙和无线 HART 等多种无线技术进行连接。随着无线通信的普及，偏远地区需要强大的网络连接，网络基础设施的需求预计将推动市场的增长。

第一节 互联网与移动互联网

Internet 作为物联网主要的传输网络之一，它将使物联网无所不在、无处不在地渗入到社会的每个角落。

互联网连接的是虚拟世界网络，物联网连接的是物理的、真实的世界网络。物以网聚是形成开放产业生态体系的关键，且物联网需要对接的大量资源都已经存在于互联网之上，基于 IPv6 地址体系，规模化地引入物联网设备才能形成物联网体系。因此，互联网是物联网灵感的来源，是物联网产业化规模发展的网络基础。同时，物联网是互联网发展的延伸，其发展又必将推动互联网向一种更为广泛的“互联网”演进。

一、互联网的发展历程及关键技术

Internet 最早起源于美国国防部高级研究计划署 DARPA（Defence Advanced Research Projects Agency）的前身 ARPAnet（阿帕网），该网于 1969 年投入使用。由此，阿帕网成为现代计算机网络诞生的标志。在此过程中承担了至关重要角色的四位“互联网之父”，如图 4-1 所示，他们在互联网创立中做出了不同的贡献。

(a)雷纳德·克兰洛克

(b)劳伦斯·罗伯茨

(c)罗伯特·卡恩

(d)温顿·瑟夫

图 4-1　四位“互联网之父”

1. 雷纳德·克兰洛克

雷纳德·克兰洛克（1934—　）是为阿帕网第一节点远程通信试验亲自“接生”的加州大学洛杉矶分校（UCLA）教授。1964 年首次提出“分组交换”概念，为互联网奠定了最重要的技术基础。

1969 年，UCLA 成为美国国防部国防高级研究计划署资助建立的一个名为阿帕网的第一个节点，阿帕网把加州大学洛杉矶分校、加州大学圣塔芭芭拉分校、SRI（Signal Related Information），信号相关信息（信号情报）传递的接口以及位于盐湖城的犹他州州立大学的计算机主机连接起来，位于各个节点的大型计算机采用分组交换技术，通过专门的通信交换机（IMP）和专门的通信线路相互连接。这个阿帕网就是互联网最早的雏形，并于当年 10 月 29 日实现了网上第一个报文的传输。

2008 年他被授予美国国家科学家奖章，被人们称为“数据网之父”。

2. 劳伦斯·罗伯茨

劳伦斯·罗伯茨（1937—　）是互联网前身“阿帕网”的项目技术负责人，无可争议的“阿帕网之父”。他发表了阿帕网的构想《多计算机网络与计算机间通信》的设计论文，提出

“资源子网”与“通信子网”分开的概念，并正确地为阿帕网选择了“分组交换”通信方式。

1968 年，劳伦斯·罗伯茨提交了一份题为《资源共享的计算机网络》的报告，提出首先在美国西海岸选择 4 个节点进行试验。1969 年 10 月 29 日，他最终促成了“天下第一网”阿帕网的诞生，标志着人类社会正式进入网络时代。

3. 罗伯特·卡恩

罗伯特·卡恩（1938 年—　）是阿帕网总体结构设计者，担任最重要的系统设计任务，承揽了阿帕网接口消息处理器（IMP）项目，就是今天网络最关键的设备——路由器的前身。

1972 年 10 月，他主持并成功实现了美国各地 40 台计算机通过网络互联。

他设计出了第一个“网络控制协议”（NCP），并参与了美国国家信息基础设施（俗称“信息高速公路”）的设计。

4. 温顿·瑟夫

温顿·瑟夫（1943 年—　）是克兰洛克教授的学生，有幸参加阿帕网中第一台节点交换机安装、调试、运行的全过程。

1973 年，他负责建立一种能保证计算机之间进行通信的标准规范（即“通信协议”）。

1974 年，他与罗伯特·卡恩共同发表名为《分组网络互联协议》的论文，被媒体称为“互联网之父”。他提出了真正的 TCP/IP 协议（传输控制协议/互联网协议），这标志着互联网正式诞生。

1977 年 7 月，瑟夫和卡恩做了一次具有里程碑意义的试验：他们使阿帕网、无线电信包网和卫星包网三大网络一致运作，“信息包”从美国旧金山海湾，通过卫星线路直达挪威，又沿电缆到达伦敦，然后返回美国加州大学，行程 15 万千米，没有丢失一个比特。为表彰瑟夫和卡恩对发展互联网的杰出贡献，1997 年 12 月，克林顿政府为他们颁发了“美国国家技术奖”。

二、IPv6 与 NGI

时至今日，网络已经渗透进人们生活的各个环节，如浏览网页、登录 QQ 或是更新博客。经过 30 多年的发展，第一代互联网已经“不堪重负”。然而在已有的互联网已构成信息基础设施的一部分时，对它的维护就变得非常重要，而了解何时对它进行升级以及如何以最少的混乱、最低的代价进行升级则显得尤为重要。

IP 解决的最根本问题是如何把网络连接在一起，即如何把计算机连接在一起，除了计算机的网络地址之外，这些连接起来的计算机无需了解任何的网络细节。这就有以下三个要求：首先，每个连接在互联网上的计算机必须具有唯一的标志；其次，所有计算机都能够与所有其他计算机以每个计算机都能识别的格式进行数据的收发；最后，一台计算机必须能够在了解另一台计算机的网络地址后把数据可靠地传至对方。

IPv4 起源于 1968 年开始的阿帕网的研究。IPv4 是一个令人难以置信的成功的协议，它可以把数十个或数百个网络上的数以百计或数以千计的主机连接在一起，并已经在全球互联网上成功地连接了数以千万计的主机。

IP 协议的地址长度设定为 32 个二进制数位，经常以 4 个两位十六进制数字表示，也常常以 4 个 0～255 间的数字表示，数字间以小数点间隔。32 位地址限制了互联网的地址数量不能超过 2^{32}，理论上可以提供接近 40 亿个网络地址，和电话号码一样，由于一些号码被保留或具备了特殊意义，而真正可用的地址远远少于理论值。

每个 IP 主机地址包括两部分：网络地址，用于指出该主机属于哪一个网络（属于同一个网络的主机使用同样的网络地址）；主机地址，它唯一地定义了网络上的主机。

32 位 IP 地址分成五类，只有三类用于 IP 网络，这三类地址在互联网发展的前期曾被一度认为足以应付将来的网络互联。A 类，用于大型企业；B 类，用于中型企业；C 类，用于小型企业。A 类、B 类、C 类地址可以标志的网络个数分别是 128、16 384、2 097 152，每个网络可容纳的主机个数分别是 16 777 216、65 536、256，这就导致 A 类利用率不高、B 类分配殆尽、C 类容量不能满足越来越多的网络用户群体。

与此同时，一些解决地址危机的办法开始得以广泛使用，其中包括无类别域间路由选择（CIDR）、网络地址转换（NAT）和使用非选路由网络地址，然而 IPv4 自身局限性仍无法从根本上解决地址分配的不足。为了克服 IPv4 的不足，IETF（互联网工程任务组，Internet Engineering Task Force）从 20 世纪 90 年代初开始制定 IPv6 协议。

IPv6 继承了 IPv4 的端到端和尽力而为的基本思想，其设计目标就是要解决 IPv4 存在的问题，并取代 IPv4 成为下一代互联网的主导协议。IPv6 的地址长度由 IPv4 的 32 位扩展到 128 位，提供了充分大的空间，以满足各种设备的需求，使其传递的信息具有更大、更快、更安全、可控可管的特征，如图 4-2 所示。

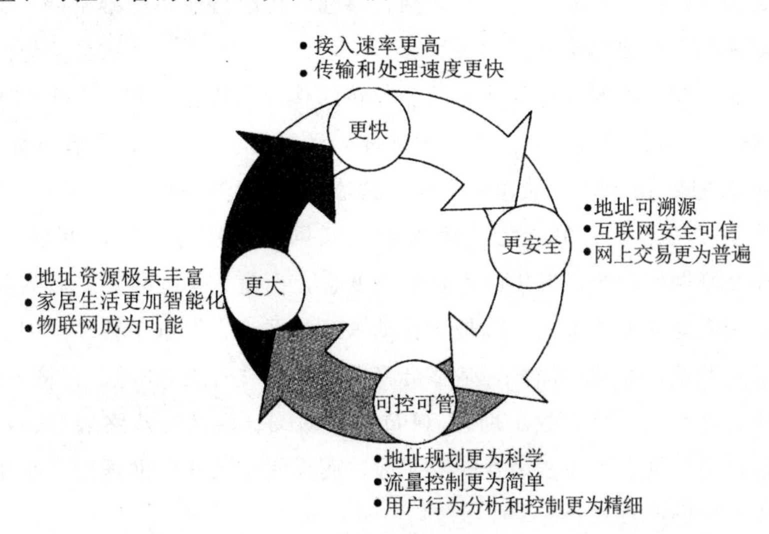

图 4-2 IPv6 的特征描述

虽然 IPv6 并不等同于下一代互联网（Next Generation Internet，NGI），但它是下一代互联网（NGI）的核心和灵魂。NGI 与现在使用的互联网相比，具有革命性的优势。

IPv6 的地址能产生 2^{128} 个 IP 地址，地址资源极为丰富，其数量之多可以这么形容：如果地球表面铺上一层沙子，那么每一粒沙子都可以拥有一个 IP 地址。

三、移动互联网

（一）概述

当今，掌上电脑、智能手机、手机上网、移动 QQ、微信、手机网购、手机游戏等层出不穷、千变万化，令人眼花缭乱的移动互联网服务充斥着我们的生活，到处都是移动互联网的世界。移动和固定的融合，不仅仅是一个趋势，而已经是一个事实。

移动互联网的出现正在改变人们在信息时代的生活，用户对于移动应用，特别是其中的互动、生活辅助应用的需求越来越大。“小巧轻便”和“通信便捷”两个特点，决定了移动互联网与 PC 互联网的根本不同之处、发展趋势及相关联之处。随着中国的互联网产业进入一个持续、快速、稳定的发展时期，丰富多彩的互联网应用已成为国人生活中必不可少的部分。

（二）移动互联网≠互联网＋移动

到底什么是移动互联网？华登国际的李文彪先生认为“移动互联网承担着对我们整个社会经济转型升级一个非常大的促进作用”。比如物流，中国物流费用占到整个 GDP 的 15％～16％，等于美国物流费用的 2 倍。原因是由于整个物流信息化不足，移动互联网没有发展到一定程度。移动互联网是“互联网、移动、传统行业”三维发展，会直接影响到传统产业，促使整个产业结构升级和转型。

因此，不是单纯地将现有互联网上的业务转到移动设备上去（如在手机上搜索、收发邮件等），而是从移动终端着手，开发用户界面，注重交互性，多用语音（如 Siri、人工智能，而不是简单的语音输入）、动作等手段，这才是移动互联网。

另外，移动互联网≠简单的无线接入＋互联网内容服务。移动互联网体现的是融合——移动和互联网的融合，发生的不是物理变化，而是化学变化，二者有机结合出现新的产业形态，用数学的方法来表示就是：移动×互联网。它继承了移动随时、随地、随身和互联网分享、开放、互动的优势，是整合二者优势的“升级版本”。它将延伸至 PC 和任何可移动终端，如手机、个人数字助理（PDA）、MP3、手持游戏终端等。移动互联网强调使用蜂窝移动通信网接入并使用互联网业务，而无线接入互联网强调的是采用各种无线接入技术接入互联网的方式。

互联网带来信息沟通的革命，移动无线互联网将给媒体带来传播的革命。移动互联网的未来很精彩，让我们拭目以待。

（三）移动互联网发展的两个阶段

1. 封闭发展阶段

1997 年开发出的无线应用协议（WAP），是为手机量身定制的互联网。这期间移动互联网在很大程度上复制了传统的互联网，手机相当于计算机，手机号码就像是互联网络的 IP 地址，移动运营商的 GSM 和 CDMA 网络就像是互联网，而短信网址是移动互联网的中文实名，用户可以不去记网站的地址，直接进行网站的访问。但 WAP 在平台层面并没有实现其与互联网的无缝对接，WAP 网络完全是一个封闭的网络，是一个“有围墙的花园”，可理解为一个面向手机客户的巨大的局域网。

2. 融合发展阶段

WAP 阶段只能算是移动互联网的雏形。而融合发展阶段，一个重大的变革是通道和应用实现了分离，从而导致在应用层面，业务和平台从封闭走向了开放，花园的围墙被推倒了，移动网络和互联网之间的隔阂没有了，世界变平了。

互联网的核心特征是开放、分享、互动、创新，而移动通信的核心特征是随身。显然，移动互联网的基本特征就是用户身份可识别、随时随地、开放、互动和用户更方便地参与，使用户身份可以不再局限于以往的户籍身份证了，还可以是别的什么，如手机号码或 QQ 号码等，类似生活中常用的口袋中的新型互联网。

移动互联网代表着五大趋势（3G、社交、视频、网络电话和日新月异的移动装置）的融合。

（四）移动互联网基本网络架构

从上面的阐述可以简单推断得知，移动互联网是在无线网络的基础上，将通信网络、有线网络、无线网络中的设备连接访问的一种方式。

在移动互联网架构中，通常可使用的设备包括台式计算机、便携式计算机 PDA（个人数字助理）、移动电话、手写输入设备等。

在移动互联网体系中，移动式设备成为终端设备的主要客户端。

移动互联网的终端特点，使得 Internet，WAN，LAN，WLAN，GSM，GN，PAN 等网络体系成为一个有机联系的整体，如图 4-3 所示。

在图 4-3 中，实线（粗实线为有线，细实线为无线）为传统网络连接方式，虚线为移动互联网新增添的连接方式。

在移动互联网体系中，设备可以通过蓝牙、红外、无线局域网 Wi-Fi、移动上网 GPRS、WCDMA 等方式接入网络，使得台式计算机、便携式计算机、移动电话等设备之间交互成为现实。

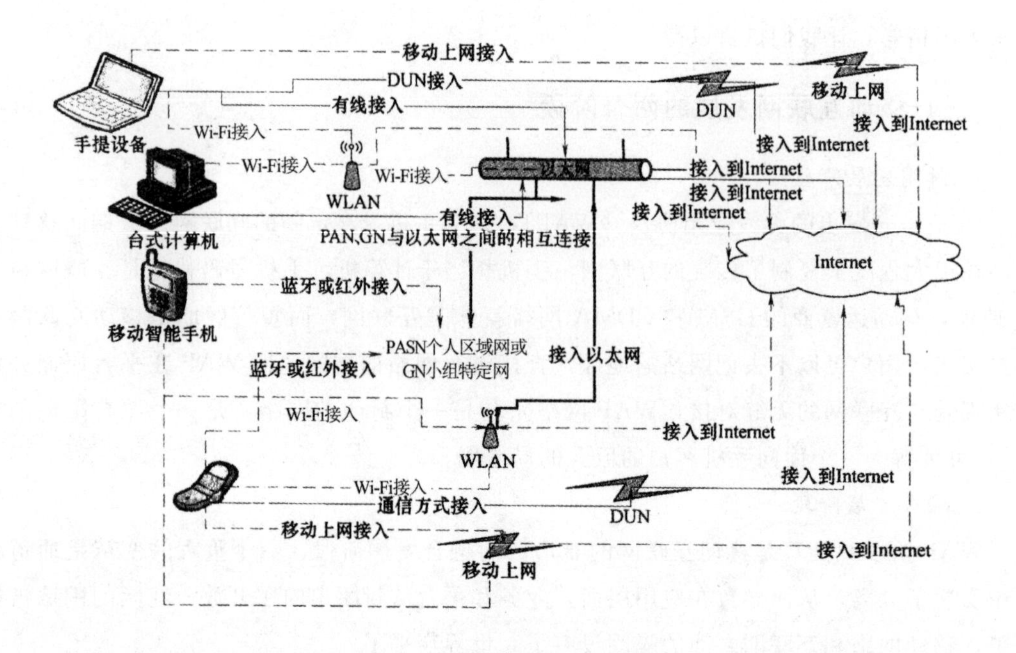

图 4-3 移动互联网的基本构建

移动互联网并不仅局限于 GPRS，CDMA，WCDMA 等移动上网方式，蓝牙（Bluetooth），Wi-Fi，CSD（Circuit Switch Data，电路交换数据业务）均是移动互联网接入的方式。接入方式可由用户根据成本与便利性选择使用。

移动互联网下，从 PAN 个人区域网至局域网 LAN、广域网 WAN 或 Internet 之间的接入具有双向性，即用户可根据终端由 Internet 接入 LAN 或 PAN，也可由 PAN 接入到 LAN 或 Internet，提高了接入的广度与深度。

小型的 PAN 可为移动设备用户提供更为低廉的接入访问方式，即利用了短距离接入的无线方式，也利用了局域网共享的优势。

从各种接入方式与网络组成形式分析，移动互联网是包括小到 PAN、GN（一种移动通信接口）、大到 LAN 与 WAN 等网络的有机整合体，既可以相互独立，又可以相互联系共享。因此移动互联网各终端之间的交互方式更为丰富，既可以是 Http 通道的 Web 交互，又可以是以太网之间的对等访问，更可以在通信线路与网络之间交互访问，在此基础上实现多种多样的服务。

（五）移动互联网的技术特征

移动互联网继承了 PC 互联网的开放协作的特征，又继承了传统移动网络实时、隐私、便携、准确、可定位的特点，如图 4-4 所示。

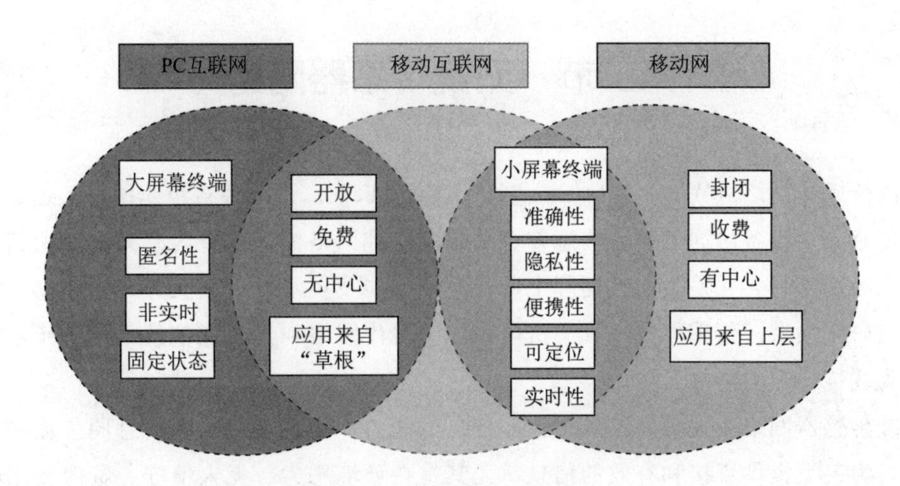

图 4-4 移动互联网的技术特征

案 例

美赞臣京东借力移动互联网，力推婴配营销新模式

2018年6月，美赞臣携手京东商城联合发布了新市场拓展战略。美赞臣借力京东无界营销通道，通过高速物流供应链、大数据精准营销及互联网金融等手段，大力拓展中国更广阔的新兴城镇市场。

一直以来，各大奶粉品牌搭建的运营体系无法完全覆盖人数众多但高度分散的全国新兴城镇市场。即使部分小母婴店主试图代理、采购大品牌奶粉，却无法避免货源没有保障，运输仓储控制困难，产品售后服务欠缺等痛点。

美赞臣和京东借助移动互联网技术联手打造的涵盖“商流-物流-信息流”一体化商业模式是该领域的创新。身在新兴城镇市场的小母婴店主，只要在“美赞臣母婴店俱乐部”中注册认证，使用移动程序下单，就能通过京东覆盖全国的高效、专业、安全的物流体系，最快在48小时内收到美赞臣的产品。这种从品牌商到销售终端的无缝对接，对小店主而言，让门店拥有更灵活的备货经营方案；对美赞臣而言，借助京东的物流供应链，可以用更低的成本、更高的效率打通并加强美赞臣对末端渠道的管理。

美赞臣大中华区首席执行官恩达·瑞恩表示：“美赞臣已与京东建立创新的伙伴关系，借助京东平台化、模块化、生态化的无界营销解决方案，未来双方将联手有效进入城镇甚至乡村市场，实现品牌和市场的双赢。”

第二节　无线传感器网络

无线传感器网络（Wireless Sensor Network，WSN）是一种自组织网络，通过大量低成本的传感节点设备协同工作完成感知、采集和处理网络覆盖区域内感知的对象信息，并自动发送给观察者。它是当前在国际上备受关注、涉及多学科高度交叉、知识高度集成的前沿热点研究领域。传感器技术、微机电系统、现代网络和无线通信技术的进步，极大地推动了无线传感器网络的发展。

无线传感器网络大大扩展了人类获取信息的能力，将客观的物理信息同传输网络连接在一起，为人类提供直接和有效的信息。尤其是在环境恶劣、无人值守、资源受限的环境中具有十分广阔的发展前景，适用于工业控制与监测、家居智能化、国防军事、物流系统与供应链管理、智能农业、环境监测与保护以及医疗智能化服务等诸多领域。

一、无线传感器网络的体系结构

（一）无线传感器网络结构

无线传感器网络的基本结构如图 4-5 所示，传感器网络系统通常包括传感器节点（Sensor Node）、汇聚节点（Sink Node）和管理节点。大量传感器节点随机地部署在检测区域内部或附近，能够通过自组织方式构成网络。传感器节点检测的数据沿着其他节点逐跳地进行传输，其传输过程可能经过多个节点处理，经过多跳后到达汇集节点，最后通过互联网和卫星达到管理节点的目的，用户通过管理节点对传感器网络进行配置和管理，发布检测任务以及收集检测数据。

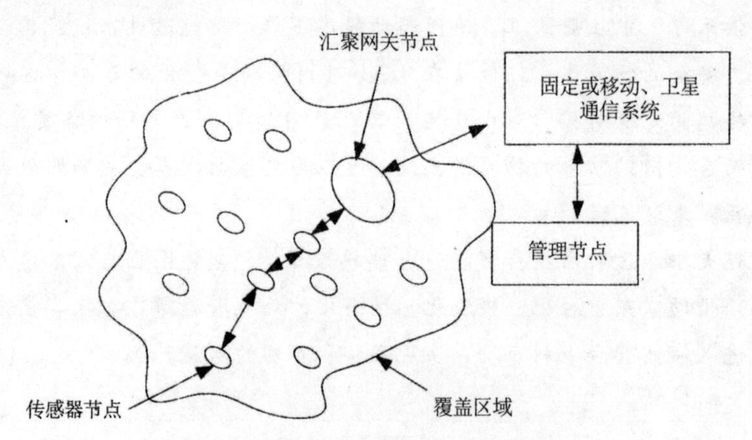

图 4-5　无线传感器网络基本结构示意图

传感器节点是信息采集终端，也是网络连接的起始点，各类传感节点和路由节点通过各种网络拓扑形态将感知数据传送至传感器网络网关。传感器网络网关是感知数据向网络外部传递的有效设备，通过网络适配和转换连接至传输层，再通过传输层连接至传感器网络应用服务层。针对不同应用场景、布设物理环境、节点规模等在感知层内选取合理的网络拓扑和传输的方式。其中，传感节点、路由节点和传感器网络网关构成的感知层存在多种拓扑结构，如星型、树型、网状拓扑等，如图 4-6 所示，也可以根据网络规模大小定义层次性的拓扑结构。

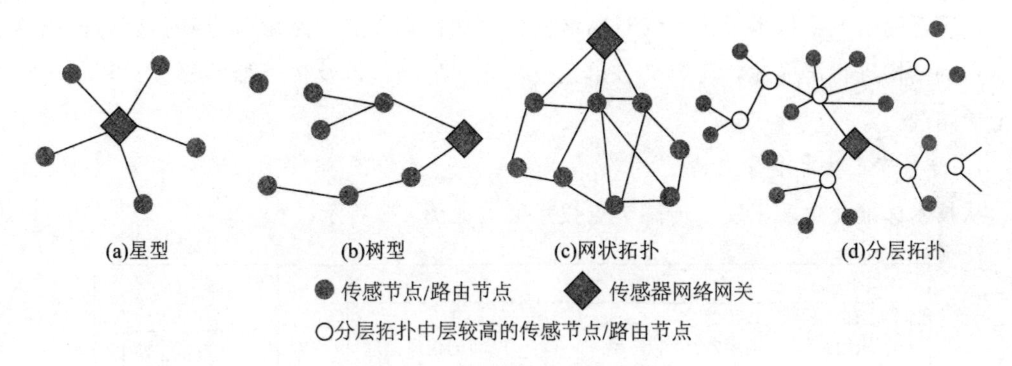

图 4-6 感知层的网络拓扑图

无线传感器网络节点主要负责对周围信息的采集和处理，并发送自己采集的数据给相邻节点或将相邻节点发过来的数据转发给网关站或更靠近网关站的节点。组成无线传感器网络的传感器节点应具备体积小、能耗低、无线传输、传感、灵活、可扩展、安全与稳定、数据处理和低成本等特点，节点设计的好坏直接影响到整个网络的质量。它一般由图 4-7 所示的数据采集模块（传感器、A/D 转换器）、数据处理器模块（微处理器、存储器）、无线通信模块（无线收发器）和能量供应模块（电池）等组成。

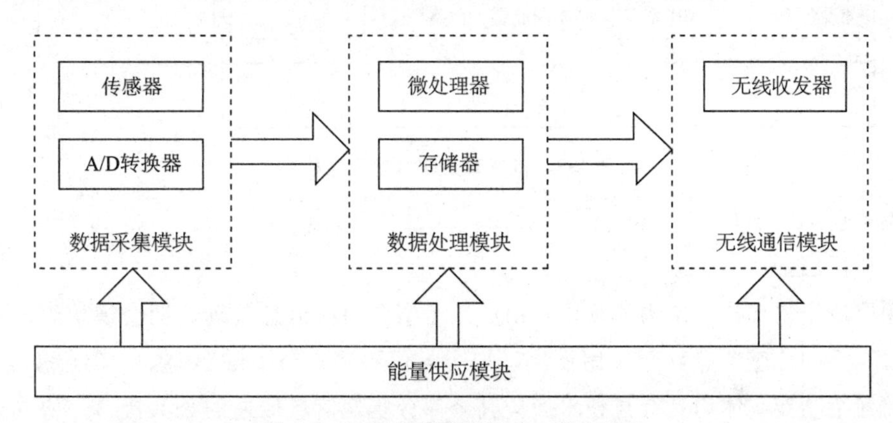

图 4-7 无线传感器网络节点基本结构

根据功能，传感器网络可以把节点分成传感器节点、路由节点（也称簇头节点）和网关（也称汇聚节点）三种类型。当节点作为传感器节点时，主要是采集周围环境的数据（温度、光度和湿度等），然后进行 A/D 转换，交由处理器处理，最后由通信模块发送到相邻节点，同时该节点也要执行数据转发的功能，即把相邻节点发送过来的数据发送到汇聚节点或离汇聚节点更近的节点。当节点作为路由节点时，主要是收集该簇内所有节点所采集到的信息，经数据融合后，发往汇聚节点。当节点作为网关时，其主要功能就是连接传感器网络与外部网络（如因特网），将传感器节点采集到的数据通过互联网或卫星发送给用户。

（二）无线传感器网络设备技术架构

传感器网络设备技术架构不仅对网络元素（如传感节点、路由节点和传感器网络网关节点）的结构进行了描述，还定义各单元模块之间的接口以及传感器网络设计评估的原则和指导路线。

1. 传感节点技术参考架构

从技术标准化角度出发，传感节点技术架构如图 4-8 所示。

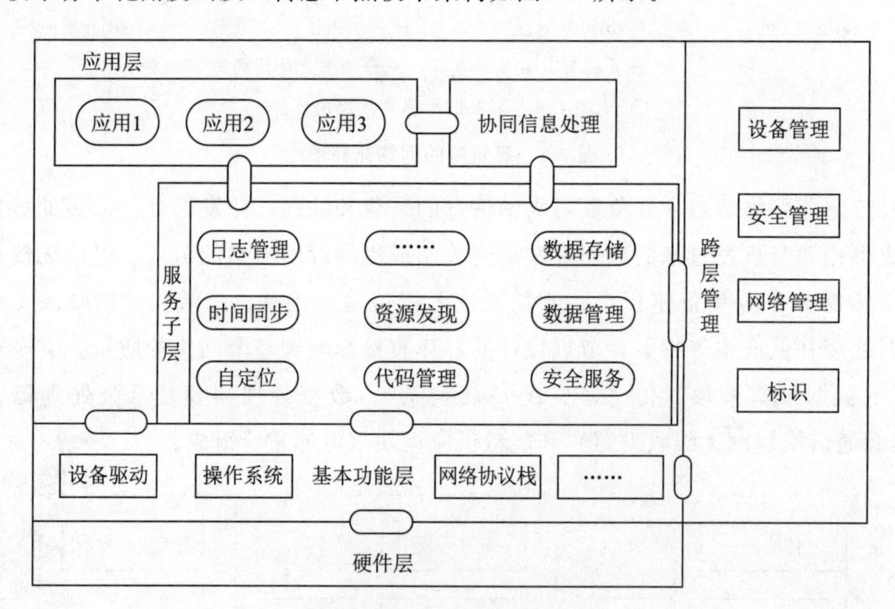

图 4-8　传感节点技术参考架构

该架构包括以下几个方面。

（1）应用层。

应用层位于整个技术架构的顶层，由应用子集和协同信息处理这两个模块组成。应用子集包含一系列传感节点目标应用模块，如防入侵检测、个人健康监护、温湿度监控等。该模块的各个功能实体均具有与技术架构其余部分实现信息传递的公共接口。协同信息处理包含数据融合和协同计算，协同计算提供在能源、计算能力、存储和通信带宽限制的情况下，高效率地完成信息服务使用者指定的任务，如动态任务、不确定性测量、节点移动和环境变化等。

（2）服务子层。

服务子层包含具有共性的服务与管理中间件，典型的有数据管理单元、数据存储单元、定位服务单元、安全服务单元等共性单元，其中，时间同步和自定位为可选项，各单元具有可裁剪与可重构功能，服务层与技术架构其余部分以标准接口进行交互。数据管理通过驱动传感器单元完成对数据的获取、压缩、共享、目录服务管理等功能。定位服务提供静止或移动设备的位置信息服务，会同底层时间服务功能反映物理世界事件发生的时间和地点。安全服务为传感器网络应用提供认证、加密数据传输等功能。时间同步单元为局部网络、全网络提供时间同步服务。代码管理单元负责程序的移植和升级。

（3）基本功能层。

基本功能层实现传感节点的基本功能供上层调用，包含操作系统、设备驱动、网络协议栈等功能。此处网络协议栈不包括应用层。

（4）跨层管理。

跨层管理提供对整个网络资源及属性的管理功能，各模块及功能是：①设备管理能够对传感节点状态信息、故障管理、部件升级、配置等进行评估或管理，为各层协议设计提供跨层优化功能支持。②安全管理提供网络和应用安全性支持，包括对鉴定、授权、加密、机密保护、密钥管理、安全路由等方面。③网络管理可实现网络局部的组网、拓扑控制、路由规划、地址分配、网络性能等配置、维护和优化。④标识用于传感节点的标识符产生、使用和分配等管理。

（5）硬件层。

硬件层由传感节点的硬件模块组成，包含传感器、处理模块、存储模块、通信模块等，该层提供标准化的硬件访问接口供基本功能层调用。

2. 路由节点技术参考架构

由于传感节点也可兼备数据转发的路由功能，此处路由节点仅强调设备的路由功能，不强调其数据采集和应用层功能。技术架构参考如图 4-9 所示。

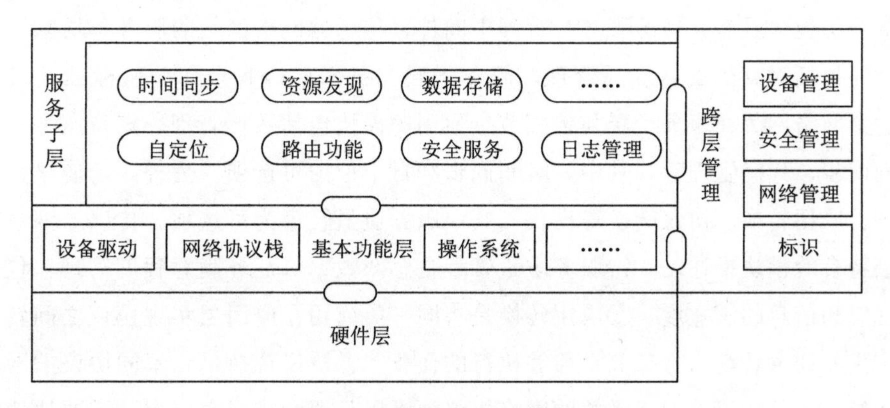

图 4-9 路由节点技术参考架构

如图 4-9 所示，路由节点的服务子层主要强调路由功能。其他部分与一般节点类似。

3. 传感器网络网关技术参考架构

传感器网络网关除了完成数据在异构网络协议中实现协议转换和应用转换外，也包含对数据的处理和多种设备管理功能，技术架构总体上包含了应用层、服务子层、基本功能层、跨层管理和硬件层。但其内部包含的功能模块不同，且网关节点不具备数据采集功能，其技术架构如图 4-10 所示。

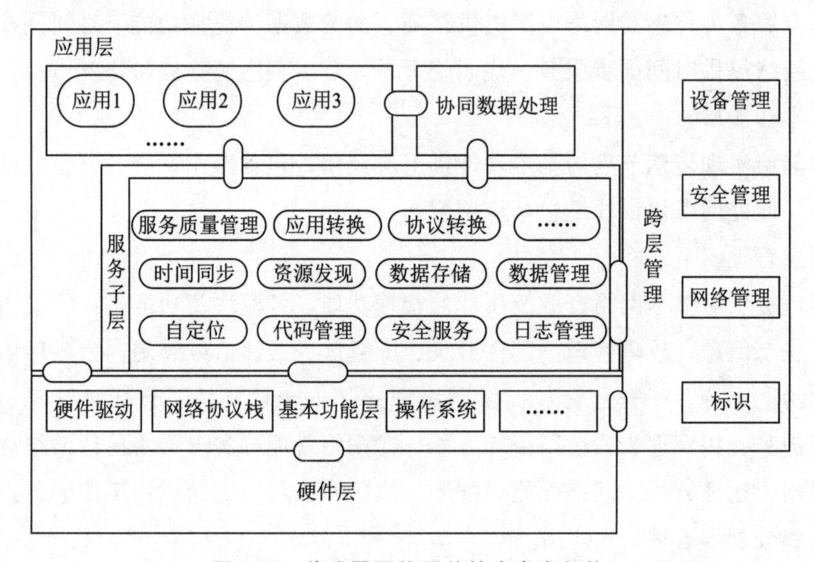

图 4-10　传感器网络网关技术参考架构

（1）应用层。

应用层位于整个技术架构的顶层，由应用子集和协同数据处理这两个模块组成。其中，应用子集模块与传感节点类似。协同数据处理模块包含数据融合和数据汇聚，对传感节点发送到传感器网络网关的大量数据进行处理。

（2）服务子层。

服务子层包含具有共性的服务与管理中间件，传感器网络网关的服务子层除了对本身管理外，还包括对其他设备统一管理。服务子层与技术架构其余部分以标准接口进行交互。传感器网络网关在服务子层与传感节点通用的模块包括数据管理、定位服务、安全服务、时间同步、代码管理等，其中，时间同步和自定位为可选项。另外，还应该具有服务质量管理、应用转换、协议转换等模块，其中服务质量管理为可选项。传感器网络网关在服务子层特有的模块描述是：①服务质量管理是感知数据对任务满意程度管理，包括网络本身的性能和信息的满意度。②应用转换是将同一类应用在应用层实现协议之间转换，将应用层产生的任务转换为传感节点能够执行的任务。③协议转换是在不同协议的网络之间的协议转换。由于传感器网络网关的网络协议栈可以是两套或两套以上，需要协议转换的功能完成不同协议栈之间的转换。

（3）基本功能层。

基本功能层实现传感器网络网关的基本功能供上层调用，包含操作系统、硬件驱动、网络协议栈等部分。此处网络协议栈不包括应用层。传感器网络网关可以集成多种协议栈，在多个协议栈之间进行转换，如传感节点和传输层设备通常采用不同的协议栈，这两者都需要在传感器网络网关中集成。

（4）跨层管理。

跨层管理实现对传感器网络节点的各种跨层管理功能，主要模块及功能描述是：①设备管理能够对传感器网络节点状态信息、故障管理、部件升级、配置等进行评估或管理。②安全管理保障网络和应用安全性，包括对传感器网络节点鉴定、授权、机密保护、密钥管理、安全路由等。③网络管理可实现对网络的组网、拓扑控制、路由规划、地址分配、网络性能等配置、维护和优化。④标识用于传感器网络节点的标识符产生、使用和分配等管理。

（5）硬件层。

硬件层是传感器网络网关的硬件模块组成，该层提供标准化的硬件访问接口供基本功能层调用。

二、传感器网络的特征

（一）与现有无线网络的区别

无线自组网（mobile ad-hoc network）是一个由几十到上百个节点组成的、采用无线通信方式的、动态组网的多跳的移动性对等网络。其目的是通过动态路由和移动管理技术传输具有服务质量要求的多媒体信息流。通常节点具有持续的能量供给。

传感器网络虽然与无线自组网有相似之处，但同时也存在很大的差别。传感器网络是集成了监测、控制以及无线通信的网络系统，节点数目更为庞大（上千甚至上万），节点分布更为密集；由于环境影响和能量耗尽，节点更容易出现故障；环境干扰和节点故障易造成网络拓扑结构的变化；通常情况下，大多数传感器节点是固定不动的。另外，传感器节点具有的能量、处理能力、存储能力和通信能力等都十分有限。传统无线网络的首要设计目标是提供高服务质量和高效带宽利用，其次才考虑节约能源；而传感器网络的首要设计目标是能源的高效使用，这也是传感器网络和传统无线网络最重要的区别之一。

（二）传感器节点的限制

传感器节点在实现各种网络协议和应用系统时，存在以下一些现实约束。

1. 电源能量有限

传感器节点体积微小，通常携带能量十分有限的电池。由于传感器节点个数多、成本要求低廉、分布区域广，而且部署区域环境复杂，有些区域甚至人员无法到达，所以传感器节点通过更换电池的方式来补充能源是不现实的。如何高效使用能量来最大化网络生命周期是传感器网络面临的首要挑战。

传感器节点消耗能量的模块包括传感器模块、处理器模块和无线通信模块。随着集成电路工艺的进步，处理器和传感器模块的功耗变得很低，绝大部分能量消耗在无线通信模块上。图 4-11 所示是 Deborah Estrin 在 Mobicom 2002 会议上的特邀报告（Wireless Sensor Networks，Part IV：Sensor Network Protocols）中所述传感器节点各部分能量消耗的情况，从图中可知传感器节点的绝大部分能量消耗在无线通信模块。传感器节点传输信息时要比执行计算时更消耗电能，传输 1 比特信息 100 m 距离需要的能量大约相当于执行 3 000 条计算指令消耗的能量。

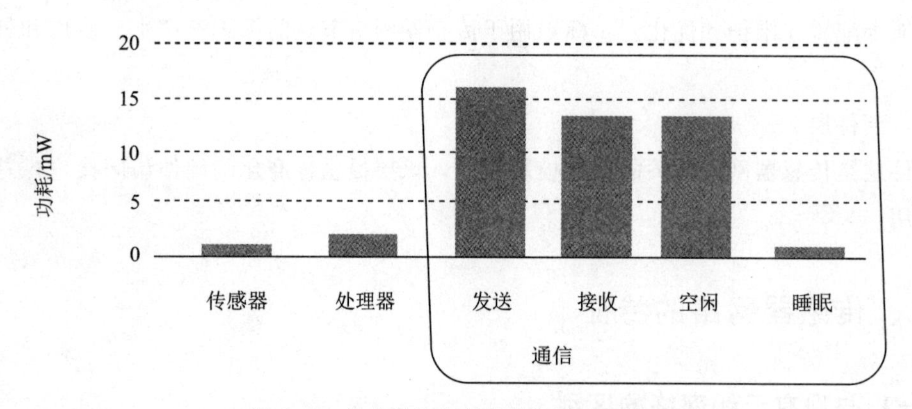

图 4-11　传感器节点各部分能量消耗情况

无线通信模块存在发送、接收、空闲和睡眠四种状态。无线通信模块在空闲状态一直监听无线信道的使用情况，检查是否有数据发送给自己，而在睡眠状态则关闭通信模块。

从图中可以看到，无线通信模块在发送状态的能量消耗最大，在空闲状态和接收状态的能量消耗接近，略少于发送状态的能量消耗，在睡眠状态的能量消耗最少。如何让网络通信更有效率，减少不必要的转发和接收，不需要通信时尽快进入睡眠状态，是传感器网络协议设计需要重点考虑的问题。

2. 通信能力有限

无线通信的能量消耗与通信距离的关系为：

$$E=kd^n \tag{4-1}$$

其中，参数 n 满足关系 $2<n<4$。n 的取值与很多因素有关，例如传感器节点部署贴近地面时，障碍物多、干扰大，n 的取值就大；天线质量对信号发射质量的影响也很大。考虑诸多因素，通常取 n 为 3，即通信能耗与距离的三次方成正比。随着通信距离的增加，能耗将急剧增加。因此，在满足通信连通度的前提下应尽量减少单跳通信距离。一般而言，传感器节点的无线通信半径在 100 m 以内比较合适。

考虑到传感器节点的能量限制和网络覆盖区域大，传感器网络采用多跳路由的传输机制。传感器节点的无线通信带宽有限，通常仅有几百 kb/s 的速率。由于节点能量的变化，受高山、建筑物、障碍物等地势地貌以及风雨雷电等自然环境的影响，无线通信性能可能经常变化，频繁出现通信中断。在这样的通信环境和节点有限通信能力的情况下，如何设计网络通信机制以满足传感器网络的通信需求是传感器网络面临的挑战之一。

3. 计算和存储能力有限

传感器节点是一种微型嵌入式设备，要求它价格低功耗小，这些限制必然导致其携带的处理器能力比较弱，存储器容量比较小。为了完成各种任务，传感器节点需要完成监测数据的采集和转换、数据的管理和处理、应答汇聚节点的任务请求和节点控制等多种工作。如何利用有限的计算和存储资源完成诸多协同任务成为传感器网络设计的挑战。

随着低功耗电路和系统设计技术的提高，目前已经开发出很多超低功耗微处理器。除了降低处理器的绝对功耗以外，现代处理器还支持模块化供电和动态频率调节功能。利用这些处理器的特性，传感器节点的操作系统设计了动态能量管理（Dynamic Power Management，DPM）和动态电压调节（Dynamic Voltage Scaling，DVS）模块，可以更有效地利用节点的各种资源。动态能量管理是当节点周围没有感兴趣的事件发生时，部分模块处于空闲状态，把这些组件关掉或调到更低能耗的睡眠状态。动态电压调节是当计算负载较低时，通过降低微处理器的工作电压和频率来降低处理能力，从而节约微处理器的能耗，很多处理器如 StrongARM 都支持电压频率调节。

（三）传感器网络的特点

1. 大规模网络

为了获取精确信息，在监测区域通常部署大量传感器节点，传感器节点数量可能达到成千上万，甚至更多。传感器网络的大规模性包括两方面的含义：一方面是传感器节点分布在很广的地理区域内，如在原始大森林采用传感器网络进行森林防火和环境监测，需要部署大量的传感器节点；另一方面，传感器节点部署很密集，在一个面积不是很大的空间内，密集部署了大量的传感器节点。

传感器网络的大规模性具有如下优点：通过不同空间视角获得的信息具有更大的信噪比；通过分布式处理大量的采集信息能够提高监测的精确度，降低对单个节点传感器的精度要求；大量冗余节点的存在，使得系统具有很强的容错性能；大量节点能够增大覆盖的监测区域，减少洞穴或者盲区。

2. 自组织网络

在传感器网络应用中，通常情况下传感器节点被放置在没有基础结构的地方。传感器节点的位置不能预先精确设定，节点之间的相互邻居关系预先也不知道，如通过飞机播撒大量传感器节点到面积广阔的原始森林中，或随意放置到人无法到达或危险的区域。这样就要求传感器节点具有自组织的能力，能够自动进行配置和管理，通过拓扑控制机制和网络协议自动形成转发监测数据的多跳无线网络系统。

在传感器网络使用过程中，部分传感器节点由于能量耗尽或环境因素造成失效，也有一些节点为了弥补失效节点、增加监测精度而补充到网络中，这样在传感器网络中的节点个数就动态地增加或减少，从而使网络的拓扑结构随之动态地变化。传感器网络的自组织性要能够适应这种网络拓扑结构的动态变化。

3. 动态性网络

传感器网络的拓扑结构改变的因素有：①环境因素或电能耗尽造成的传感器节点出现故障或失效；②环境条件变化可能造成无线通信链路带宽变化，甚至时断时通；③传感器网络的传感器、感知对象和观察者这三要素都可能具有移动性；④新节点的加入。这就要求传感器网络系统要能够适应这种变化，具有动态的系统可重构性。

4. 可靠的网络

传感器网络特别适合部署在恶劣环境或人类不宜到达的区域，传感器节点可能工作在露天环境中，遭受太阳的暴晒或风吹雨淋，甚至遭到无关人员或动物的破坏。传感器节点往往采用随机部署，如通过飞机撒播或发射炮弹到指定区域进行部署。这些都要求传感器节点非常坚固，不易损坏，适应各种恶劣环境条件。

由于监测区域环境的限制以及传感器节点数目巨大，不可能人工“照顾”到每个传感器节点，网络的维护十分困难甚至不可维护。传感器网络的通信保密性和安全性也十分重要，要防止监测数据被盗取和获取伪造的监测信息。因此，传感器网络的软硬件必须具有鲁棒性和容错性。

5. 应用相关的网络

传感器网络用来感知客观物理世界，获取物理世界的信息量。客观世界的物理量多种多样，不可穷尽。不同的传感器网络应用关心不同的物理量，因此对传感器的应用系统也有多种多样的要求。

不同的应用背景对传感器网络的要求不同，其硬件平台、软件系统和网络协议必然会有很大差别。所以传感器网络不能像 Internet 一样，有统一的通信协议平台。对于不同的传感器网络应用虽然存在一些共性问题，但在开发传感器网络应用中，更关心传感器网络的差异。只有让系统更贴近应用，才能做出最高效的目标系统。针对每一个具体应用来研究传感器网络技术，这是传感器网络设计不同于传统网络的显著特征。

6. 以数据为中心的网络

目前的互联网是先有计算机终端系统，然后再互联成为网络，终端系统可以脱离网络独立存在。在互联网中，网络设备用网络中唯一的 IP 地址标识，资源定位和信息传输依赖于终端、路由器、服务器等网络设备的 IP 地址。如果想访问互联网中的资源，首先要知道存放资源的服务器 IP 地址。可以说目前的互联网是一个以地址为中心的网络。

传感器网络是任务型的网络，脱离传感器网络谈论传感器节点没有任何意义。传感器网络中的节点采用节点编号标识，节点编号是否需要全网唯一取决于网络通信协议的设计。由于传感器节点随机部署，构成的传感器网络与节点编号之间的关系是完全动态的，表现为节点编号与节点位置没有必然联系。用户使用传感器网络查询事件时，直接将所关心的事件通告给网络，而不是通告给某个确定编号的节点。网络在获得指定事件的信息后汇报给用户。这种以数据本身作为查询或传输线索的思想更接近自然语言交流的习惯。所以通常说传感器网络是一个以数据为中心的网络。

例如，在应用于目标跟踪的传感器网络中，跟踪目标可能出现在任何地方，对目标感兴趣的用户只关心目标出现的位置和时间，并不关心哪个节点监测到目标。事实上，在目标移动的过程中，必然是由不同的节点提供目标的位置消息。

案 例

无线传感器网络简化半导体制造

数年前，ADI将该公司位于Limerick的晶圆厂增加了物联网功能——运用ADI的机器健康平台，其中包括震动传感器、无线收发器和无线组网协议栈，使用传感器和传感器数据提高生产工厂的事故预测性，管理人员甚至可以在家里收到通知，以及了解一些问题并制订相应的计划。

2018年，该公司再次公开宣布多起重要的无线传感器网络应用的成功案例，其中工业领域收获颇丰，这些应用均基于该公司的SmartMesh网络技术。

这一次，ADI将其无线传感器网络技术再次应用到自己的晶圆厂。在ADI公司硅谷晶圆厂的晶圆片制造过程中，使用了超过175个特种气体钢瓶，如何密切地监测这些气体钢瓶以确保不间断的气体供应很重要，任何一次意外的供气中断都将导致价值数十万美元的晶圆报废、收入损失和在产品发运给客户的过程中出现不可接受的延误。为避免停机，工程师一天三次以手动方式记录晶圆厂中每个气体钢瓶的压力。人工检测记录过程中容易出现人为错误，而且维护成本高昂。

部署一个含有32个节点的SmartMesh IPM无线网格网络，以监测气体燃料仓中的气体压力。每个节点由一对AAL91锂电池供电（电池寿命约为8年），因此安装该网络不需要进行额外的布线，也没有不必要的停机。尽管面对着晶圆厂中的混凝土构造物和普遍存在的金属结构，SmartMesh网络仍然能正常工作。

在气体燃料仓中，测量每个钢瓶的罐体压力和调节压力，并通过SmartMesh网络把这些读数传送至一个中央监测系统。每个SmartMesh节点连接一对钢瓶，并通过无线网格网络把数据发送至一个覆盖整幢建筑物的网络服务器。在控制室里，晶圆厂的站点管理软件工具显示实时读数并自动地计算运行率，以建立针对钢瓶更换的常规时间表。此外，还设定了低压力门限，以在钢瓶更换时间表的进度安排前已达到低压水平的情况下，向设备技术人员发出警示。警示信息显示在控制室监视器上，并以“全天整周”的方式通过互联网传递消息。

通过使用实时气体消耗率，技术人员能够精准地预测气体钢瓶什么时候需要被更换，从而减少了由于过早更换钢瓶所导致的未用气体白白浪费。在日常运营中，其好处还可扩展到提升效率的范围以外。通过集中收集气体使用数据并使工厂管理层容易获得数据，该系统可提供趋势分析，通过使读数与特定的半导体晶圆工艺和几何尺寸相关联，可进一步确定以简化工厂运营。这有助于在需求量攀升时优化晶圆厂的产能增长。

三、无线传感器网络的路由技术

（一）路由协议概述

路由协议负责将数据分组从源节点通过网络转发到目的节点。它主要包括两个方面的功能：寻找源节点和目的节点间的优化路径，将数据分组沿着优化路径正确转发。Ad-Hoc、无线局域网等传统无线网络的首要目标是提供高服务质量和公平高效地利用网络带宽，这些网络路由协议的主要任务是寻找源节点到目的节点间通信延迟小的路径，同时提高整个网络的利用率，避免产生通信拥塞并均衡网络流量等问题，而能量消耗问题不是这类网络考虑的重点。在无线传感器网络中，节点能量有限且一般没有能量补充，因此路由协议需要高效利用能量，同时传感器网络节点数目往往很大，节点只能获取局部拓扑结构信息，路由协议要能在局部网络信息的基础上选择合适的路径。传感器网络具有很强的应用相关性，不同应用中的路由协议可能差别很大，没有一个通用的路由协议。此外，传感器网络的路由机制还经常与数据融合技术联系在一起，通过减少通信量而节省能量。因此，传统无线网络的路由协议不适应于无线传感器网络。

1. 特点

与传统网络的路由协议相比，无线传感器网络的路由协议具有以下特点。

（1）能量优先。传统路由协议在选择最优路径时，很少考虑节点的能量消耗问题。而无线传感器网络中节点的能量有限，延长整个网络的生存期成为传感器网络路由协议设计的重要目标，因此需要考虑节点的能量消耗以及网络能量均衡使用的问题。

（2）基于局部拓扑信息。无线传感器网络为了节省通信能量，通常采用多跳的通信模式，而节点有限的存储资源和计算资源，使得节点不能存储大量的路由信息，不能进行太复杂的路由计算。在节点只能获取局部拓扑信息和资源有限的情况下，如何实现简单高效的路由机制是无线传感器网络的一个基本问题。

（3）以数据为中心。传统的路由协议通常以地址作为节点的标识和路由的依据，而无线传感器网络中大量节点随机部署，所关注的是监测区域的感知数据，而不是具体哪个节点获取的信息，不依赖于全网唯一的标识。传感器网络通常包含多个传感器节点到少数汇聚节点的数据流，按照对感知数据的需求、数据通信模式和流向等，以数据为中心形成消息的转发路径。

(4) 应用相关。传感器网络的应用环境千差万别，数据通信模式不同，没有一个路由机制适合所有的应用，这是传感器网络应用相关性的一个体现。设计者需要针对每一个具体应用的需求，设计与之适应的特定路由机制。

2. 要求

针对传感器网络路由机制的上述特点，在根据具体应用设计路由机制时，要满足以下几方面要求。

(1) 能量高效。传感器网络路由协议不仅要选择能量消耗小的消息传输路径，而且要从整个网络的角度考虑，选择使整个网络能量均衡消耗的路由。传感器节点的资源有限，传感器网络的路由机制要能够简单而且高效地实现信息传输。

(2) 可扩展性。在无线传感器网络中，检测区域范围或节点密度不同，造成网络规模大小不同；节点失败、新节点加入以及节点移动等，都会使得网络拓扑结构动态发生变化，这就要求路由机制具有可扩展性，能够适应网络结构的变化。

(3) 鲁棒性。能量用尽或环境因素造成传感器节点的失败，周围环境影响无线链路的通信质量以及无线链路本身的缺点等，这些无线传感器网络的不可靠特性要求路由机制具有一定的容错能力。

(4) 快速收敛性。传感器网络的拓扑结构动态变化，节点能量和通信带宽等资源有限，因此要求路由机制能够快速收敛，以适应网络拓扑的动态变化，减少通信协议开销，提高消息传输的效率。

(二) 路由协议分类

针对不同的传感器网络应用，研究人员提出了不同的路由协议。但到目前为止，仍缺乏一个完整和清晰的路由协议分类。根据不同应用对传感器网络各种特性的敏感度不同，将路由协议分为以下四种类型。

1. 能量感知路由协议

高效利用网络能量是传感器网络路由协议的一个显著特征，早期提出的一些传感器网络路由协议往往仅考虑了能量因素。为了强调高效利用能量的重要性，在此将它们划分为能量感知路由协议。能量感知路由协议从数据传输中的能量消耗出发，讨论最优能量消耗路径以及最长网络生存期等问题。

2. 基于查询的路由协议

在诸如环境检测、战场评估等应用中，需要不断查询传感器节点采集的数据，汇聚节点（查询节点）发出任务查询命令，传感器节点向查询节点报告采集的数据。在这类应用中，通信流量主要是查询节点和传感器节点之间的命令和数据传输，同时传感器节点的采样信息在传输路径上通常要进行数据融合，通过减少通信流量来节省能量。

3. 地理位置路由协议

在诸如目标跟踪类应用中，往往需要唤醒距离跟踪目标最近的传感器节点，以得到关于目标的更精确位置等相关信息。在这类应用中，通常需要知道目的节点的精确或者大致地理位置。把节点的位置信息作为路由选择的依据，不仅能够完成节点路由功能，还可以降低系统专门维护路由协议的能耗。

4. 可靠的路由协议

无线传感器网络的某些应用对通信的服务质量有较高要求，如可靠性和实时性等。而在无线传感器网络中，链路的稳定性难以保证，通信信道质量比较低，拓扑变化比较频繁，要实现服务质量保证，需要设计相应的可靠的路由协议。

（三）能量感知路由

1. 能量路由

能量路由是最早提出的传感器网络路由机制之一，它根据节点的可用能量（Power Available，PA）或传输路径上的能量需求，选择数据的转发路径。节点可用能量就是节点当前的剩余能量。

图 4-12 所示的网络中，大写字母表示节点，如节点 A，节点右侧括号内的数字表示节点的可用能量。图中的双向线表示节点之间的通信链路，链路上的数字表示在该链路上发送数据消耗的能量。源节点是一般功能的传感器节点，完成数据采集工作。汇聚节点是数据发送的目标节点。

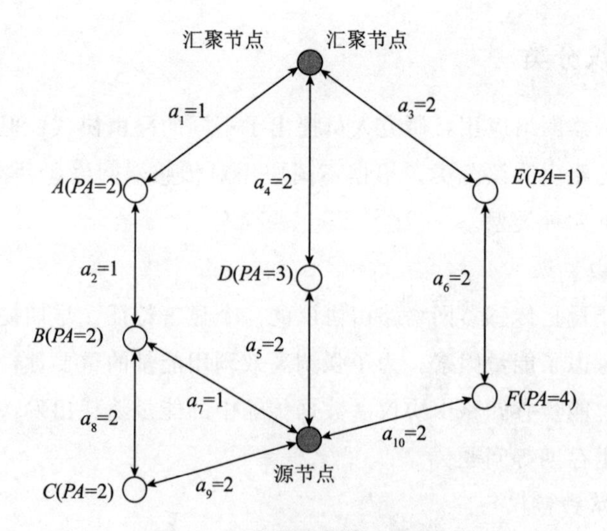

图 4-12　能量路由算法示意图

在图 4-12 中，从源节点到汇聚节点的可能路径有：

路径 1：源节点-B-A-汇聚节点，路径上所有节点 PA 之和为 4，在该路径上发送分组需要的能量之和为 3。

路径 2：源节点-C-B-A-汇聚节点，路径上所有节点 PA 之和为 6，在该路径上发送分组需要的能量之和为 6。

路径 3：源节点-D-汇聚节点，路径上所有节点 PA 之和为 3，在该路径上发送分组需要的能量之和为 4。

路径 4：源节点-F-E-汇聚节点，路径上所有节点 PA 之和为 5，在该路径上发送分组需要的能量之和为 6。

能量路由策略主要有以下几种：

（1）最大 PA 路由：从数据源到汇聚节点的所有路径中选取节点 PA 之和最大的路径。在图 4-12 中路径 2 的 PA 之和最大，但路径 2 包含了路径 1，因此不是高效的，从而被排除，选择路径 4。

（2）最小能量消耗路由：从数据源到汇聚节点的所有路径中选取节点耗能之和最少的路径。在图 4-12 中选择路径 1。

（3）最少跳数路由：选取从数据源到汇聚节点跳数最少的路径。在图 4-12 中选择路径 3。

（4）最大最小 PA 节点路由：每条路径上有多个节点，且节点的可用能量不同，从中选取每条路径中可用能量最小的节点来表示这条路径的可用能量。如路径 4 中节点 E 的可用能量最小为 1，所以该路径的可用能量是 1。最大最小 PA 节点路由策略就是选择路径可用能量最大的路径。在图 4-12 中选择路径 3。

上述能量路由算法需要节点知道整个网络的全局信息。由于传感器网络存在资源约束，节点只能获取局部信息，因此上述能量路由方法只是理想情况下的路由策略。

2. 能量多路径路由

传统网络的路由机制往往选择源节点到目的节点之间跳数最小的路径传输数据，但在无线传感器网络中，如果频繁使用同一条路径传输数据，就会造成该路径上的节点因能量消耗过快而过早失效，从而使整个网络分割成互不相连的孤立部分，减少了整个网络的生存期。为此，Rahul C. Shah 等人提出了一种能量多路径路由机制。该机制在源节点和目的节点之间建立多条路径，根据路径上节点的通信能量消耗以及节点的剩余能量情况，给每条路径赋予一定的选择概率，使得数据传输均衡消耗整个网络的能量，延长整个网络的生存期。

能量多路径路由协议包括路径建立、数据传播和路由维护三个过程。路径建立过程是该协议的重点内容。每个节点需要知道到达目的节点的所有下一跳节点，并计算选择每个下一跳节点传输数据的概率。概率的选择是根据节点到目的节点的通信代价来计算的，以

下描述中用 $Cost(N_i)$ 表示节点 a 到目的节点的通信代价。因为每个节点到达目的节点的路径很多，所以这个代价值是各个路径的加权平均值。能量多路径路由的主要过程描述如下：

（1）目的节点向邻居节点广播路径建立消息，启动路径建立过程。路径建立消息中包含一个代价域，表示发出该消息的节点到目的节点路径上的能量信息，初始值设置为零。

（2）当节点收到邻居节点发送的路径建立消息时，相对发送该消息的邻居节点，只有当自己距源节点更近，而且距目的节点更远的情况下，才需要转发该消息，否则将丢弃该消息。

（3）如果节点决定转发路径建立消息，需要计算新的代价值来替换原来的代价值。当路径建立消息从节点 N_i 发送到节点 N_j 时，该路径的通信代价值为节点 i 的代价值加上两个节点间的通信能量消耗，即：

$$C_{N_j,N_i}=Cost(N_i)+Metric(N_j,N_i) \tag{4-2}$$

其中，C_{N_j,N_i} 表示节点 N_j 发送数据经由节点 N_i 路径到达目的节点的代价，$Metric(N_j,N_i)$表示节点 N_j 到节点 N_i 的通信能量消耗，计算公式如下：

$$Metric(N_j,N_i)=e_{ij}^{\alpha}R_i^{\beta} \tag{4-3}$$

这里，e_{ij}^{α} 表示节点 N_j 和 N_i 直接通信的能量消耗，R_i^{β} 表示节点 N_i 的剩余能量，α 和 β 是常量，这个度量标准综合考虑了节点的能量消耗以及节点的剩余能量。

（4）节点要放弃代价太大的路径，节点 j 将节点 i 加入本地路由表 FT_j 中的条件是：

$$FT_j=\{i \mid C_{N_j,N_i}\leqslant\alpha(\min_k(C_{N_j,N_k}))\} \tag{4-4}$$

其中，α 为大于 1 的系统参数。

（5）节点为路由表中每个下一跳节点计算选择概率，节点选择概率与能量消耗成反比。节点 N_j 使用如下公式计算选择节点 N_i 的概率：

$$P_{N_j,N_i}=\frac{1/C_{N_j,N_i}}{\sum\limits_{k\in FT_j}1/C_{N_j,N_k}} \tag{4-5}$$

（6）节点根据路由表中每项的能量代价和下一跳节点选择概率计算本身到目的节点的代价 $Cost(N_j)$。$Cost(N_j)$ 定义为经路由表中节点到达目的节点代价的平均值，即：

$$Cost(N_j)=\sum_{k\in FT_j}P_{N_j,N_i}C_{N_j,N_k} \tag{4-6}$$

节点 N_j 将用 $Cost(N_j)$ 值替换消息中原有的代价值，然后向邻居节点广播该路由建立消息。

在数据传播阶段，对于接收的每个数据分组，节点根据概率从多个下一跳节点中选择一个节点，并将数据分组转发给该节点。路由的维护是通过周期性地从目的节点到源节点实施洪泛查询来维持所有路径的活动性。

Rahul C. Shah 提出的能量多路径路由综合考虑了通信路径上的消耗能量和剩余能量，节点根据概率在路由表中选择一个节点作为路由的下一跳节点。由于这个概率是与能量相关的，可以将通信能耗分散到多条路径上，从而可实现整个网络的能量平稳降级，最大限度地延长网络的生存期。

（四）基于查询的路由

1. 定向扩散路由

定向扩散（Directed Diffusion，DD）是一种基于查询的路由机制。汇聚节点通过兴趣消息（Interest）发出查询任务，采用洪泛方式传播兴趣消息到整个区域或部分区域内的所有传感器节点。兴趣消息用来表示查询的任务，表达网络用户对监测区域内感兴趣的信息，例如监测区域内的温度、湿度和光照等环境信息。在兴趣消息的传播过程中，协议逐跳地在每个传感器节点上建立反向的从数据源到汇聚节点的数据传输梯度（Gradient）。传感器节点将采集到的数据沿着梯度方向传送到汇聚节点。

定向扩散路由机制可以分为周期性的兴趣扩散、梯度建立以及路径加强和数据传输三个阶段。图 4-13 显示了这三个阶段的数据传播路径和方向。

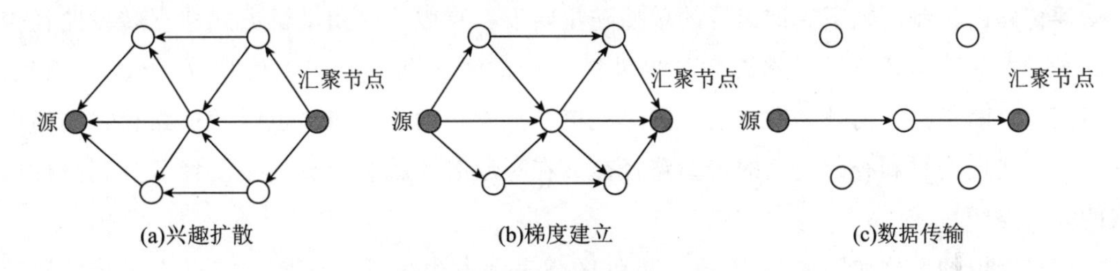

图 4-13 定向扩散路由机制

（1）兴趣扩散阶段。在兴趣扩散阶段，Sink 节点根据不同的应用需求定义不同的兴趣报文，采属性-值对（对象的类型，对象的实例，数据发送间隔时间，持续时间，位置区域等）来命名查询任务，并将查询任务封装成兴趣报文。Sink 节点将兴趣报文通过泛洪逐级扩散，收到兴趣报文的节点查询自己的缓冲区中是否有相同的查询记录，如果没有，就往缓存中加入一条新记录，否则，丢弃报文。然后将兴趣转发给邻居节点，最终泛洪到整个网络，找到所匹配的查询数据，如图 4-13（a）所示。

（2）梯度建立阶段。DD 协议最大的特点是引入了梯度的概念，梯度定义了一个数据的传输方向和传输速率。兴趣扩散的同时反向建立了从源节点到 Sink 节点的数据传输梯度。一个节点接收到其邻居节点发来的兴趣时，它会将该兴趣发送给所有的邻居节点，这就使得每对邻居节点都建立了一个指向对方的梯度，如图 4-13（b）所示。

（3）路径加强和数据传输。在数据传输阶段，源节点会沿着已建立好的梯度，以较低速率发送数据信息，Sink 节点会对最先收到新数据的邻居节点发送一个加强信息，接收到加强信息的邻居节点依照同样的规则，加强它最先收到新数据的邻节点，从而形成了一条“梯度”值最大的路径，如图 4-13（c）所示。后续数据就可以沿着这条路径以较高的数据传输速率进行数据传输。

定向扩散路由是一种经典的以数据为中心的路由机制。汇聚节点根据不同应用需求定义不同的任务类型、目标区域等参数的兴趣消息，通过向网络中广播兴趣消息启动路由建立过程。中间传感器节点通过兴趣表建立从数据源到汇聚节点的数据传输梯度，自动形成数据传输的多条路径。按照路径优化的标准，定向扩散路由使用路径加强机制生成一条优化的数据传输路径。为了动态适应节点失效、拓扑变化等情况，定向扩散路由周期性地进行兴趣扩散、梯度建立以及数据传播和路径加强三个阶段的操作。但是定向扩散路由在路由建立时需要一个兴趣扩散的洪泛传播，能量和时间开销都比较大，尤其是当底层 MAC 协议采用休眠机制时可能造成兴趣建立的不一致。

2. 谣传路由

在有些传感器网络的应用中，数据传输量较少或者已知事件区域，如果采用定向扩散路由，需要经过查询消息的洪泛传播和路径增强机制才能确定一条优化的数据传输路径。因此，在这类应用中，定向扩散路由并不是高效的路由机制。Boulis 等人提出了谣传路由(Rumor Routing)，适用于数据传输量较小的传感器网络。

谣传路由机制引入了查询消息的单播随机转发，克服了使用洪泛方式建立转发路径带来的开销过大问题。它的基本思想是事件区域中的传感器节点产生代理（Agent）消息，代理消息沿随机路径向外扩散传播，同时汇聚节点发送的查询消息也沿随机路径在网络中传播。当代理消息和查询消息的传输路径交叉在一起时，就会形成一条汇聚节点到事件区域的完整路径。

谣传路由的原理如图 4-14 所示，灰色区域表示发生事件的区域，圆点表示传感器节点，黑色圆点表示代理消息经过的传感器节点，灰色节点表示查询消息经过的传感器节点，连接灰色节点和部分黑色节点的路径表示事件区域到汇聚节点的数据传输路径。

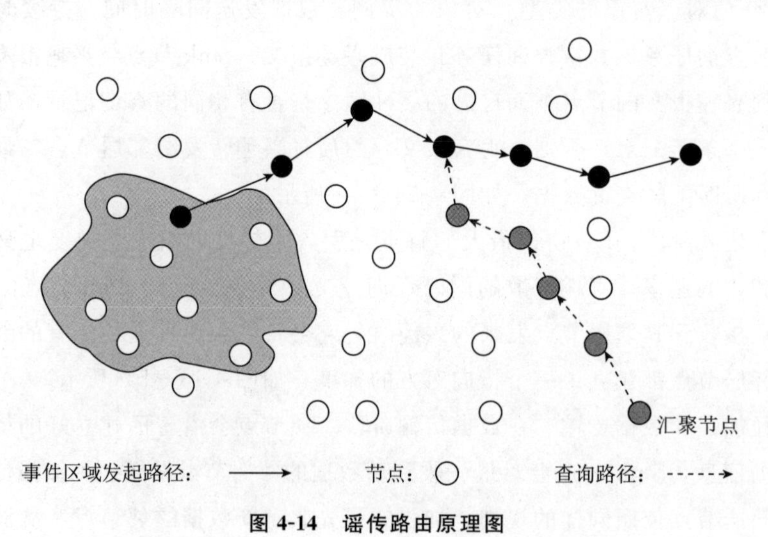

图 4-14 谣传路由原理图

谣传路由的工作过程如下。

（1）每个传感器节点维护一个邻居列表和一个事件列表。事件列表的每个表项都记录事件相关的信息，包括事件名称、到事件区域的跳数和到事件区域的下一跳邻居等信息。当传感器节点在本地监测到一个事件发生时，在事件列表中增加一个表项，设置事件名称、跳数（为零）等，同时根据一定的概率产生一个代理消息。

（2）代理消息是一个包含生命期等事件相关信息的分组，用来将携带的事件信息通告给它传输经过的每一个传感器节点。对于收到代理消息的节点，首先检查事件列表中是否有该事件相关的表项，列表中存在相关表项就比较代理消息和表项中的跳数值，如果代理中的跳数小，就更新表项中的跳数值，否则更新代理消息中的跳数值。如果事件列表中没有该事件相关的表项，就增加一个表项来记录代理消息携带的事件信息。然后，节点将代理消息中的生存值减 1，在网络中随机选择邻居节点转发代理消息，直到其生存值减少为 0。通过代理消息在其有限生存期的传输过程，形成一段到达事件区域的路径。

（3）网络中的任何节点都可能生成一个对特定事件的查询消息。如果节点的事件列表中保存有该事件的相关表项，说明该节点在到达事件区域的路径上，它沿着这条路径转发查询消息；否则，节点随机选择邻居节点转发查询消息。查询消息经过的节点按照同样方式转发，并记录查询消息中的相关信息，形成查询消息的路径。查询消息也具有一定的生存期，以解决环路问题。

（4）如果查询消息和代理消息的路径交叉，交叉节点会沿查询消息的反向路径将事件信息传送到查询节点。如果查询节点在一段时间没有收到事件消息，就认为查询消息没有到达事件区域，可以选择重传、放弃或者洪泛查询消息的方法。由于洪泛查询机制的代价过高，一般作为最后的选择。

与定向扩散路由相比，谣传路由可以有效地减少路由建立的开销。但是由于谣传路由使用随机方式生成路径，所以数据传输路径不是最优路径，并且可能存在路由环路问题。

第三节　短距离无线通信

一、短距离无线通信技术及无线局域网技术

（一）短距离无线通信技术概述

由于数据通信需求的推动，加上半导体、计算机等相关电子技术领域的快速发展，短距离无线与移动通信技术也经历了一个快速发展的阶段，WLAN 技术、蓝牙技术、UWB 技术，以及 ZigBee 技术、射频识别（RFID）技术等取得了令人瞩目的成就。短距离无线通信通常指的是 100 m 以内的通信，分为高速短距离无线通信和低速短距离无线通信两类。高速短距离无线通信最高数据速率大于 100 Mb/s，通信距离小于 10 m，典型技术有

高速 UWB 和 Wireless UWB；低速短距离无线通信的最低数据速率小于1 Mb/s，典型技术有蓝牙、ZigBee 和低速 UWB。

（二）无线局域网（WLAN）与 IEEE 802.11 标准族

WLAN 是一种借助无线技术取代以往有线信道方式构成计算机局域网的手段，以解决有线方式不易实现的计算机的可移动性，使其应用更加不受空间限制。无线接入技术主要包括 IEEE 的 802.11，802.15，802.16 和 802.20 标准，分别为无线局域网 WLAN、无线个域网 WPAN、蓝牙、无线城域网 WMAN 等。其中基于 802.11 协议的无线局域网接入技术又被称为无线保真技术 Wi-Fi（Wireless Fidelity）。

IEEE 802.11 无线局域网（WLAN）是 IEEE 最初制定的，是计算机网络与无线通信技术相结合的产物，包括 IEEE 802.11a，IEEE 802.11b 和 IEEE 802.11g。IEEE 802.11a 主要用来解决办公室局域网和校园网中用户与用户终端的无线接入，工作在 5 GHz U-NIL 频带，物理层速率 54 Mb/s，传输层速率 25 Mb/s。它采用正交频分复用（OFDM）扩频技术，可提供 25 Mb/s 的无线 ATM 接口、10 Mb/s 的以太网无线帧结构接口以及 TDD/TDMA 的空中接口，支持语音、数据、图像业务。一个扇区可接入多个用户，每个用户可带多个用户终端。其缺点是芯片没有进入市场，设备昂贵；空中接力不好，点对点连接很不经济，不适合小型设备。

无线保真（Wi-Fi）是属于无线局域网（WLAN）的一种，通常是指 IEEE 802.11b 产品，是利用无线接入手段的新型局域网解决方案。Wi-Fi 的主要特点是传输速率高、可靠性高、建网快速、便捷、可移动性好、网络结构弹性化、组网灵活、组网价格较低等，因此具有良好的发展前景。IEEE 802.11b 工作频段为 2.4 GHz 的 ISM 自由频段，采用直接序列扩频（DSSS）技术理论上可以达到 11 Mb/s 的速率。

IEEE 802.11g 使用了与 IEEE 802.11b 相同的 2.4 GHz 的 ISM 免特许频段，它采用了两种调制方式：即 IEEE 802.11a 所采用的 OFDM 和 IEEE 802.11b 所采用的 CCK。通过采用这两种分别与 IEEE 802.11a 和 IEEE 802.11b 相同的调制方式，使 IEEE 802.11g 不但达到了 IEEE 802.11a 的 54 Mb/s 的传输速率，而且实现了与现在广泛存在的采用 IEEE 802.11b 标准设备的兼容。IEEE 802.11g 已经被大多数无线网络产品制造商选择作为下一代无线网络产品的标准。

二、蓝牙技术

（一）蓝牙技术简介

蓝牙（Bluetooth）是一种低成本、低功率、近距离无线连接技术标准，是实现数据与话音无线传输的开放性规范。

蓝牙技术在1994年由爱立信公司率先提出。1998年5月，世界著名的爱立信（Ericsson）、诺基亚（Nokia）、东芝（Toshiba）、国际商业机器公司（IBM）和英特尔（Intel）成立蓝牙特别兴趣小组，联手推出蓝牙计划，旨在推广蓝牙通信标准。这项计划被公布后，迅速得到包括摩托罗拉、朗讯、康柏、西门子、高通、3Com、TDK等大公司在内的许多厂商的支持和采纳。1999年底，第一批应用“蓝牙”技术装备的产品，包括手机、电话机和便携式计算机等纷纷进入市场。

蓝牙技术的目标在于开发一种全球统一的开放无线连接技术标准，使移动电话、笔记本电脑、掌上电脑、拨号网络、打印机、传真机、数码相机等各类数据和话音设备，均按此技术标准互联，形成一种个人区域无线通信网络，使得在其范围内的各种信息化设备都能实现无缝资源共享。

（二）蓝牙的主要技术特点

蓝牙技术使用的工作频率为2.4～2.5 GHz，属于免费的ISM（Industry Science Medicine）频段。ISM频段是工业、科学和医用频段。世界各国均保留了一些无线频段以用于工业、科学研究，以及微波医疗方面的应用。应用这些频段无需申请使用许可证，只需要遵守一定的发射功率（一般低于1 W），并且不要对其他频段造成干扰即可。2.4 GHz频段在我国属于不需申请就可以免费使用的频段，国家对该频段内的无线收发设备，在不同环境下的使用功率做了相应的限制。例如在城市环境下，发射功率不能超过100 mW。

蓝牙技术可以实现语音、视频和数据的传输，其最高的通信速率为1 Mb/s，采用时分方式的全双工通信，通信距离为10 m左右（如果配置功率放大器可以使通信距离达到100 m）。

蓝牙产品采用跳频技术，能够抵抗信号衰落；采用快跳频和短分组技术，能够有效地减少同频干扰，提高通信的安全性；采用前向纠错编码技术，以便在远距离通信时减少随机噪声的干扰；采用FM调制方式，使设备变得更为简单可靠；蓝牙技术产品一个跳频频率发送一个同步分组，每一个分组占用一个时隙，也可以增至5个时隙；蓝牙技术支持一个异步数据通道，或者3个并发的同步语音通道，或者一个同时传送异步数据和同步语音的通道。蓝牙的每一个话音通道支持64 kb/s的同步话音，异步通道支持的最大速率为721 kb/s、反向应答速率为57.6 kb/s的非对称连接，或者432.6 kb/s的对称连接。

蓝牙技术在标准上先后推出了Bluetooth 1.1、1.2、2.0、2.1、3.0＋HS、4.0、4.1、4.2、5.0多个版本，在传输速度、抗干扰、安全性等方面都有很大的提高。蓝牙采用时分双工传输方案，使用一个天线利用不同的时间间隔发送和接收信号，且在发送和接收信息中通过不断改变传输方向共用一个信道，实现全双工传输；蓝牙发射功率可分为3个级别：100 mW，2.5 mW和1 mW。一般采用的发送功率为1 mW，无线通信距离为10 m，数据传输速率达1 Mb/s。若采用蓝牙2.0标准，发送功率为100 mW，可使蓝牙的通信距离达到 100 m，数据传输速率达到 10 Mb/s。

蓝牙 3.0 引入了 WLAN，其传输速度提升了 8 倍，可以达到 25 Mb/s。2010 年 7 月 7 日，蓝牙技术联盟（Bluetooth SIG）在北京正式推出蓝牙 4.0 标准，该标准具有低能耗、高传输速度等特点。蓝牙 4.0 实际是个三位一体的蓝牙技术，它将三种规格合而为一，分别是传统蓝牙、低功耗蓝牙和高速蓝牙技术，这三个规格可以组合或者单独使用。蓝牙 5.0 是由蓝牙技术联盟在 2016 年提出的蓝牙技术标准，蓝牙 5.0 针对低功耗设备速度有相应提升和优化，蓝牙 5.0 结合 Wi-Fi 对室内位置进行辅助定位，提高传输速度，增加有效工作距离。基本特征：蓝牙 5.0 针对低功耗设备，有着更广的覆盖范围和相较现在四倍的速度提升；蓝牙 5.0 加入室内定位辅助功能，结合 Wi-Fi 可以实现精度小于 1 m 的室内定位；传输速度上限为 24 Mb/s，是之前 4.2LE 版本的两倍；有效工作距离可达 300 m，是之前 4.2LE 版本的 4 倍；添加导航功能，可以实现 1 m 的室内定位；为应对移动客户端需求，其功耗更低，且兼容旧的版本。蓝牙主要技术指标和系统参数如表 4-1 所示。

表 4-1　蓝牙技术指标和系统参数

工作频段	ISM 频段，2.402～2.480 GHz
双工方式	全双工，TDD 时分双工
业务类型	支持电路交换和分组交换业务
数据速率	1 Mb/s
非同步信道速率	非对称连接 57.6 kb/s～721 kb/s，对称连接 432.6 kb/s
同步信道速率	64 kb/s
功率	美国 FCC 要求<0 dbm（1 mW），其他国家可扩展为 100 mW
跳频频率数	79 个频点/1 MHz
工作模式	PARK/HOLD/SNIFF
数据连接方式	面向连接业务 SCO，无连接业务 ACL
纠错方式	1/3FEC，2/3 标 FEC，ARQ
鉴权	采用反应逻辑算术
信道加密	采用 0 位、40 位、60 位加密
语音编码方式	连续可变斜率调制 CVSD
发射距离	一般可达 10 cm～10 m，增加功率的情况下可达 100 m

（三）蓝牙组网方式

蓝牙系统采用无基站的灵活组网方式，支持点对点或点对多点的通信方式，在蓝牙 2.0 标准中 1 个蓝牙设备可同时与 7 个其他的蓝牙设备相连接，如图 4-15 所示。

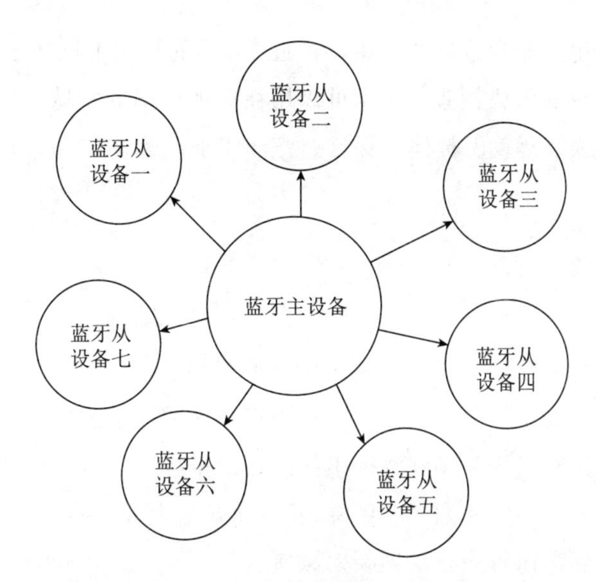

图 4-15 蓝牙的组网方式示意图

基于蓝牙技术的无线接入简称为 BLUEPAC（Bluetooth Public Access），蓝牙系统的网络拓扑结构有两种形式：微微网（Piconet）和分布式网络（Scatternet）。

微微网（Piconet）是通过蓝牙技术以特定方式连接起来的一种微型网络，一个微微网可以只是两台相连的设备，比如一台便携式电脑和一部移动电话，也可以是 8 台连在一起的设备。在微微网中，所有设备的级别是相同的，具有相同的权限，采用自组式组网方式（Ad-hoc）。微微网由主设备（Master）单元（发起链接的设备）和从设备（Slave）单元构成，包含一个主设备单元和最多 7 个从设备单元。蓝牙手机与蓝牙耳机是一个简单的微微网，手机作为主设备，而耳机充当从设备。同时在两个蓝牙手机间也可以直接应用蓝牙功能，进行无线的数据传输。

蓝牙分布式网络是自组网（Ad-hoc Networks）的一种特例，其最大特点是无基站支持，每个移动终端的地位是平等的，并可独立进行分组转发决策。其建网的灵活性、多跳性、拓扑结构动态变化和分布式控制等特点是构建蓝牙分布式网络的基础。

（四）蓝牙技术的主要应用设备

蓝牙无线接入技术具有小规模、低成本、短距离连接等特点，能够有效地简化掌上电脑、笔记本电脑和移动电话手机等移动通信终端设备之间的通信，也能够成功地简化以上这些设备与 Internet 之间的通信，从而使这些现代通信设备与因特网之间的数据传输变得更加迅速高效，为无线通信拓宽道路。

蓝牙技术的主要缺点是传输距离短、传输速率慢。但由于蓝牙技术能耗低，在物联网中低功耗蓝牙主要应用于医疗和健康传感器网络等电源供给有限的场合，其应用的领域主要包括血氧计、血压计、体温计、体重秤、血糖仪、心血管活动监测仪、便携式心电图仪等等。蓝牙技术已经得到非常普遍的应用，将近100%的智能手机都已经使用了蓝牙技术。利用每个人都拥有手机的优势，蓝牙技术可以用在更加广阔的领域，如车载网的应用、手机、电玩、电脑、手表、运动及健体、保健、汽车工业、家居电器、远程控制、自动化工业等等。

阅读延伸

蓝牙技术的发展机遇

蓝牙是什么？在大多数消费者看来，对于它的认知可能就是近距离手机信息的传输，而随着科技的不断进步，物联网技术让蓝牙越来越智能的同时，功能也在不断地增强，现如今的蓝牙不只仅限于手机、音箱，未来它将被应用于智慧照明、智能家居、智慧城市以及新零售等的一系列新兴领域。

万物皆可连的物联网时代，无疑为蓝牙技术带来了最佳的发展机遇，蓝牙技术本身具有的低功耗，低成本，稳定安全的开放接口，快速传输等的一系列特点十分符合物联网技术的要求，而近几年来，物联网技术除了民用领域外，更多被应用于企业布局，蓝牙技术就是其中的主流之一。

三、ZigBee网络技术

ZigBee技术是一种新兴的短距离无线通信技术，主要面向低速率无线个人区域网(Low Rate Wireless Personal Area Network，LRWPAN)，典型特征是近距离、低功耗、低成本、低传输速率，主要适用于工业监控、远程控制、传感器网络、家庭监控、安全系统和玩具等领域，目的是为了满足小型廉价设备的无线联网和控制。ZigBee技术采用三种频段：2.4 GHz，868 MHz 和915 MHz。2.4 GHz 频段是全球通用频段，868 MHz 和915 MHz则是用于美国和欧洲的ISM频段，这两个频段的引入避免了2.4 GHz附近各种无线通信设备的相互干扰。

（一）ZigBee与IEEE 802.15.4协议

ZigBee和IEEE 802.15.4并不完全是一回事。IEEE 802.15.4是IEEE无线个人区域网（Personal Area Network，PAN）工作组的一项标准，被称作IEEE 802.15.4技术标准，IEEE仅处理低级MAC层和物理层协议。ZigBee联盟在IEEE 802.15.4的基础上，对其网络层协议和API进行了标准化。另外ZigBee联盟还开发了安全层，以保证使用ZigBee协议标准的物联网设备不会意外泄漏其标识，而且远距离传输的信息不会被其他节点获得。

（二）ZigBee 主要技术特点

ZigBee 主要技术特点如下。

1. 低功耗

这是 ZigBee 的一个显著特点。由于工作周期短、收发信息功耗较低以及采用了休眠机制，ZigBee 终端仅需要两节普通的五号干电池供电就可以工作 6 个月到 2 年。

2. 低成本

协议简单且所需的存储空间小，这极大降低了 ZigBee 的成本，每块芯片的价格仅 2 美元，而且 ZigBee 协议免专利费。

3. 时延短

通信时延和从休眠状态激活的时延都非常短。设备搜索时延为 30 ms，休眠激活时延为 15 ms，活动设备信道接入时延为 15 ms。这样一方面节省了能量消耗，另一方面更适用于对时延敏感的场合，例如一些应用在工业上的传感器需要以毫秒的速度获取信息，以及安装在厨房内的烟雾探测器也需要在尽量短的时间内获取信息并传输给网络控制者，从而阻止火灾的发生。

4. 传输范围小

在不使用功率放大器的前提下，ZigBee 节点的有效传输范围一般为 10～75 m，能覆盖普通的家庭和办公场所。如果连接功率放大器，传输距离可以达到 1 000 m。

5. 数据传输速率低

2.4 GHz 频段为 250 kb/s，915 MHz 频段为 40 kb/s，868 MHz 频段只有 20 kb/s。

6. 数据传输的可靠性

由于 ZigBee 采用了碰撞避免机制，从而避免了发送数据时的竞争和冲突。MAC 层采用完全确认的数据传输机制，每个发送的数据包都必须等待接收方的确认信息，保证了节点之间传输信息的高可靠性。

7. 安全性好

ZigBee 提供了基于循环冗余校验（CRC）的数据包完整性检查功能，支持鉴权和认证，采用了 AES-128 的加密算法，各个应用可以灵活确定其安全属性。

（三）ZigBee 网络结构

在 ZigBee 网络中节点按照不同的功能，可以分为协调器节点、路由器节点和终端节点三种。一个 ZigBee 网络由一个协调器节点、多个路由器和多个终端设备节点组成。

1. 协调器节点

协调器的主要角色是建立和配置网络（一旦建立完成，这个协调器的作用就像路由器节点一样，网络操作可以不依赖这个协调器的存在，这得益于 ZigBee 网络的分布式特性）。协调器节点选择一个信道和网络标识符（PAN ID），然后开始组建一个网络。协调器设备在网络中还有其他作用，比如建立安全机制，完成网络中的绑定和建立等。

2. 路由器节点

路由器节点可以作为普通设备使用，另外可以作为网路中的转接节点，用于实现多跳通信，辅助其他节点完成通信。

3. 终端节点

位于 ZigBee 网络的最终端，完成用户功能，比如信息的收集、设备的控制等等。一个终端设备对于维护这个网络设备没有具体的责任，所以它可以选择睡眠或唤醒状态，以最大化节约电池能量。

ZigBee 的网络结构具有星状（star）、树状（tree）、网状（mesh）三种网络拓扑，如图 4-16 所示。

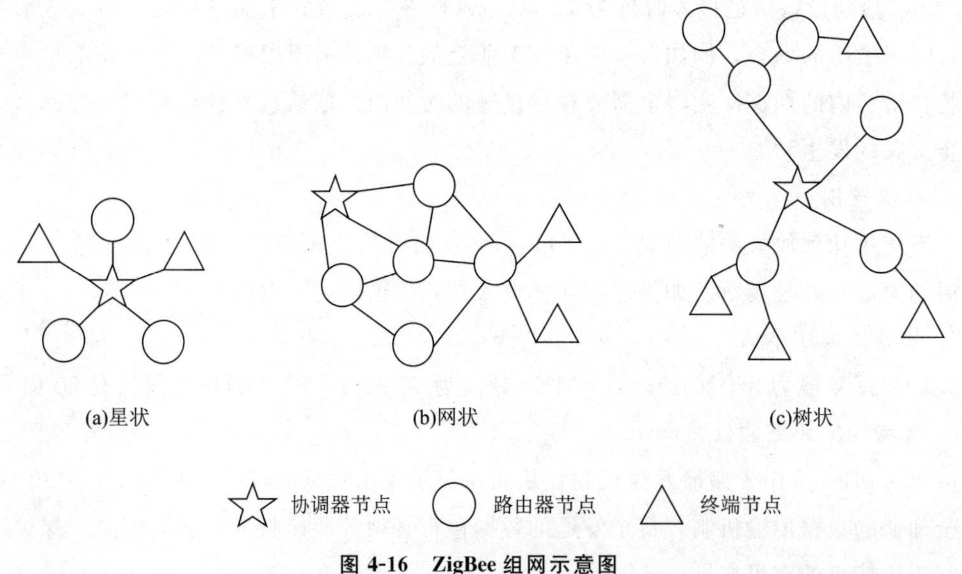

图 4-16 ZigBee 组网示意图

在星状拓扑中，一个协调器和多个路由器或者终端节点相连，终端节点之间必须通过协调器联系，而不能直接进行通信。

在树状拓扑中，以一个协调器为始，开始由路由向下生长，可以到路由设备结束也可以到终端设备结束。

在网状拓扑中，除终端设备外，一个设备可以和多个设备相连。而终端设备只能和一个路由或者一个协调器相连。

三种拓扑中网状网络应用最为广泛，在这种网络中，其中任何一个设备出现问题均不影响这个网络中其余设备之间的通信。而在星状拓扑中，当协调器出现问题时，这个网络就会崩溃。在树状网络中，当父枝节点出现问题时，整个子枝节点都无法接入该网络。因此网状网络应用最广泛，当然也最复杂。

（四）ZigBee 应用场景

ZigBee 主要应用范围很广，这得益于 ZigBee 具有的低速率、低成本和低功耗的特点。如图 4-17 所示，ZigBee 可以广泛应用的领域包括工业、农业控制、商业领域、消费性电子、PC 机的外围设备、家庭自动化、玩具和游戏、个人健康监护、医用设备控制、汽车自动化等领域。具体地讲，ZigBee 技术可以应用到消费性电子设备、家庭和建筑自动化设备，智能家居（照明控制、各类窗帘控制、家庭安防、暖气控制、内置家居控制的机顶盒、万能遥控器等）、环境检测与控制、自动读表系统、烟雾传感器、医疗监控系统、大型空调系统、工业和楼宇自动化、安全监控、工业控制、传感器控制等方面。

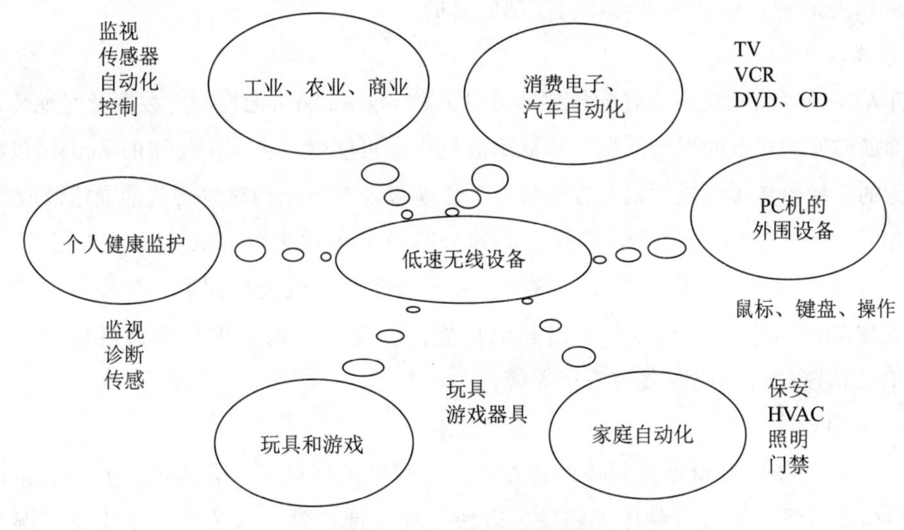

图 4-17　ZigBee 应用场景

下面针对消费性电子设备、工业控制、汽车及智能交通、农业自动化、医疗辅助控制等应用举一些简单的例子。

1. 消费性电子设备

消费性电子设备和家居自动化是 ZigBee 技术最有潜力的市场，有着广阔的发展前景。消费性电子设备包括手机、笔记本电脑、数码相机、儿童玩具、游戏机等。利用 ZigBee 技术很容易实现相机或者摄像机的自拍，特别是手机中加入 ZigBee 芯片后，就可以用来控制电视开关、调节空调温度、开启微波炉等。基于 ZigBee 技术的个人身份卡能够代替家居和办公室的门禁卡，加上个人电子指纹识别系统，将有助于实现更加安全的门禁系统，嵌入 ZigBee 设备的信用卡可以更加方便地实现无线提款和移动购物，商品的详细信息也将通过 ZigBee 设备广播给顾客。

在智能家居领域，利用 ZigBee 技术可以实现空调系统的温度控制、照明的自动控制、窗帘的自动控制、煤气计量控制、家用电器的远程控制、自动抄表等，这将在很大程度上改善我们的生活体验。

2. 工业控制

生产车间可以利用ZigBee设备组成传感网络，自动采集、分析和处理设备运行的数据，适合危险场合、人力所不能及或者不方便的场所，如危险化学成分检测、锅炉温度检测、高速旋转及其转速监控、火灾的监测和预报等，以帮助工厂技术和管理人员及时发现问题。将ZigBee技术用于现代工厂中央控制系统的通信系统，可以免去生产车间内大量的布线，降低安装和维护的成本，便于网络的扩容和重新配置。此外，通过ZigBee网络自动收集各种信息，并将信息回馈到系统进行数据处理与分析，以便于掌握工厂的整体信息。例如，火警的监测和报警，照明系统自动控制，生产流程控制等，都可利用ZigBee网络提供相关信息，达到工业与环境控制的目的。

3. 汽车及智能交通

汽车车轮或者发动机内安装的传感器可以借助ZigBee网络把检测的数据及时地传送给司机，从而能够使司机及时发现问题，降低事故发生的可能性。汽车中使用的ZigBee设备需要克服恶劣的无线电传播环境对信号发送接收的影响以及金属结构对电磁波的屏蔽效应等。

利用ZigBee技术，比如沿着街道、高速公路及其他地方分布式地安装大量ZigBee终端设备，行驶的汽车可以借助汽车和道路组成的智能交通系统得到更多的服务，行驶会更安全。利用ZigBee技术还可以开发出其他功能，如在不同街道根据交通流量动态调节红绿灯，追踪超速的汽车或被盗的汽车等等。

4. 农业自动化

ZigBee应用于农业自动化领域的特点是需要覆盖的区域很大，因此需要由大量的ZigBee设备构成网络，通过各种传感器采集诸如土壤温度、氮元素浓度、降水量、湿度和气压等信息，以帮助农民及时地发现问题，并且准确地确定发生问题的地点。未来农业将可能逐渐从以人力为中心转变为以自动化、智能化、远程控制为特点的自动化控制为中心。另外利用ZigBee技术还可以收集各种土壤信息和气候信息实现精准农业、智能温室大棚控制、智能灌溉控制等应用。

5. 医疗辅助控制

在医院里可以借助各种传感器和ZigBee网络，准确、实时地监测病人的血压、体温和心率等信息，帮助医生快速作出反应，特别适用于对重病和病危患者的看护和治疗。此外，利用ZigBee技术还可以实现远程医疗、远程监护、远程治疗等应用。

四、Wi-Fi技术

（一）Wi-Fi技术简介

Wi-Fi属于无线局域网的一种，通常是指符合IEEE 802.11b标准的网络产品，Wi-Fi

可以将个人电脑、手持设备（如 PDA、手机）等终端以无线方式互相连接。

通常人们会把 Wi-Fi 及 IEEE 802.11 混为一谈，甚至把 Wi-Fi 等同于无线网际网络。但实际上 Wi-Fi 是一个无线网络通信技术的品牌，由 Wi-Fi 联盟（Wi-Fi Alliance）所持有，目的是改善基于 IEEE 802.11 标准的无线网络产品之间的互通性，保障使用该商标的商品互相之间可以合作。因此 Wi-Fi 可以看作是对 IEEE 802.11 标准的具体实现。但现在人们逐渐习惯用 Wi-Fi 来称呼 802.11 协议，已经成为 802.11 协议的代名词。

越来越多的家用电器及电子产品开始支持 Wi-Fi 功能。Wi-Fi 的普及以及相关软件的发展将会使家用电器完成功能上的飞跃。通过网络将各种家电连接，可实现功能上的重构和资源的再配置。随着网络的普及和推广，将局域网中的各种带有网络功能的家用电器通过无线技术连接成局域网络，并与外部 Internet 相连，构成智能化、多功能的现代家居智能系统将会成为新的流行趋势。

（二）Wi-Fi 技术优势

Wi-Fi 技术具有如下五大技术优势。

（1）无线电波覆盖范围广，由于基于蓝牙技术的电波覆盖范围非常小，半径大约只有 15 m，而 Wi-Fi 的半径则可达 100 m 左右，有的 Wi-Fi 交换机甚至能够把无线网络接近 100 m的通信距离扩大到约 6 500 m。

（2）传输速度非常快，可以达到 11 Mb/s，符合个人和社会信息化的需求。在网络覆盖范围内，允许用户在任何时间、任何地点访问网络。随时随地享受诸如网上证券、视频点播（VOD）、远程教育、视频会议、网络游戏等一系列宽带信息增值服务，并实现移动办公。

（3）厂商进入该领域的门槛比较低。厂商只要在机场、车站、咖啡店、图书馆等人员较密集的地方设置热点，并通过高速线路将 Internet 接入上述场所，就可以利用热点将无线电波覆盖到距接入点数十米至百米的地方。用户的支持无线 LAN 的笔记本电脑或 PDA 进入区域内，即可高速接入 Internet。也就是说，厂商不用耗费资金来进行网络布线接入，从而节省了大量的成本。

（4）健康安全。IEEE 802.11 规定的发射功率不可超过 100 mW，实际发射功率约为 60～70 mW，而手机的发射功率约为 200 mW～1 W，手持式对讲机高达 5 W。与后者相比，Wi-Fi 产品的辐射更小。

（5）目前 Wi-Fi 应用已经非常普遍。支持 Wi-Fi 的电子产品越来越多，像手机、MP4、电脑等，基本上已经成为了主流标准配置。而且由于 Wi-Fi 网络能够很好地实现家庭范围内的网络覆盖，适合充当家庭中的主导网络，家里的其他具备 Wi-Fi 功能的设备，如电视机、数字音响、数码相框、照相机等都可以通过 Wi-Fi 建立通信连接，实现整个家庭的数字化与无线化，使人们的生活变得更加方便与丰富。

（三）Wi-Fi 的工作方式

使用 Wi-Fi 联网的两种工作方式主要有点对点和基本模式两种。

1. 点对点模式

Wi-Fi 联网的点对点模式是指无线网卡和无线网卡之间的通信方式，即一台装配了无线网卡的电脑或移动计算终端（部分智能手机或平板电脑）连接进行通信，对于小型无线网络来说，这是一种方便的互联方案。这一点和在有线网络中将两台电脑直接使用网线连接起来的方式很相似。

2. 基本模式

与点对点模式不同的，基本模式是指无线网络的扩充或无线和有线网络并存时的通信方式，这是 Wi-Fi 目前最常用的方式。此时，装载无线网卡的电脑或移动计算终端（部分智能手机或平板电脑）需要通过接入点（无线 Access Point，AP）才能与另一台电脑进行连接，由接入点负责频段管理及漫游等指挥工作，就如大家使用带 Wi-Fi 功能的路由器进行联网一样。在宽带允许的情况下，一个 Wi-Fi 接入点最多可支持 1 024 个无线接入点的接入。当无线节点增加时，网络传输速度也会随之变慢。

现在 Wi-Fi 技术比较成熟，从目前的实际使用情况来看，点对点以及基本模式都有运用。但基本模式经常被用来作为有线网络的有力补充，比如咖啡厅、商场里面提供的免费 Wi-Fi 上网服务就是采用这一模式。

（四）嵌入工作方式

在物联网的应用中，智能物体一般嵌入 Wi-Fi 模块，主要有被动型串口设备联网和主动型串口设备联网等工作方式。

(1) 被动型串口设备联网。被动型串口设备联网是指在系统中所有设备一直处于被动的等待连接状态，仅由后台服务器主动发起与设备的连接，并进行请求或下传数据的方式。

典型的应用，如某些无线传感器网络，每个传感器终端始终实时地在采集数据，但是采集到的数据并没有马上上传，而是暂时保存在设备中。而后台服务器则周期性的每隔一段时间主动连接设备，并请求上传或下载数据。此时，后台服务器实际上作为 TCP Client 端，而设备则是作为 TCP Server 端。

(2) 主动型串口设备联网。主动型串口设备联网是指由设备主动发起连接，并与后台服务器进行数据交互（上传或下载）的方式。典型的主动型设备，如无线 POS 机，在每次刷卡交易完成后即开始连接后台服务器，并上传交易数据。在主动型串口设备联网中，后台服务器作为 TCP Server 端，设备通过无线 AP 路由器接入到网络中，并作为 TCP Client 端。

（五）局域网络中的 Wi-Fi 的实现

为了实现局域网内部网络与外部 Internet 相连互通，在局域网内网和外部 Internet 之间需要一个局域网网关。该网关是整个局域网无线网络系统的核心部分，它一方面完成局域网无线网络中各种不同通信协议之间的转换和信息共享，并且同外部网络进行数据交换；另一方面还负责对局域网中网络终端进行管理和控制。局域网中的网络终端也通过这个网关与外部网络连通，实现交互和信息共享。同时，该网关还具有防火墙功能，能够避免外界网络对局域网内部网络终端设备的非法访问和攻击。

在局域网中，Wi-Fi 主要应用在各种无线终端和局域网网关上。我们可以使用个人电脑、手持网络终端或者遥控器与局域网网关进行连接，并通过局域网网关对无线终端实施各种有效的管理和控制。因此，可以采用客户-服务器体系结构。网关充当服务器的角色，控制设备对无线终端的控制也通过网关完成，这样有利于实现胖服务器-瘦客户端的结构。

第四节　物联网定位技术

在物联网的很多应用中，物体的“位置”信息往往是非常关键的。人们使用 RFID、传感器或者其他信息采集工具在物联网中从物理世界获取各种各样的信息，并通过网络将这些信息传送到用户或者服务器端进行处理，以便为用户提供各种各样的服务。很多情况下，这些采集的信息必须标记相应的采集地点才有意义，否则是无法使用的。例如，部署在森林里用来检测火灾的传感器网络。一旦有火灾发生，需要立刻知道火灾的具体位置以便迅速将其扑灭。这就要求那些用于监测火灾的传感器节点知道自己的位置并在检测到火灾时将自己的位置信息报告给服务器，才能及时准确地确定火灾的具体位置。再例如，一个老师带着一群孩子在博物馆参观时，为了可以让每个孩子在博物馆里按照自己的兴趣爱好自由地进行参观，可以为每个孩子佩戴一个实时追踪位置的 RFID 标签。老师可以通过相应的定位系统随时监测每个孩子的位置以防止发生事故，而不必限制孩子必须服从指定的参观路线。

一、定位的概念

定位技术即物联网中用于获取物体位置的技术。物联网中所谓“物体”的概念是非常广泛的，它既可以指人，又可以指设备，如手机、电脑等；既可以包括较大的物体，如火车、飞机、轮船等，又可以包括较小的物体，如图书馆里某本具体的书；既可以包括室内的物体，如办公室里的人或设备等，又可以包括部署在室外的设备，如部署在森林中用来监测火灾的无线传感器设备等；既可以包括实际存在的物体设备，又可以包括虚拟的物体，如某项具体的服务等。总之，物联网中的定位技术是一个很广泛的概念，它既包括大型的提供全球定位/导航服务的卫星定位系统，如美国的GPS和我国的北斗等，又包括用于在小范围内确定物体位置的技术，如近些年发展起来的蜂窝网中的无线定位，无线传感器网络中的节点定位技术和基于RFID标签的定位技术等。

二、物联网定位技术的发展历史

任何情况下，位置信息总是人们关注的信息之一。例如，一个人从一个地方转移到另一个地方，他会注意自己所到达的位置以确保行走在正确的路线上。在现代定位技术出现以前，人们只能对自身位置进行非常粗略的估计，例如，当前位于哪个城镇或哪个村庄。在航海活动中，获得准确的位置信息是至关重要的。早期的航海活动中主要通过沿着海岸线在航道的关键部位建造灯塔来实现对船只的导航，这些定位技术的精确度非常差，并且覆盖范围很小。自从无线电技术出现以后，利用这种技术可以进行更大范围和更加精确的定位。

最早的基于无线电技术的定位系统是罗兰远程导航系统（Long Range Navigation，LORAN）建立于20世纪40年代，它最初的目的是用于海军的中程无线电导航。罗兰系统的基本原理是通过测量来自于两个不同基站信号的时间差来计算用户的位置。在基站同步发射信号的情况下，来自于两个不同基站信号的时间差对应着一条双曲线。通过测量两组不同基站的时间差，用户就可以计算出自己的位置。因此，罗兰系统是一种脉冲双曲线定位系统。最初的罗兰导航系统称作LORAN-A，也叫作标准罗兰。罗兰导航系统在发展过程中曾进行过多次改进，其中最成功的是在第二次世界大战末期研制成功的LORAN-C系统，20世纪80年代在GPS出现之前曾广泛应用于航空系统中。在GPS系统出现之后，罗兰系统逐渐退出了历史的舞台。

随着人造卫星技术的发展，人们开始利用人造卫星技术来构建更精确、覆盖范围更大的定位/导航系统。地球同步轨道卫星可以以相对地球静止的方式在太空轨道中运行，这就为定位系统提供固定的参考点提供了一种方式。通过精确测量用户到这些参考点的信号传播时间并推算出相应的距离，用户可以精确地计算出自己所在的位置。通过合理地在太空中分布卫星，我们可以提供全球范围内的定位和导航服务。已经建成或者正在建设的这类全球系统包括美国的GPS系统、欧洲的GALILEO系统、俄罗斯的GLONASS系统和中国的北斗系统。随着蜂窝移动通信技术的快速发展，手机用户大量地增加。据统计，截至2017年，中国手机用户已经达到14.2亿户。如此巨大的用户群体为各个通信运营商带来了巨大的商机，而其中的定位业务是通信运营商所必须提供的一种重要的数据业务。蜂窝系统的定位业务不仅能够提供个人和商用位置服务，还能够在紧急情况下快速准确地确定呼叫者的位置以便于营救人员及时地实施援助。比如在用户拨打 119 火警电话或者 112 求救电话时，就需要快速准确地确定报警位置以便于及时展开援助。这类定位系统的基本原理是通过测量手机和基站之间的信号强度、距离或到达角度，并利用基站的位置来计算手机用户的位置。

移动通信中的定位一般是在室外进行的。然而，在很多情况下，为了有效地对某个机构或组织中的资源或者人员进行管理和追踪，我们还需要进行室内定位。例如，前面我们所举的学生在博物馆中参观的例子中，就需要在室内对携带着 RFID 标签的孩子们进行定位。类似的，我们可以通过追踪某个移动物体的位置来确定该移动物体的活动轨迹。如果该物体进入了不允许进入的区域，那么有可能造成信息泄露等安全问题。室内的无线定位系统一般利用 RFID 标签来进行定位。利用 RFID 标签的定位系统包括定位标签和定位 RFID 读写器两种。

随着无线传感器网络研究的进展，无线传感器网络中节点的定位研究引起了研究学者的广泛关注。无线传感器网络是物联网的重要组成部分，很多无线传感器网络应用层协议中都需要知道无线传感器节点的位置信息。与前面所提及的无线系统的定位不同，无线传感器网络的节点一般利用电池供电，节点的处理能力较弱，并且缺乏可以测量节点间距离和角度的硬件。另外，由于传感器网络通常大规模部署，所以在每个节点上安装一个 GPS 接收机的方法是不现实的。所以无线传感器网络中的定位算法通常利用一些自身位置已知的节点（称为锚节点）来辅助一般节点进行定位。算法设计的目标除了达到较高的精度外，还注重降低开销，包括通信开销和计算开销，并且尽量减少对硬件的要求。

三、全球卫星定位系统

目前，世界上已经存在的全球卫星导航定位系统包括美国的 GPS（Global Positioning System，GPS）、俄罗斯的 GLONASS、中国的 COMPASS（北斗）、欧洲的 GALILEO（伽利略）系统。

（一）美国的 GPS 系统

该系统的前身为美军研制的一种子午仪（Transit）卫星导航系统，1958 年开始研制，1964 年正式投入使用。该系统用 5～6 颗卫星组成的星网工作，每天最多绕地球 13 次，并且无法给出高度信息，在定位精度方面也不尽如人意。然而，子午仪系统使得研发部门对卫星定位取得了初步的经验，并验证了由卫星系统进行定位的可行性，为 GPS 系统的研制做铺垫。由于卫星定位显示出在导航方面的巨大优越性及子午仪系统存在对潜艇和舰船导航方面的巨大缺陷。美国海陆空三军及民用部门都感到迫切需要一种新的卫星导航系统。

为此，美国海军研究实验室（NRL）制订了名为 Tinmation 的用 12～18 颗卫星组成 10 000 km高度的全球定位网计划，并于 1967 年、1969 年和 1974 年各发射了一颗试验卫星，在这些卫星上初步试验了原子钟计时系统，这是 GPS 系统精确定位的基础。

最初的 GPS 方案是将 24 颗卫星放置在互成 120°的三个轨道上。每个轨道上有 8 颗卫星，地球上任何一点均能观测到 6～9 颗卫星。这样，粗码精度可达 100 m，精码精度为 10 m。由于预算压缩，GPS 计划不得不减少卫星发射数量，改为将 18 颗卫星分布在互成 60°的 6 个轨道上。然而这一方案使得卫星可靠性得不到保障。1988 年又进行了最后一次修改：21 颗工作星和 3 颗备用星工作在互成 30°的 6 条轨道上。这也是现在 GPS 卫星所使用的工作方式。

GPS 定位导航系统的基本原理是测量出已知位置的卫星到用户接收机之间的距离，然后综合多颗卫星的数据就可知道接收机的具体位置。要达到这一目的，卫星的位置可以根据星载时钟所记录的时间在卫星星历中查出。而用户到卫星的距离则通过记录卫星信号传播到用户所经历的时间，再将时间乘光速得到。当用户接收到导航电文时，提取出卫星时间并将其与自己的时钟作对比，便可得知卫星与用户的距离，再利用导航电文中的卫星星历数据推算出卫星发射电文时所处位置，用户在 WGS—84 大地坐标系中的位置速度等信息便可得知。

按定位方式不同，GPS 定位分为单点定位和相对定位（差分定位）。单点定位就是根据一台接收机的观测数据来确定接收机位置的方式，它只能采用伪距观测量，可用于车船等的概略导航定位。相对定位（差分定位）是根据两台以上接收机的观测数据来确定观测点之间的相对位置的方法，它既可采用伪距观测量又可采用相位观测量，大地测量或工程测量均应采用相位观测值进行相对定位。

在 GPS 观测量中包含了卫星和接收机的时钟差、大气传播延迟、多路径效应等误差，在定位计算时还要受到卫星广播星历误差的影响，在进行相对定位时大部分公共误差被抵消或削弱，因此定位精度将大大提高，双频接收机可以根据两个频率的观测量抵消大气中电离层误差的主要部分，在精度要求高、接收机间距离较远时（大气有明显差别），应选用双频接收机。

（二）我国的北斗系统

我国早在 20 世纪 60 年代末就开展了卫星导航系统的研制工作，但由于多种原因而停止。在自行研制“子午仪”定位设备方面起步较晚，以致后来使用的大量设备中，基本上依赖进口。20 世纪 70 年代后期以来，国内开展了探讨适合国情的卫星导航定位系统的体制研究，先后提出过单星、双星、三星和 3～5 星的区域性系统方案，以及多星的全球系统的设想，并考虑到导航定位与通信等综合运用问题，但是由于种种原因，这些方案和设想都没能够得到实现。

1983年，“两弹一星”功勋奖章获得者陈芳允院士和合作者提出利用两颗同步定点卫星进行定位导航的设想，经过分析和初步实地试验，证明效果良好，这一系统被称为“双星定位系统”。双星定位导航系统为我国“九五”列项，其工程代号取名为“北斗一号”。

双星定位导航系统是一种全天候、高精度、区域性的卫星导航定位系统，可实现快速导航定位、双向简短报文通信和定时授时3大功能，其中后两项功能是全球定位系统(GPS)所不能提供的，且其定位精度在我国地区与GPS定位精度相当。整个系统由两颗地球同步卫星（分别定点于东经80°和东经140°，36 000 km赤道上空）、中心控制系统、标校系统和用户机四大部分组成，各部分之间由出站链路（即地面中心至卫星至用户链路）和入站链路（即用户机至卫星中心站链路）相连接。

1. 北斗一代

北斗一代采用的基本技术路线最初来自于陈芳允先生的“双星定位”设想，正式立项是在1994年。北斗卫星导航系统由空间卫星、地面控制中心站和用户终端等三部分构成。空间部分即“北斗”一号由两颗工作卫星和两颗备份卫星组成，突出特点是构成系统的空间卫星数目少、用户终端设备简单，复杂部分均集中于地面中心处理站。两颗定位卫星分别发射于2000年10月31日和12月21日，备份星于2003年5月25日、2007年02月03日发射。

北斗卫星导航定位系统的构成：两颗地球静止轨道卫星、地面中心站、用户终端。北斗卫星导航定位系统的基本工作原理是“双星定位”：以2颗在轨卫星的已知坐标为圆心，各以测定的卫星至用户终端的距离为半径，形成2个球面，用户终端将位于这2个球面交线的圆弧上。地面中心站配有电子高程地图，提供一个以地心为球心、以球心至地球表面高度为半径的非均匀球面。用数学方法求解圆弧与地球表面的交点即可获得用户的位置。

2. 北斗二代

继美国的GPS系统升级，俄罗斯的GLONASS系统扩建，以及欧盟的“伽利略计划”之后，中国也将继续升级自己的全球卫星导航定位系统——北斗第二代导航卫星网。

我国从1997年底开始起步，经过充分、周密的论证，2004年9月，第二代导航系统——北斗卫星导航系统建设被批准实施。从2007年4月至2012年10月先后发射了16颗北斗二代全球定位导航系统卫星。

北斗一代导航系统是区域卫星导航系统，北斗二代卫星可实现全球的定位与导航。北斗第二代导航卫星网由5颗静止轨道卫星和30颗非静止轨道卫星组成，提供开放服务和授权服务两种服务方式。其中5颗为静止轨道卫星，即高度为36 000 km的地球同步卫星，提供RNSS和RDSS信号链路；30颗非静止轨道卫星由27颗中轨（MEO）卫星和3颗倾斜同步（IGSO）卫星组成，提供RNSS信号链路。27颗MEO卫星分布在倾角为55°的三个轨道平面上，每个面上有9颗卫星，轨道高度为21 500 km。

第二代导航卫星系统与第一代导航卫星系统在体制上的主要差别：第二代用户机可免

发上行信号，不再依靠中心站电子高程图处理或由用户提供高程信息，而是直接接收卫星单程测距信号自己定位，系统的用户容量不受限制，并可提高用户位置隐蔽性。其代价是测距精度要由星载高稳定度的原子钟来保证，所有用户机使用稳定度较低的石英钟，其时钟误差作为未知数和用户的三维未知位置参数一起由 4 个以上的卫星测距方程来求解。这就要求用户在每一时刻至少可见 4 颗以上几何位置合适的卫星进行测距，从而使得所需卫星数量大大增多，系统投资将显著增加。

2011 年 12 月 27 日起，北斗二代卫星开始向中国及周边地区提供连续的导航定位和授时服务，2012 年 12 月 27 日向亚太地区正式提供服务，民用服务与 GPS 一样免费，定位精度为 10 m，测速精度为 0.2 m/s，授时精度为 10 ns。

2015 年 9 月 30 日，第 20 颗北斗导航卫星准确飞入地球倾斜同步轨道。这颗北斗卫星会和两个多月前发射的北斗双星实现“空间对话”，测试导航信号，并进行中轨道和高轨道间的星间链路试验，这种异轨道面间的试验是北斗系列的首次。

（三）俄罗斯的 GLONASS 系统

“GLONASS”是俄语中“全球卫星导航系统”的缩写，作用类似于美国的 GPS、欧洲的 GALILEO 卫星定位系统，最早开发于苏联时期，后由俄罗斯继续执行该计划。俄罗斯于 1993 年开始独自建立本国的全球卫星导航系统。1995 年俄罗斯耗资 30 多亿美元，完成了 GLONASS 导航卫星星座的组网工作。它也由 24 颗卫星组成，原理和方案都与 GPS 类似，不过，其 24 颗卫星分布在 3 个轨道平面上，这 3 个轨道平面两两相隔 120°，同平面内的卫星之间相隔 45°。每颗卫星都在 19 100 km 高、64.8°倾角的轨道上运行，轨道周期为 11.25 h。地面控制部分全部都在俄罗斯领土境内。俄罗斯自称，多功能的 GLONASS 系统定位精度可达 1 m，速度误差仅为 15 cm/s。如果有必要，该系统还可用来为精确打击武器制导。GLONASS 卫星由质子号运载火箭一箭三星发射入轨，卫星采用三轴稳定体制，整体质量为 1 400 kg，设计轨道寿命为 5 年。所有 GLONASS 卫星均使用精密铯钟作为其频率基准。第一颗 GLONASS 卫星于 1982 年 10 月 12 日发射升空。到目前为止，共发射了 80 余颗 GLONASS 卫星。

（四）欧洲的 GALILEO 系统

在 20 世纪 90 年代的局部战争中，美国的 GPS 出尽风头。利用 GPS 系统提供定位的导弹或战斗机可以对地面目标进行精确打击，这给欧洲国家留下了深刻印象。为减少欧洲对美国军事和技术的依赖，经过长达 3 年的论证，2002 年 3 月，欧盟 15 国交通部长会议一致决定，启动“伽利略”导航卫星计划。“伽利略”计划的总投资预计为 36 亿欧元，由分布在 3 个轨道上的 30 颗卫星组成。该系统与 GPS 类似，可以向全球任何地点提供精确定位信号。与美国的 GPS 相比，“伽利略”系统可以为民用客户提供更为精确的定位，其定位精度可以达到 1 m。

阅读延伸

工业物联网助推产业转型，室内定位在化工行业应用激增

工业物联网作为物联网技术的重要分支，对于工业转型具有重要意义。协作开放的信息系统、更加精准的传感设备和人工智能、云计算等技术的高度融合，将会助力传统工业增强生产设备自动化的维护、管理、运营能力，提高管理者对于人员、物资、生产计划、生产进程等环节的把控水平，推动工业领域进入新的发展台阶，大幅提升生产效率。

在此期间，精准的室内定位技术又能够对工业转型产生哪些影响呢？第一，位置传感能够让智能机器人等设备更加高效率地运行，比如仓储机器人能够自动规划路线、从货架取货并自动导航运送到指定的位置。第二，高精度定位能够对人员物资实现更加高效的管理，通过查询人员物资的位置实现数字化调度，保障人员、区域的安全。

以化工生产为例，真趣科技将行业领先的物联网定位技术融入到化工人员物资定位管理之中，可显著提升人员物资调度效率，提升危险区域人员的安全保障能力。目前，真趣科技化工人员定位系统已在南通、连云港、宜昌等多地大型厂区内得到实地应用。具有“成本低、安全防爆、无需弱电施工、维护便捷、功能成熟”等优势。

该系统能够实现对厂区人员、物资、设备、车辆等目标的精准定位，随时查看人员物资的位置信息，还能够实现电子围栏安全防护、险情一键紧急求助、越界预警、滞留预警、长时间静止预警、超员/缺员预警、巡检流程监管、数据统计分析、视频联动等丰富功能。不同规模的厂区可以依据需求，选择实现部分或全部功能，让管理更加便捷化、智能化。

对于重要或危险区域，通过设置地理围栏，一旦有人员误入或长时间滞留，系统会发出预警信息；倘若危险区域超员，或是某个车间人员数量不足，擅自离岗，也可以实现智能预警，通知管理人员及时干预。

人员佩戴的定位胸卡具有一键紧急求助的功能，当员工遭遇险情，可以按下按钮进行求助；在发生意外事故后，救援人员可以依据被定位人员的分布位置进行救援，减少人员伤亡和企业损失。

人员定位管理系统具有极强的灾备工作能力，通过将定位通信基站部署在安全区域，即使在车间发生爆炸、火灾、有毒气体泄漏等事故的情况下，也能最大程度保障通信传输的正常进行。从人员物资定位管理到区域安全防护，让化工生产真正步入智能化管理阶段。

四、定位技术应用实例

无线定位技术的应用已经非常普遍。我们熟悉的 GPS 全球定位系统已广泛应用于军事、交通、地质勘探等诸多领域。我国的北斗卫星定位系统也已经在实践中得到应用，比如，在海事监管、渔船作业等领域的应用。基于移动通信的蜂窝定位技术在公共安全管理、城市管理等领域发展也很快。下面以杭州某信息技术有限公司研发的“基于 ZigBee 无线局域网络的医院无线信息管理系统”为例，介绍无线定位技术在医院资产、人员跟踪管理方面的应用。

基于 ZigBee 无线局域网络的医院无线信息管理系统是针对医疗机构资产、人员看护的需求，专门设计开发的一套软硬件结合的应用系统。该系统为医疗机构提供完整的资产、病患和职员追踪解决方案，以利于他们降低运行成本，提高运行效率和医疗服务水平。

1. 该方案的特点

（1）提高医疗设备利用率，优化资源配置，降低成本，扩大收益。

（2）医护流程自动化，免除人工干预，减少人为错误，降低人工劳动强度。

（3）增强病患的安全监控，提高医疗服务水准。

（4）减少病患等待时间，提高医治效率，减少医疗事故。

2. 该系统基本功能

（1）使管理人员实时掌握医院各个房间内病人的详细信息，有效对病人进行实时监控，避免事故发生。

（2）实时记录病人的出入时间，方便随时对病人进行必要的照顾，最大限度地防止事故的发生及人为的失误。

（3）实现对每个房间的病人进行人数统计、提醒看护人员及时找到病人。

（4）使用带有报警按钮的电子标签，在病人有突发病情的时候通过按动报警按钮，医护人员可以通过后台及时了解病人所处房间并能及时赶到抢救病人。

3. 该系统工作原理

首先在医院内部铺设好无线局域网，同时在需要定位的医护人员、病人或医疗设备上放置一个电子标签，无线 AP 能马上感应到电子标签的信号，同时立即将其上传到控制中心的计算机上，计算机马上就可判断出具体信息（如：是谁，在哪个位置，具体时间），同时把它显示在控制中心的大屏幕或电脑显示屏上并做好备份。当要查找、核对某个人员及物品时，可以快速地在屏幕上确定其位置，极大地提高了工作效率。

4. 该系统构成

（1）电子标签：资产标签（采用条状标签，固定在物体上）；病患标签，职员标签（采用腕带状，戴在手上，具有防撕、防拆及手动或自动报警功能）。

（2）可视化软件平台：通过一个图形化的操作界面，在显示资产分布或人员移动区域地图上能够迅速检测、找到目标对象，操作清晰简单。

(3) 无线局域网接入点（AP)。

以医院为例，其系统组成如图 4-18 所示。

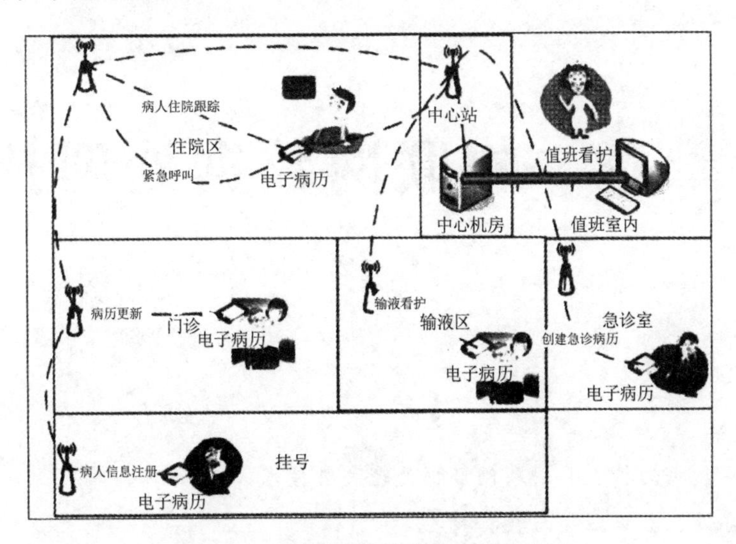

图 4-18　医院无线信息管理系统组成图

思考题

1. 为什么说“移动互联网≠互联网＋移动”?
2. 传感器网络的特点有哪些?
3. 与传统的网络路由协议相比，无线传感器网络的路由协议具有哪些特点?
4. 蓝牙技术的技术特点有哪些?
5. Wi-Fi 技术具有哪些优势?
6. 全球卫星导航定位系统有哪些?

实训拓展

蓝牙基础实验

实训目的

了解蓝牙组网及数据传输技术，对蓝牙技术有进一步的认识。

实训设备

实验箱或物联网实验套件、PC 机 1 台、蓝牙适配器、带蓝牙模块的无线传感器节点、相应配套软件 1 套。

实训内容

对蓝牙模块进行配置，与蓝牙适配器进行配对，组建蓝牙无线网络；利用组建的蓝牙网络传输数据。

第五章 物联网数据处理技术

学习目标

掌握物联网数据的特点和物联网数据处理关键技术。

了解数据存储、数据融合与数据挖掘。

了解数据快速检索技术的内容。

案例导入

数据是制造业实现物联网价值的关键

2020年将是制造业期待的一年。Deloitte预测15个最有竞争力的制造业国家和地区将有10个在亚洲，包括中国、日本、印度、韩国、新加坡、马来西亚和印度尼西亚等。不过，为实现此一目标，亚太制造业将需拥抱物联网（IoT）。

亚洲制造业正快速从传统制造转移到智能化制造，以解决人力短缺问题和技术发展造成的断层。通过联网传感器将传统上孤立的机器、系统和产品链接起来。物联网的运用让制造商能够改善营运效率和掌握竞争优势。

以服饰制造商为例，它可利用传感器、数据和分析技术，监控其生产机具的效能和作业环境，并采取预防措施以避免发生任何故障。此种可预测的维护能力让制造商能够减少因为不预期宕机和生产中断所引发的成本和时间损失。在一个互联的厂房里，物联网提供整个产品线的实时监测能力。制造商可以快速发现生产延误并进行调整以符合订单要求。

由于物联网的价值在于数据，因此数据管理策略是物联网项目成功的关键。它应涵盖以下五大领域。

（1）收集——捕捉传感器数据并提供数据传输能力。

（2）传输——确保IoT数据能够安全且可靠地传输到数据中心。

（3）储存——储存感测数据以供分析。

（4）分析——分析传感器资料。

（5）归档——为传感器数据提供成本效益的长期数据归建。

制造商也需要确保他们的数据管理策略涵盖储存在数据中心的核心数据，以及数据装置和机器传感器产生的边缘数据。前者是指将所有收集到的数据先送到数据中心集中储存，之后才进行分析。这对于数据的回溯分析非常有帮助。后者也称为边缘运算（Edge computing），亦即由装置对其所产生的数据进行过滤、分析和做出初步决策。以生产线的机器手臂为例，它可以收集效能资料并过滤其中不重要的信息，而唯有当出现异常时才向作业员传送预警，例如过热或零件故障等。为了支持边缘运算和实时分析，制造商将需要部署内建快闪固态硬盘机的工业PC。由于生产线机器通常在大磁场环境作业，会造成机械式硬盘机损坏，因此制造商采纳物联网时应考虑使用快闪储存。

再者，一个良好的数据管理策略应确保制造商能够运用相同的数据管理工具和程序，而不论数据驻留在何处。越来越多制造商为了享有弹性而采纳混合云端，他们将需要一致的数据格式，以便能够轻易地结合来自不同环境的数据进行分析。

迈向先进制造之路似乎令人望而却步，因为有许多挑战必须克服，特别是从数据管理观点而言。减少此种复杂性的方法之一是确保采用的方案能够统合物联网数据并且将这些数据提供给工作负荷或应用系统运用，而不论架构或平台为何。排除数据孤岛并且确保不论任何地方都能存取数据，将有助于提升制造效率和加速创新。

未来的亚太制造将建立在智能化与互联技术之上。IDC预测到2021年，亚太制造商整体而言在物联网方面的投资将占总投资的三分之一。不过，亚洲制造商要谨记的是，不要只是为了赶流行而跳上物联网列车。首先而且最重要的是，他们将需要一个确保未来弹性的数据管理策略，以便能够有效运用互联装置产出的数据。唯有如此，他们才能利用物联网去监控商业脉动，做出正确决策以向前迈进和超越竞争者。

（资料来源：中国物联网）

第一节　物联网数据处理技术概述

物联网的出现，是继计算机和互联网之后，社会变得更加智能化的标志。在历史上，人们需要人工采集信息，然后同样以人工的方式对信息进行处理，以文字或者口耳相传的方式对信息进行传播；计算机以及互联网的出现，将人们从繁重的信息处理任务中解脱出来，实现了信息处理以及信息传播的自动化；而无线传感器网络的出现，进一步使得信息采集的过程也变得自动化，促使人类社会向着更加智能化的方向演进。

一、物联网数据的特点

无线传感器网络的一个重要特点就是“以数据为中心”。用户并不关心城市交通感知网络的传感器是怎样安放、网络怎样组织、网络错误怎样处理的，相反，用户关注的核心是传感器所感知到的数据，以及这些数据背后所反映的信息。比如，用户想知道“道路A在当前时刻是否堵车”“从B地到C地怎么走最快”等。数据库技术在无线传感器网络的重要性，就体现在如何管理网络中产生的数据，包括以下几个方面：①怎样存储传感器产生的数据；②怎样分发用户的查询；③怎样处理查询并返回结果；④怎样消除查询结果中的数据冗余性，数据不确定性。

物联网数据通常具有如下特点。

1. 海量性

物联网是由若干无线识别的物体彼此连接和结合形成的动态网络。一个中型超市的商品数量动辄数百万至数千万件。在一个超市RFID系统中，假定有1 000万件商品都需要跟踪，每天读取10次，每次100个字节，每天的数据量就达10 GB，每年将达3 650 GB。在生态监测等实时监控领域，无线传感网需记录多个节点的多媒体信息，数据量更大得惊人，每天可达1 TB以上。在著名的“绿野千传”森林监测项目中，最多可能涉及部署在天目山实地的近1 000个传感器节点。假设每个传感器每分钟内仅传回1 KB数据，则每天的数据量就达到了约1.4 GB。如果传感网是部署在更为敏感的应用如智能电网、建筑监测等场合时，则要求传感器有着更高的数据传输率，每天的数据量可达TB（1 TB=1 024 GB）级别。此外，在一些应急处理的实时监测系统中，数据是以流（Stream）的形式实时、高速、源源不断地产生，这也加剧了数据的海量性。未来，若是地球上的每个人、每件物品都能互联互通，其产生的数据量会更加令人瞠目结舌。

2. 多态性

物联网的应用包罗万象，物联网中的数据也令人眼花缭乱：“绿野千传”这样的生态监测系统中包含温度、湿度、光照强度、风力、风向、海拔高度、二氧化碳浓度等环境数据；多媒体传感网中会包含视频、音频等多媒体数据；用于火灾逃生的传感网甚至还包含与用户交换信息的结构化通信数据。数据的多态性必将带来处理数据的复杂性：①不同的网络导致数据具有不同的格式，比如同样是温度，有的网络将其称为“温度”，有的网络将其称为“Temperature”，有的网络以摄氏度为单位，有的网络则以华氏度为单位；②不同的设备导致数据具有不同的精度，比如同样是测量环境中二氧化碳浓度，有些设备能达到0.1 ppm的分辨率，而有些设备仅有1 ppm的分辨率；③不同的测量时间、测量条件导致数据具有不同的值，物联网中物体的一个显著特征就是其动态性，在同一个十字路口使用同样的传感器去测量行人流量，这个值会随着上下班高峰等时间条件而变化，也会随着温度、降雨情况等自然条件而变化，还会随着节假日、体育赛事等社会条件而变化。

3. 关联性及语义性

物联网中的数据绝对不是独立的。描述同一个实体的数据在时间上具有关联性；描述不同实体的数据在空间上具有关联性；描述实体的不同维度之间也具有关联性。不同的关联性组合会产生丰富的语义。比如说，部署在森林中的传感器测量的温度一直维持在30 ℃左右，忽然在某一时刻升高到了 80 ℃，根据时间关联性可以推测，要么是该传感器发生了故障，要么是周围环境发生了特殊变化。假设同时又发现周围的传感器温度都上升到了 80 ℃以上，根据空间关联性可以推断附近有极大的可能发生了森林火灾；假设发现周围的传感器温度并没有上升，同时空气湿度远大于 60%，根据维度的关联性，当空气湿度大于 60%时，火不容易燃烧及蔓延，于是可以推断，这个传感器的温度测量装置很可能发生故障。

二、物联网数据处理的关键技术

（一）数据存储

数据存储分为分布式存储和集中式存储两类。存储模式传感器所产生的数据既可以存储在传感器的内部（即分布式存储），又可以发送回网络的网关（即集中式存储）。这两种策略各有其优缺点。在分析之前，要先明确传感器的一些特征：计算能力有限，存储容量有限，电池能量紧缺，数据包经常丢失，通信比计算更加耗能。

集中式存储网络中不存在存储节点，所有的数据都被发送回数据汇聚点（Sink）。查询也仅在 Sink 端进行，不被分发到网络中。分布式存储的好处是因为用户不可能对所有的数据都感兴趣，值得用户关注的只占其中一部分，所以将数据存储在节点上能够减少不必要的数据传输。但是，由于传感器的内存以及外部存储容量都很有限，对于长时间的部署任务，其数据量可能会远大于存储容量；当传感器发生故障重启或者电源用尽时，内存中的所有数据都会丢失；由于所有数据都存储在传感器节点上，网关对各个传感器可能的数据分布毫不知情，所以每当有查询时，网关会将查询发送到网络中所有的传感器上，等传感器返回各自的结果，带来大量的通信开销；若是部分传感器节点存储的数据是查询的热点，这些节点的电量很快会被用完，导致网络不能正常工作，这就是所谓的“热点”。为了解决“热点”问题，部分研究采用了特殊的存储策略，使得感知的数据按照一定的机制存储在网络中，有效保持了一定程度的负载均衡。

（二）海量存储

正如之前所述，传感网乃至整个物联网所产生的数据是海量的，主要表现在以下两个方面。

（1）单个物体在持续地产生数据，比如在医疗护理的应用中，由于性命攸关，传感器会不断地测量患者的体温、心率、血压等指标，产生大量的实时数据。

（2）网络中拥有数以百万甚至数以亿计的物体，比如物流系统需要同时跟踪上千万件的物体，即使每个物体的数据更新量都很小，与千万级别的物体总量相乘，总数据量也不可小觑。

单个物体产生的海量数据要求在网络中传输时尽可能采用压缩的数据，否则大通信量不仅会迅速消耗传感器节点的能量，还会造成网络通信拥塞。海量物体产生的数据要求数据库或者数据中心在存储数据时，尽可能地压缩数据、剔除冗余数据、甄别无用数据。近年来，随着存储设备占用的空间、消耗的电费与日俱增，数据压缩存储已经成为一项极为迫切的需求。

（三）数据查询

传感器网络中的数据查询主要分为快照查询和连续查询两种类型。快照查询的特点是查询不固定、数据不确定。典型的快照查询例子是“区域A当前时刻的温度是多少”“24小时之前哪个区域湿度最大”等。连续查询的特点是查询固定、数据不确定。典型的例子是，假设需要检测森林火灾，则查询会一直为“找出所有温度高于60 ℃的区域”。

针对数据不确定的特点，可以采用近似查询的技术来减小网络通信开销。比如说，在网关端先收集一部分数据，然后根据这部分数据分别对各个传感器建立数学模型，以后的查询都可以根据数学模型运算，不需要分发到网络中去，也不需要传感器再往回传送数据。这类方法的缺点是很难在建模方法的复杂度和近似结果的精度之间进行折中。一般而言，越想得到精确的结果，模型越是复杂；使用的模型越是简单，得到的结果越不精确。

针对查询固定的特点，可以对查询的内容做出优化。还是以监测森林火灾为例子，因为查询仅是“找出所有温度高于60 ℃的区域”，所以传感器收集到的数据并不用都传回网关，只需要传高于60 ℃的数据。这类方法的缺点是对于不同的查询要单独做出优化，缺少统一的优化途径。

（四）数据融合

单个传感器产生的数据可看作数据流。无线传感器网络中的数据流与互联网的不同之处在于：在互联网中，数据流是从丰富的网络资源流向终端设备；而在无线传感器网络中，数据流是从终端设备（即传感器）流向网络。数据融合，即怎样从网络中无数的数据流中筛选出感兴趣的数据，也是无线传感器网络跨向大规模应用所必须越过的障碍。为此，数据流管理系统（Data Stream Management System，DSMS）的思想的提出，用以处理多数据流。

图5-1展示了无线传感器网络中数据流管理系统的基本框架。传感器收集的数据作为数据源被传送到DSMS中来；DSMS将这些数据或者存储在传感器端，或者存储在网关

端；连续查询常驻于 DSMS 内部，一直在被执行；快照查询被用户以 ad-hoc 的方式发出，在 DSMS 中执行后返回。

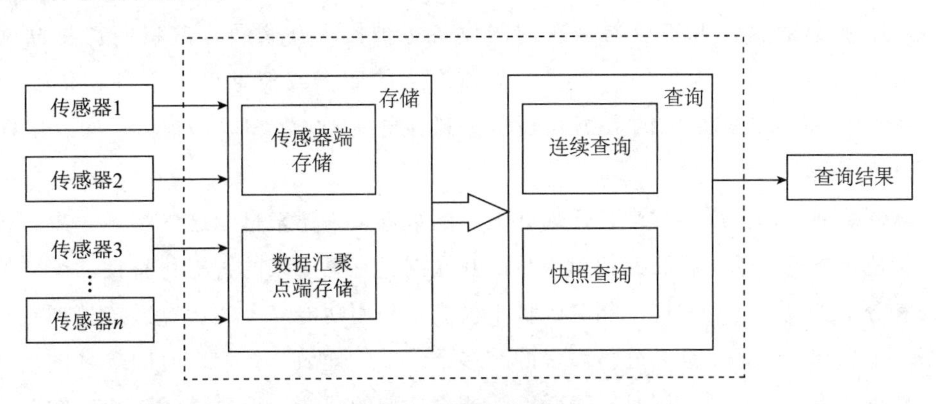

图 5-1　数据流管理系统

案 例

数据驱动引擎，打通智慧城市大动脉

2018 年 6 月 7 日，在广州市科技创新委员会、中国科学院广州分院、广州市南沙区管委会工科信局以及中国科学院计算机网络信息中心的指导下，由广州中国科学院计算机网络信息中心主办的“2018·首届国家物联网标识管理公共服务平台发展战略与产业应用研讨会”在广州南沙举行。据悉，此次参会的 200 多位物联网行业专家来自 19 个省份、26 个地市，凝聚物联网产业生态链上下游力量，推动不同行业智慧应用的跨平台跨领域的互联互通。

“大数据是巨量的”，中国工程院孙九林院士在做“智慧农业与农业大数据”演讲时提到，得数据者得天下，数据量的多寡直接决定了谁有话语权。但数据积累只是第一步，这些零碎的数据，正如磁铁上的一个个正负离子，只有聚合在一起，才能产生力。数据与数据之间的联动，是推动数据实现价值的关键。

第二节　数据存储技术

一、物联网对海量数据存储的需求

计算机和网络技术的发展，社会信息化程度的提高，使得过去数年里各种数据（或信息）以难以置信的速度急剧增加。未来社会将面临新一轮的数字化变革，所有能独立寻址的物理对象都将加入物联网。不仅仅各种信息设备，如台式计算机、手机、上网本、交换机等做到了与互联网的无缝连接，连一些机动设备，例如汽车、油轮，甚至包括各种医疗和工业器械在内的设备也被接入互联网，这将使得物联网中对象的数量庞大到以百亿为单位，这些对象所产生的数据或信息也将是各种传统应用所无法企及的，将导致网络上的数据在现有基础上再一次呈爆炸式增长，对数据存储带来了巨大的挑战。

物联网所面临的挑战不仅来自于如此庞大的数据量，还来自于这些物理对象积极参与业务流程所带来的需求。物联网相对传统的互联网具有更深入的智能化特性，需要使用数据挖掘和分析工具，建立与应用相关的科学模型，利用功能强大的运算系统处理复杂的数据分析、汇总和计算，整合和分析海量的跨多个维度（地域、行业、时间等）的信息，从而更好地支持决策和行动。同时，物联网强调更透彻的感知，需要随时随地感知、测量和传递信息，便于及时采取应对措施。例如，当用户计划开车出门去看足球比赛时，智能化的技术可以帮助用户对交通路况信息的历史记录进行分析，并基于对天气情况和交通状况的预测选定合适的出发时间和行驶路线。在行驶途中，还可以实时感知各个路段的车流量信息，针对某个路段刚刚发生的交通事故或道路拥塞进行智能化的路线调整。虽然联入网络的各个物理对象能利用自身的能力存储和处理一些数据，但却无法满足上面所举例子中提到的高强度计算需求以及数据的持续在线可获取特性。因此，物联网必然需要适合其特点的海量数据存储技术。

网络化存储是存储大规模数据的一种方式，能够提供高度的可靠性和经济性。网络存储体系结构主要分为直接附加存储（Direct Attached Storage，DAS）、网络附加存储（Network Attached Storage，NAS）和存储区域网络（Storage Area Network，SAN）三种，每种体系结构都使用到了存储介质（磁带、磁盘、光盘）、存储接口（光线通道等）等多个方面的技术。虽然这三种体系结构都随着存储技术的发展而不断调整，但互联网数据量激增所带来的挑战也越来越严峻。近年来，许多大型公司都发现基于本地局域网或私有广域网规模的网络存储只能满足中等规模的商用需求，这直接促使了拥有数十万服务器的网络存储实体——大型数据中心的诞生。当前，Google、微软、亚马逊、中国腾讯、阿里巴巴等国内外知名网络服务企业已经建立了大规模的数据中心网络，用于存储海量数据，并利用分布式存储和强大的处理功能，将数据及时高效地传输到遍布全球的用户。大规模数据中心虽然也部分采用了 NAS 或 SAN 的结构，但其本质上已经超出了计算机存储系统的范畴，是一个大型的系统工程。大规模数据中心的海量数据存储能力相对其他传统的存储方式更能满足物联网的需求，高度的可靠性和安全性提供及时、持续的数据服务，为物联网应用提供了良好的支持。

案　例

透过数据的再处理提升价值，进而发展出更多元的商业模式

印度新创公司 Housing 就是透过大数据的汇整分析，提供了“城市居民迁徙流量图”“房价与儿童生长环境友善程度热点图”“对象供需数统计图”等图表数据，这些图表数据同时提供给找房族、房地产持有者与中介商，另外也与 20 家银行合作，提供在线房贷申请，Housing 的成功关键，是改变旧的购/租屋网站的对象排列搜寻方式，而以算法分析市面上的房屋信息，当数据有了进一步的处理汇整后，其价值就会更高，现在 Housing 的员工数已超过 2 000 人（技术团队 500 人），且募资总额超过 1 亿 5 千万美元。

台湾地区的鞋业零售业者，这家鞋类销售业者则是完全应用物联网的特色，其做法有二：①透过店内摄影的影像数据，分析来店消费者的选购行为，进而找出优化的方案，例如男性上二楼店面挑选球鞋的意愿较低，女性则较高，因此该店就将男鞋设置在一楼，女鞋则在二楼，另外透过影像也找出消费者最常驻足观看的热点柜位，并在热点摆设利润最佳或最热销的产品，让店内坪效最大化；②留下来店消费者脚型的数字档案，之后消费者就可上该店铺网站，以自己的尺寸在在线选购球鞋，落实 O2O 商业模式。

二、数据管理技术的产生与发展

数据库技术是应数据管理任务的需要而产生的，数据管理则是对数据进行分类、组织、编码、存储、检索和维护，它是数据处理的中心问题。数据处理是指对各种数据进行收集、存储、加工和传播的一系列活动的总和。在应用需求的推动下和计算机硬件、软件发展的基础上，数据管理技术经历了人工管理、文件系统、数据库系统三个阶段。

（一）人工管理阶段

20 世纪 50 年代中期以前，计算机主要用于科学计算。当时的硬件状况：外存只有纸带、卡片、磁带，而没有磁盘等直接存取的存储设备。软件状况：没有操作系统，也没有管理数据的专门软件。

数据处理方式是批处理。人工管理数据一般不需要将数据长期保存，只是在计算某一课题时将数据输入，用完就撤走。数据需要由应用程序自己设计和管理，没有相应的软件系统负责数据的管理工作。应用程序不仅要规定数据的逻辑结构，而且要设计物理结构，包括存储结构、存取方法和输入方式等，因此，程序员负担很重。数据是面向应用程序的，一组数据只能对应一个程序。在数据的逻辑结构或物理结构发生变化后，必须对应用程序做相应的修改，这就进一步加重了程序员的负担。

（二）文件系统阶段

20世纪50年代后期到60年代中期，计算机已大量用于数据的管理。硬件方面有了磁盘、磁鼓等直接存取存储设备。在软件方面，操作系统中已经有了专门的管理软件，一般称为文件系统。处理方式有批处理、联机实时处理。

这一阶段，数据由专门的软件即文件系统进行管理，文件系统把数据组织成相互独立的数据文件，利用“按文件名访问，按记录进行存取”的管理技术，可以对文件进行修改、插入和删除操作。文件系统实现了记录内的结构性，但大量文件之间整体无结构。程序和数据之间由文件系统提供存取方法进行转换，使应用程序与数据之间有了一定的独立性，程序员可以不必过多地考虑物理细节，将精力集中于应用程序算法。而且数据在存储上的改变不一定会反映在程序上，这大大节省了维护程序的工作量。

（三）数据库系统阶段

20世纪60年代以来，计算机用于管理的规模更为庞大，数据量急剧增长，硬件已有大容量磁盘，且硬件价格不断下降。而软件价格则不断上升，使得编制、维护软件及应用程序成本相对增加。处理方式上，联机实时处理要求更多，分布处理也在考虑之中。鉴于这种情况，文件系统的数据管理满足不了应用的需求，为解决共享数据的需求，随之从文件系统中分离出了专门的软件系统，即数据库管理系统，用来统一管理数据。

数据库技术从20世纪60年代中期产生到现在仅仅50余年的历史，但其发展速度之快、使用范围之广是其他技术所不及的。60年代末出现了最早的数据库——层次数据库，随后在70年代出现了网状数据库，在此阶段层次数据库和网状数据库占据了商用市场主流。在70年代，还出现了处于实验阶段的关系数据库，后来，随着计算机硬件性能的改善、关系系统的使用简便，关系数据库系统已逐渐替代了网状数据库和层次数据库，成为当今最流行的商用数据库系统。20世纪90年代，由于计算机应用的需求，数据库技术与面向对象、网络技术相互渗透，对象数据库技术和网络数据库技术得到了深入研究。

三、数据库技术

数据库是一项专门研究如何科学地组织和存储数据、如何高效地获取和处理数据的技术。以下是对数据库的基本概念、数据库系统的特点的相关介绍。

（一）数据库相关的基本概念

数据（Data）是描述事物的符号记录，数字、文本、声音和图像等都是数据。数据有多种表现形式，它们都能数字化后存入计算机，数据是数据库中存储的基本对象。有关数据库的基本概念如下。

1. 数据库

数据库（Data Base，DB）从字面上来看，就是存放数据的仓库，只不过这个仓库是在计算机存储设备上，而且数据是按一定格式存放的。人们收集并抽取出一个应用所需要的大量数据之后，将其保存起来，以供进一步加工处理、进一步抽取出有用信息。随着信息技术、物联网技术的迅猛发展，数据量和数据的复杂度不断增加，人们需要更好地借助计算机和数据库技术科学地存储和管理大量的复杂数据，以便可以更快捷而充分地利用这些宝贵的信息资源。所以，严格来讲，数据库是指长期存储在计算机内、有组织、可共享的大量数据的集合。数据库中的数据按一定的数据模型组织、描述和储存，具有较小的冗余度（Redundancy）、较高的数据独立性（Independency）和易扩展性（Expandability），并可为各种用户共享。

2. 数据库管理系统

数据库管理系统（Data Base Management System，DBMS）是位于用户与操作系统之间的一层数据管理软件，它允许用户对数据库中的数据进行操作，并将操作结果以某种格式返回给用户。数据库管理系统和操作系统一样是计算机的基础软件，也是一个大型、复杂的软件系统。数据库管理系统的主要功能包括数据的定义、数据存储和管理、数据操纵、数据的事务管理和运行管理、数据库的简历和维护等。

3. 数据库系统

数据库系统（Data Base System，DBS）是指一个采用数据库技术的计算机存储系统。广义地讲，数据库系统是由计算机硬件、操作系统、数据库管理系统以及在它支持下建立起来的数据库、应用程序、用户和维护人员组成的一个整体。狭义地讲，数据库系统由数据库、数据库管理系统和用户组成。需要指出的是，数据库的建立、使用和维护等工作只靠一个 DBMS 远远不够，还需要专门的人员来完成，这些人员被称为数据库管理员（Data Base Administrator，DBA）。综上所述，数据库系统可以用图 5-2 表示。在不引起混淆的情况下，常常把数据库系统简称为数据库。数据库系统在整个计算机系统中的层次结构如图 5-3 所示。

（二）数据库系统的特点

数据库是在计算机内按照数据结构来组织、存储和管理大量共享数据的仓库，它可以让各种用户共享，并具有最小冗余度和较高的数据独立性。DBMS 在数据库建立、运用和维护时对数据库进行统一控制，以保证数据的完整性、安全性，并会在多用户同时使用数据库时进行并发控制，在发生故障时对数据库进行恢复。与人工管理和文件系统相比，数据库系统的特点主要有以下几个方面。

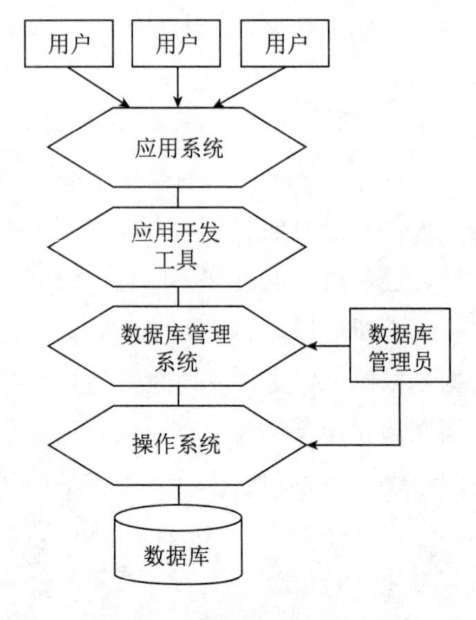

图 5-2 数据库系统

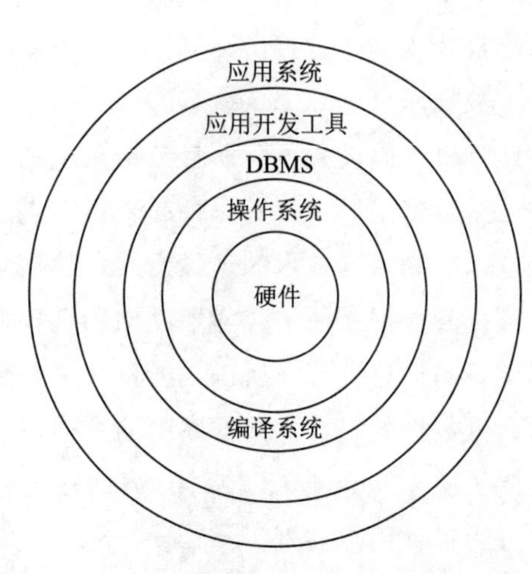

图 5-3 数据库在计算机系统中的层次结构

1. 数据结构化

数据库系统实现了整体数据的结构化，这是数据库系统的主要特征之一，它是数据库系统与文件系统的本质区别。所谓“整体”结构化是指在数据库中的数据不再仅仅对应于某一个应用，而是面向全组织。不仅数据的内部是结构化的，而且整体是结构化的，数据之间具有联系。在文件系统中每个文件内部是有结构的，即文件由记录构成，每个记录由若干属性组成。在数据库系统中，不仅数据是整体结构化的，而且存取数据的方式也很灵活，可以存取数据库中的某一个数据项、一组数据项、一个记录或一组记录。而在文件系统中，数据的存取单位是记录，粒度不能细到数据项。

2. 数据的共享性高、冗余度低、易扩充

在数据库系统中，数据是从整体角度描述的，不再面向某个应用而是整个系统，因此，数据可以被多个用户、多个应用所共享。数据共享不仅可以很大程度上减少数据冗余、节约存储空间，还能够避免数据之间的不相容性与不一致性。所谓数据的不一致性就是同一数据的不同副本不一致。例如，某个员工联系方式的更改可能在人事管理记录中得到反映，而在系统的其他地方却没有，此时，员工信息出现不一致性。

由于数据是面向整个数据库系统的，是有结构的，它不仅可以被多个应用共享使用，而且容易增加新的应用，这也就使得数据库系统的弹性大，易于扩充，可以适应各种用户的要求。可以选取出整体数据中的子集，通过增加或缩减数据子集来满足不同应用的需求。

3. 数据独立性高

数据独立性是数据库系统最重要的目标之一，它使数据能独立于应用程序。数据的独立性包括数据的物理独立性和数据的逻辑独立性。

物理独立性是指用户的应用程序与存储在磁盘上的数据库中的数据是相互独立的。即数据在磁盘上怎样存储由 DBMS 管理，用户程序不需要了解，应用程序要处理的只是数据的逻辑结构，这样当数据的物理存储改变时，应用程序不用改变。逻辑独立性是指用户的应用程序与数据库的逻辑结构是相互独立的，即当数据的逻辑结构改变时，用户程序也可以不变。

数据与程序的独立把数据的定义从程序中分离出去，加上数据的存取又由 DBMS 负责，从而简化了应用程序的编制，大大减少了应用程序的维护和修改。

4. 数据由 DBMS 统一管理和控制

数据库中的共享是并发（Concurrency）共享，即多个用户可以同时存取数据库中的数据甚至可以同时存取数据库中的同一个数据。为此，DBMS 必须提供一定的数据控制功能，包括数据的安全性（Security）保护、数据的完整性（Integrity）保护、并发（Concurrency）控制和数据恢复（Recovery）等。

阅读延伸

未来数据库发展方向

进入 21 世纪以来，人们对数据库信息的实时需求越来越强烈，新的要求越来越多。相应地，数据库的研究领域也越来越广阔，数据库技术与其他技术相结合，产生了一些新的数据库研究领域，这不仅促进了数据库技术的发展，还促进了相关技术的发展。

（一）多媒体数据库

多媒体技术与数据库技术相结合时，大量的多媒体应用都需要有数据库的支持，如电子商务网站中图像的压缩和变换、视频点播、视频的剪辑。

多媒体即信息的多种载体，多媒体数据库就是可以存放和高效处理多种媒体信息的数据库。它与传统数据库的最大区别是可以处理非格式化的数据，如音频、视频、图像等。多媒体数据量一般都很庞大，虽然采取了数据压缩措施，但压缩后的数据量还是很大的，而且声音、图像、影视等数据是二进制的，其数据本身看不出任何结构，因此是非结构化的数据。传统数据库可以存放图像，但不能按照图像的内容进行检索，而在真正的多媒体应用中可能需要查询“找出和这张图像类似的所有图像”。为此，当图像存入数据库时，DBMS 必须能够分析它们并提取出可以基于内容查询的特征。

（二）模糊数据库

传统的数据库系统描述和存储的是精确和确定的客观事物，不能描述和处理模糊和不确定的数据。模糊技术与数据库技术相结合，就可以利用数据库来存储和处理模糊数据，从而提高模糊技术的水平。

模糊技术是一种利用模糊的、不准确的数据做出正确结论的技术，也是人工智能的一种研究方法。未来的洗衣机可以自动判别洗涤物品的面料、脏污程度，自动决定加多少水，采取什么样的洗涤模式，并完成整个衣物的洗涤过程。在这里，面料的柔软程度、洗涤物品的脏污程度都是模糊的、不精确的数据。

因此，模糊数据库系统就是存储、管理和操作模糊数据的数据库。模糊不是人们的目的，研究模糊是人们认知世界的一种手段，人们通过模糊最终要做出正确的结论。模糊数据库也是人工智能和专家系统一个很重要的研究领域。

第三节　数据融合与数据挖掘

一、数据融合及目标

数据融合是一种数据处理技术，一般是指将多种数据或信息进行处理得出高效且符合用户需求的数据的过程，它利用计算机对按时序获得的若干观测信息，在一定准则下加以自动分析、综合，以完成所需的决策和评估任务而进行的一种信息处理技术。

数据融合一词最早出现在 20 世纪 70 年代，数据融合技术最早用于军事，它是人类模仿自身信息处理能力的结果，类似人类和其他动物对复杂问题的综合处理，比如在辨别一个事物的时候，人类通常会综合各种感官信息，包括视觉、触觉、嗅觉和听觉等。单独依赖一个感官获得的信息往往不足以对事物做出准确的判断，而综合各种感官数据，对事物的描述会更准确。因此数据融合也是一个多级、多层面的数据处理过程，能完成对来自多个信息源的数据的自动检测、关联、估计及组合等的处理，并基于多信息源数据进行综合、分析、判断和决策。

数据融合一般有数据级融合、特征级融合、决策级融合等层次的融合。

(1) 数据级融合。直接在采集到的原始数据上进行融合，是最低层次的融合，它直接融合现场数据，失真度小，提供的信息比较全面。

(2) 特征级融合。先对来自传感器的原始信息进行特征提取，然后对特征信息进行综合分析和处理，这一级的融合可实现信息压缩，有利于实时处理，它属于中间层次的融合。

(3) 决策级融合。在高层次上进行，根据一定的准则和决策的可信度做最优决策，以达到良好的实时性和容错性。

数据融合与多传感器系统密切相关，物联网的许多应用都用到多个传感器或多类传感器构成协同网络。在这种系统中，对于任何单个传感器而言，获得的数据往往存在不完整、不连续和不精确等问题，利用多个传感器获取的信息进行数据融合处理，对感知数据按照一定规则加以分析、综合、过滤、合并、组合等处理，可以得到应用系统更加需要的比如进行决策或评估等具体任务所需要的数据。

因此，数据融合的基本目标是通过融合方法对来自不同感知节点、不同模式、不同媒质、不同时间和地点以及不同形式数据进行融合后，得到对感知对象更加精确、精炼的一致性解释和描述。另外，数据融合需要结合具体的物联网应用寻找合适的方式来实现，除了上述目标，还能实现比如节省部署节点的能量和提高数据收集效率等。目前，数据融合广泛应用于工业控制、机器人、空中交通管制、海洋监视和管理等多传感器系统的物联网应用领域中。

二、数据挖掘概念、过程和任务

（一）基本概念

数据挖掘是从大量的、不完全的、有噪声的、模糊的、随机的数据中提取潜在的、事先未知的、有用的、能被人理解的信息和知识的数据处理过程。与数据挖掘相近的同义词有数据融合、数据分析和决策支持等。数据挖掘的数据源必须是真实的、大量的、含噪声的；发现的是用户感兴趣的知识；发现的知识要可接受、可理解、可运用。被挖掘的数据可以是结构化的关系数据库中的数据，半结构化的文本、图形和图像数据，或者是分布式的异构数据。数据挖掘是决策支持和过程控制的重要技术支撑手段之一。

数据挖掘与数据融合既有联系，又有区别，可以是两种功能不同的数据处理过程，前者发现模式，后者使用模式。两者的目标、原理和所用的技术各不相同，但功能上相互补充，将两者集成可以达到更好的多源异构信息处理效果。

（二）数据挖掘过程

数据挖掘过程是一个反复迭代的人机交互和处理过程，主要包括数据预处理、数据挖掘和对数据挖掘结果的评估与表示。

1. 数据预处理阶段

数据准备：了解领域特点，确定用户需求。

数据选取：从原始数据库中选取相关数据或样本。

数据预处理：检查数据的完整性及一致性，消除噪声等。

2. 数据挖掘阶段

确定挖掘目标：确定要发现的知识类型。

选择算法：根据确定的目标选择合适的数据挖掘算法。

数据挖掘：运用所选算法，提取相关知识并以一定的方式表示。

3. 知识评估与表示阶段

知识评估：对在数据挖掘步骤中发现的模式（知识）进行评估。

知识表示：使用可视化的知识表示相关技术，呈现所挖掘的知识。

（三）数据挖掘的主要任务

数据挖掘的任务有关联分析、聚类分析、分类、预测、时序模式和偏差分析等，以下分别进行介绍。

1. 关联分析

两个或两个以上变量的取值之间存在某种规律性，称为关联。数据关联是数据库中储存一类重要的、可被发现的知识。关联分为简单关联、时序关联和因果关联。关联分析的目的是找出数据库中隐藏的关联网。一般用支持度和可信度两个阈值来度量关联规则的相关性，还可引入兴趣度、相关性等参数，使得所挖掘的规则更符合需求。

2. 聚类分析

聚类是把数据按照相似性归纳成若干类别，同一类中的数据彼此相似，不同类中的数据相异。聚类分析可以建立宏观的概念，发现数据的分布模式，以及可能的数据属性之间的相互关系。

3. 分类

分类就是找出一个类别的概念描述，它代表了这类数据的整体信息，即该类的内涵描述，并用这种描述来构造模型，一般用规则或决策树模式表示。分类是利用训练数据集通过一定的算法而求得分类规则。分类可被用于规则描述和预测。

4. 预测

预测是利用历史数据找出变化规律，建立模型，并由此模型对未来数据的种类及特征进行预测。预测关心的是精度和不确定性，通常用预测方差来度量。

5. 时序模式

时序模式是指通过时间序列搜索出的重复发生概率较高的模式。与回归一样，它也是用已知的数据预测未来的值，但这些数据的区别是变量所处时间的不同。

6. 偏差分析

在偏差中包括很多有用的知识，数据库中的数据存在很多异常情况，发现数据库中数据存在的异常情况是非常重要的。偏差检验的基本方法就是寻找观察结果与参照之间的差别。

三、物联网的数据挖掘

数据挖掘是决策支持和过程控制的重要技术手段，是物联网中重要的一环。针对物联网具有行业应用的特征，对各行各业的、数据格式各不相同的海量数据进行整合、管理、存储，并在整个物联网中提供数据挖掘服务，实现预测、决策，进而反向控制这些传感网络，达到控制物联网中客观事物运动和发展进程的目的。因此，在物联网中进行数据挖掘已经从传统意义上的数据统计分析、潜在模式发现与挖掘，转向成为物联网中不可缺少的工具和环节。

（一）物联网的计算模式

物联网一般有两种基本计算模式，即物计算模式和云计算模式。

1. 物计算模式

物计算模式基于嵌入式系统，强调实时控制，对终端设备的性能要求较高，系统的智能主要表现在终端设备上，但这种智能建立在对智能信息结果的利用，而不是建立在复杂的终端计算基础上，对集中处理能力和系统带宽要求较低。

2. 云计算模式

云计算以互联网为基础，目的是实现资源共享和资源整合，其计算资源是动态、可伸缩、虚拟化的。云计算模式通过分布式的构架采集物联网中的数据，系统的智能主要体现在数据挖掘和处理上，需要较强的集中计算能力和高带宽，但终端设备比较简单。

（二）两种模式的选择

物联网数据挖掘的结果主要用于决策控制，挖掘出的模式、规则、特征指标用于预测、决策和控制。在不同的情况下，可以选用不同的计算模式。比如，在物联网要求实时高效的数据挖掘，物联网任何一个控制端均需要对瞬息万变的环境实时分析、反应和处理时，需要使用物计算模式。

另外一些情况下物联网的应用以海量数据挖掘为特征。从需求来讲，首先所处理的数据是海量的，以往都期望用高性能机或者是更大规模的计算设备来做这件事情。实际上，要从海量数据中得到可理解的知识，大规模的数据挖掘是我们追求的目标，并且互联网上的数据增长也特别快，数据挖掘的任务远比搜索任务要复杂。在这种海量数据挖掘中还有一些特殊目标要求，这要求在挖掘过程中需要有很好地开发环境和应用环境。

此外，物联网需要进行数据质量控制，多源、多模态、多媒体、多格式数据的存储与管理是控制数据质量、获得真实结果的重要保证。物联网还需要分布式整体数据挖掘，因为物联网计算设备和数据天然分布，不得不采用分布式并行数据挖掘。在这些情况下，基于云计算的方式比较合适，能保证分布式并行数据挖掘和高效实时挖掘，保证挖掘技术的共享，降低数据挖掘应用门槛，普惠各个行业；并且企业租用云服务就可以进行数据挖掘，不用自己独立开发软件，不需要单独部署云计算平台。

（三）数据挖掘算法的选择

数据挖掘算法具有算法复杂度低和并行化程度高的特征。一般而言，数据挖掘算法可以分为分布式数据挖掘算法和并行数据挖掘算法等。

分布式数据挖掘算法适合数据垂直划分的算法，重视数据挖掘多任务调度的算法。而并行数据挖掘算法适合数据水平划分、基于任务内并行的挖掘算法。

云计算技术可以认为是物联网应用的一块基石，能够保证分布式并行数据挖掘，高效实时挖掘，而云服务模式是数据挖掘的普适模式，可以保证挖掘技术的共享，降低数据挖掘的应用门槛，满足海量挖掘的要求。当然，数据挖掘云服务平台要求不低，包括基础设施、数据挖掘云服务平台、专业人士成为服务的提供者、大众和各种组织成为服务的受益方，按行业和领域构建平台等。

（四）数据挖掘的应用

物联网数据挖掘分析应用通常都可以归纳为预测和寻证分析两大类。

1. 预测

预测主要用于在（完全或部分）了解现状的情况下，推测系统在近期或者中远期的状态。例如，在智能电网中，预测近期扰动的可能性和发生的地点；在智能交通系统中，预测拥堵和事故在特定时间和地点可能发生的概率；在环保体系中，根据不同地点的废物排放，预测将来发生生物化学反应产生污染的可能性。

2. 寻证分析

当系统出现问题或者达不到预期效果时，分析它在运行过程中哪个环节出现了问题。例如，在食品安全应用中，一旦发生质量问题，需要在食品供应链中寻找相应证据，明确原因和责任；在环境监控中，当污染物水平超标时，需要在记录中寻找分析原因。

数据挖掘在精准农业中的应用示例：通过植入土壤或暴露在空气中的传感器监控土壤性状和环境状况；数据通过物联网传输到远程控制中心，可及时查询当前农作物的生长环境现状和变化趋势，确定农作物的生产目标；通过数据挖掘的方法还可以知道环境温度湿度和土壤各项参数等因素是如何影响农作物产量的，如何调节它们才能够最大限度地提高农作物产量等。

案例

大数据的应用可以实现对产品故障诊断及预测

在马航MH370失联客机搜寻过程中，波音公司获取的发动机运转数据对于确定飞机的失联路径起到了关键作用。

在波音的飞机上，发动机、燃油系统、液压和电力系统等数以百计的变量组成了在航状态，这些数据不到几微秒就被测量和发送一次。以波音737为例，发动机在飞行中每30分钟就能产生10 TB数据。

这些数据不仅仅是未来某个时间点能够分析的工程遥测数据，还促进了实时自适应控制、燃油使用、零件故障预测和飞行员通报，能有效实现故障诊断和预测。

再看一个通用电气（GE）的例子，位于美国亚特兰大的GE能源监测和诊断（M&D）中心，收集全球50多个国家上千台GE燃气轮机的数据，每天就能为客户收集10 GB的数据，通过分析来自系统内的传感器振动和温度信号的恒定大数据流，这些大数据分析将为GE公司对燃气轮机故障诊断和预警提供支撑。

风力涡轮机制造商Vestas也通过对天气数据及其涡轮仪表数据进行交叉分析，从而对风力涡轮机布局进行改善，由此增加了风力涡轮机的电力输出水平并延长了服务寿命。

无所不在的传感器、互联网技术的引入使产品故障实时诊断变为现实；大数据应用、建模与仿真技术则使得预测动态性成为可能。

第四节 海量数据的快速检索技术

一、文本检索

传统的文本检索是围绕相关度这个概念展开的。在信息检索中，相关度通常是指用户的查询和文本内容的相似程度或者某种距离的远近程度。根据相关度的计算方法，可以把文本检索分成基于文字的检索、基于结构的检索和基于用户信息的检索。

（一）基于文字的检索

基于文字的检索主要根据文档的文字内容来计算查询和文档的相似度。这个过程通常包括查询和文档的表示及相似度计算，二者构成了检索模型。学术界最经典的检索模型有布尔模型、向量空间模型、概率检索模型和统计语言检索模型。

1. 布尔模型

在布尔模型中，用户将查询表示为多个词组成的布尔表达式，如查询“计算机和文化”表示要查找包含“计算机”和“文化”这两个词的文档。文档被看成文中所有词组成的布尔表达式。在进行相似度计算时，布尔模型实际就是将用户提交的查询请求和每篇文档进行表达式匹配。在布尔模型中，满足查询的文档的相关度是1，不满足查询的文档的相关度是 0。

2. 向量空间模型

在向量空间模型中，用户的查询和文档信息都表示成关键词及其权重构成的向量，如向量＜信息，3，检索，5，模型，1＞表示 3 个关键词“信息”“检索”和“模型”构成的向量，每个词的权重分别是 3，5，1。然后，通过计算向量之间的相似度便可以将与用户查询最相关的信息返回给用户。向量空间模型的研究内容包括关键词的选择，权重的计算方法和相似度的计算方法。

3. 概率检索模型

概率检索模型是通过概率的方法将查询和文档联系起来。同向量空间模型一样，查询和文档也都是用关键词表示。概率检索模型需要计算查询中的关键词在相关及不相关文档中的分布概率，然后在查询和文档进行相似度计算时，计算整个查询和文档的相关概率。相对于向量空间模型而言，概率模型具有更深的理论基础，因为它可以利用概率学中许多成熟的理论来诠释信息检索中的许多概念，比如“相关”可以解释成一种后验概率，“相似度”可以解释成两个后验概率的比值。概率模型中最关键的问题是计算关键词在与查询相关及不相关文档中的概率。由于对每个查询而言，无法事先预知文档的相关与不相关，因此在计算时往往基于某种假设。

4. 统计语言检索模型

统计语言检索模型是通过语言的方法将查询和文档联系起来。这种思想诞生了一系列的模型。最原始的统计语言检索模型是查询似然模型。简单地说，查询似然模型首先认为每篇文档是在某种“语言”下生成的。在该“语言”下生成查询的可能性便可看成文档和查询之间的相似度。所谓“语言”，可以通过统计语言模型来刻画，即某个词、短语、语句的分布概率。因此，查询似然模型通常包括两个步骤：首先对每个文档估计其统计语言模型，然后利用这个统计语言模型计算其生成查询的概率。

（二）基于结构的检索

和基于文字的检索不同，基于结构的检索要用到文档的结构信息。文档的结构包括内部结构和外部结构。所谓内部结构，是指文档除文字之外的格式、位置等信息；所谓外部结构，是指文档之间基于某种关联构成的“关系网”，如可以根据文档之间的引用关系形成“引用关系网”。基于结构的检索通常不会单独使用，可以和基于文字的检索联合使用。

在基于内部结构的检索中，可以利用文字所在的位置、格式等信息来更改其在文字检索中的权重。举例来说，各级标题、句首、html 文件中的锚文本可以赋予更高的权重。基于外部结构的检索可以是基于 Web 网页之间的链接关系以及“链接分析”技术。实际上它或多或少地沿袭了图书情报学中的文献引用思想——被越重要的文献引用、引用次数越多的文献越具价值。

（三）基于用户信息的检索

不论是基于文字还是基于结构的检索，都是从查询或者文档出发来计算相似度的。实际上，用户是信息检索最重要的一个组成成分。就查询来说，是为了表示用户的真正需求；就检索结果来说，用户的认可才是检索的目的。因此，在信息检索过程中不能忽略用户这个重要因素。利用用户本身的信息及参与过程中的行为信息的检索称为基于用户信息的检索。

从理论上说，用户的很多信息都可以用于提高信息检索的质量。比如用户的性别、年龄、职业、教育背景、阅读习惯等都可以用于信息检索。但实际上，一方面这些信息不易获得，另一方面，即使能获得这些信息，这些信息能不能适用于所有用户的信息检索还值得怀疑。所以目前的信息检索通常仅根据用户的访问行为来获取信息，这个过程称为用户建模。这些信息一般是：用户的浏览历史、用户的点击行为、用户的检索历史等，这些信息常常称为检索的上下文信息。由于它们常常通过分析用户的访问行为得到，因此，这种方法也称为基于用户行为的检索方法。

基于用户行为的检索又可以分为基于单个用户个体访问行为的检索和基于群体用户访问行为的检索。顾名思义，基于单个用户个体访问行为主要通过分析当前检索用户的访问习惯来提高信息检索的质量；而基于群体用户访问行为则主要是通过用户之间的相似性来指导信息检索，它假设具有相似兴趣的用户会访问同一网页。因此，可以通过分析群体用户的访问习惯，来获得哪些用户具有相同兴趣的信息。

二、图像检索

关于图像检索的研究可以追溯到20世纪70年代，当时主要是基于文本的图像检索技术（Text-based Image Retrieval，TBIR），即利用文本描述的方式表示图像的特征，这时的图像检索实际是文本检索。到20世纪90年代以后，出现了基于内容的图像检索（Content-based Image Retrieval，CBIR），即对图像的视觉内容，如图像的颜色、纹理、形状等进行分析和检索，并有许多CBIR系统相继问世。但实践证明，TBIR和CBIR这两种技术远不能满足人们对图像检索的需求。为了使图像检索系统更加接近人对图像的理解，研究者们又提出了基于语义的图像检索（Semantic-based Image Retrieval，SBIR），试图从语义层次解决图像检索问题。

图5-4给出了一个简化了的图像内容的层次模型。第一层为原始数据层，即图像的原始像素点；第二层为物理特征层，反映了图像内容的底层物理特征，如颜色、纹理、形状和轮廓等，CBIR正是利用了这一层的特征；第三层为语义特征层，是人们对图像内容概念级的反映，一般是对图像内容的文字性描述，SBIR是在这一层上进行的检索。

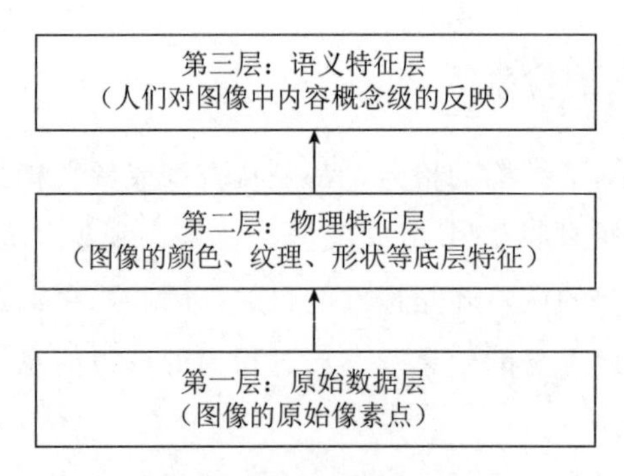

图 5-4 图像内容层次模型

下面分别对 CBIR 和 SBIR 技术进行阐述。

（一）基于内容的图像检索

基于内容的图像检索，即把图像的视觉特征，例如颜色、纹理结构和形状等，作为图像内容抽取出来，并进行匹配、查找。迄今已有许多基于内容的图像检索系统问世，如 QBIC、MARS、WebSEEK 和 Photobook 等。

1. 特征提取

特征提取功能是 CBIR 系统的基础，在很大程度上决定了 CBIR 系统的成败。目前，对 CBIR 系统的研究都集中在特征提取上。图像检索中用得较多的视觉特征包括颜色、纹理和形状。

颜色是一幅图像最直观的属性，因此颜色特征也最早被图像检索系统采用。最常用的表示颜色特征的方法是颜色直方图。颜色直方图描述了不同色彩在整幅图中所占的比例，但不关心每种色彩所处的位置，即无法描述图像中的对象或物体。除了颜色直方图之外，常用的颜色特征表示方法还有颜色矩和颜色相关图。颜色矩采用颜色的一阶矩、二阶矩、三阶矩来表示图像的颜色分布。颜色相关图不仅可以刻画某一颜色的像素数量占整个图像的比例，还能够反映不同颜色对之间的空间距离相关性。

纹理是一种不依赖于颜色或亮度的、反映图像中同质现象的视觉特征，它包含了物体表面结构组织排列的重要信息以及它们与周围环境的联系。主要的视觉纹理有粗糙度、对比度、方向度、线像度、规整度和粗略度。图像检索中用到的纹理特征表示方法主要有 Tamura 法、小波变换和自回归纹理模型。

图像中物体和区域的形状是图像表示和图像检索中经常用到的另一类重要特征。通常形状可以分为两类，即基于边界的形状和基于区域的形状。前者指的是物体的外边界；而后者则关系到整个形状区域。描述这两类特征的最典型的方法分别是傅里叶描述符和形状无关矩。

2. 查询方式

CBIR 系统向用户提供的查询方式与其他检索系统有很大的区别，一般有示例查询和草图查询两种方式。示例查询就是由用户提交一个或几个图例，然后由系统检索出特征与之相似的图像。这里的“相似”指的是上述的颜色、纹理和形状等几个视觉特征上的相似。草图查询是指用户简单地画一幅草图，比如在一个蓝色的矩形上方画一个红色的圆圈来表示海上日出，由系统检索出视觉特征上与之相似的图像。

（二）基于语义的图像检索

虽然图像的视觉特征在一定程度上能代表图像包含的信息，但事实上，人们判断图像的相似性并非仅仅建立在视觉特征的相似性上。更多的情况下，用户主要根据图像表现的含义，而不是颜色、纹理、形状等特征，来判别图像满足自己需要的程度。这些图像的含义就是图像的高层语义特征，它包含了人对图像内容的理解。基于语义的图像检索（SBIR）的目的，就是要使计算机检索图像的能力接近人的理解水平。在图 5-4 所示的图像内容层次模型中，语义位于第三层。第二层和第三层之间的差别被许多学者称为“语义鸿沟”。

“语义鸿沟”的存在是目前 CBIR 系统还难以被普遍接受的原因。在某些特殊的专业领域，比如指纹识别和医学图像检索中，将图像底层特征和高层语义建立某种联系是可能的，但是在广泛领域内，底层视觉特征与高层语义之间并没有很直接的联系。如何最大限度地减小图像简单视觉特征和丰富语义之间的鸿沟问题，是语义图像检索研究的核心。其中的关键技术就是如何获取图像的语义信息。如图 5-5 所示，三个虚线框分别表示图像语义的三种获取方法——利用系统知识的语义提取、基于系统交互的语义生成和基于外部信息的语义提取。

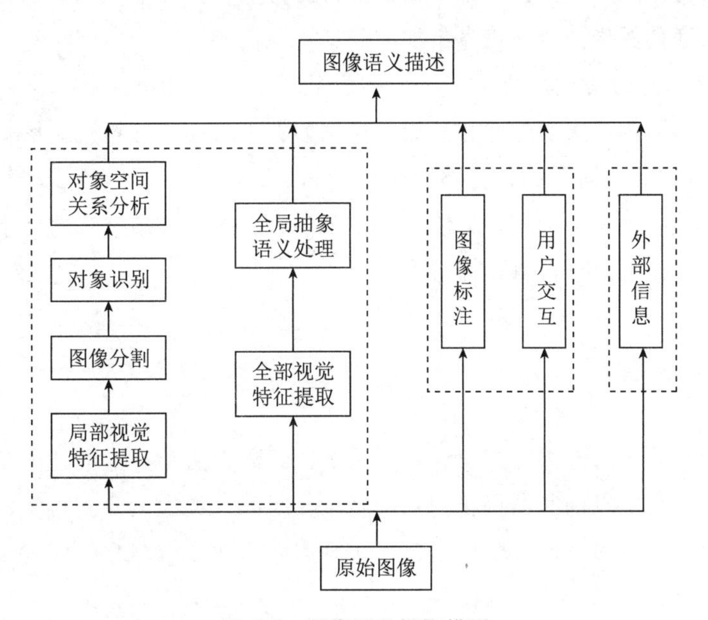

图 5-5　图像语义提取模型

1. 利用系统知识的语义提取

利用系统知识的语义提取又可分为两类，即基于对象识别的处理方法和全局处理方法。以下介绍的是第一种方法。

基于对象识别的处理方法有三个关键的步骤，即图像分割、对象识别和对象空间关系分析，前一个步骤都是下一个处理步骤的基础。该方法可以在特定的应用领域获得很好的效果，前提是需要预先给系统提供该领域的必要知识。一个典型的例子是判断男士西服的类别，系统首先通过图像分割技术，划分出衣服上的纽扣、领带等区域，然后根据西服是单排纽扣还是双排纽扣、扣子的数量、领带的图案和衬衫的颜色来判断西服样式是属于正式的、休闲的还是传统的。一般而言，只有通过图像分割，才能有效地获取图像的语义信息。

2. 基于系统交互的语义生成

完全从图像的视觉特征中自动抽取出图像的语义，还存在许多难以克服的困难。通过人工交互的方式来生成图像语义，是许多检索系统都公认的行之有效的方法。人工交互的语义生成，主要包括图像预处理和反馈学习两个方面预处理就是事先对图像进行标注，可以是人工标注或自动标注。反馈机制则用来修正这些标注，使之不断趋于准确。微软研究院开发的 iFind 系统，就是一个典型的例子。iFind 系统提出了一种利用用户的检索和随后的反馈机制来获取图像关键词的方法：第一，用户输入一些关键词，系统通过计算查询关键词和图像上所标注的关键词之间的相似度，来得到最符合查询条件的图像集合；第二，用户在返回的查询结果中选择他所认为的相关或不相关的图像，反馈学习机制据此修改每幅图像对应的关键词及其权重。这个反馈过程将使得那些能够描述对应图像的关键词得到更大的权重，从而使图像的语义信息更加准确。

3. 基于外部信息的语义提取

外部信息指的是图像来源处的相关信息。例如在 Internet 环境下，图像资源与一般独立图像不同，它们是嵌入在 Web 文档中随之发布的，与 Web 网页有着千丝万缕的联系，其中关系较大的包括 URL 中的文件名、IMG 的 ALT 域和图像前后的文本等，可以从这些信息中抽取出图像的语义信息。

三、音频检索

原始音频数据除了含有采样频率、量化精度、编码方法等有限的注册信息外，其本身仅仅是一种不含语义信息的非结构化的二进制流，因而音频检索受到极大的限制。相对于日益成熟的文本和图像检索，音频检索显得相对滞后。在 20 世纪 90 年代末，基于内容的音频检索才成为多媒体检索技术的研究热点。

（一）音频检索的系统结构

图 5-6 给出了音频检索的系统结构。图的左边是原始音频数据的预处理模块，包括语音识别处理、分割、特征提取和分类结构化组织；图右边是用户的查询模块，包括用户查询接口和检索引擎。图的下方是元数据库和音频数据库，元数据库结构由关系、文本库、索引和特征库等组成。

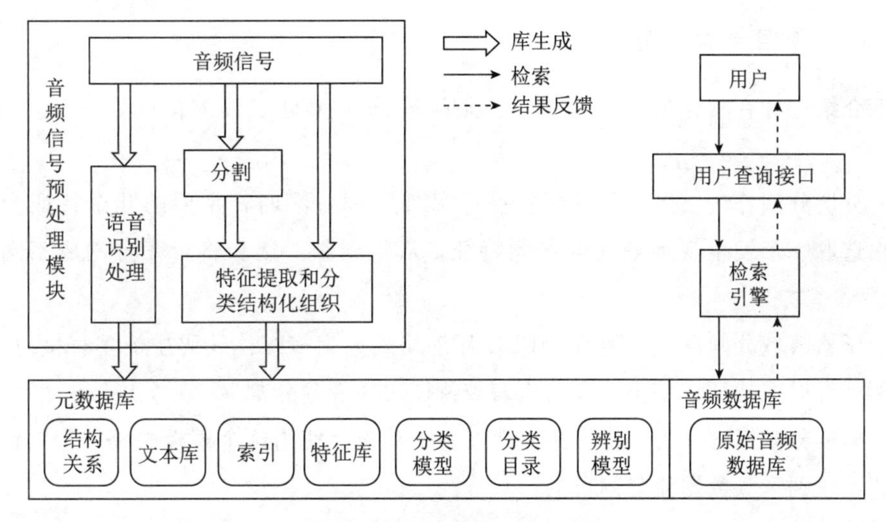

图 5-6　音频检索系统结构

如果原始音频是一段长音频，那么在特征提取之前需要进行分割处理，把长音频分割为多个小的音频区段。通过分割处理，可以获得音频录音的结构关系，然后对分割好的音频片段进行特征提取。音频经过样本的训练和分类，建立分类目录；语音识别把语音信号转换为文本，存入文本库；提取的声音特征保存在特征数据库中，并将元数据库中的记录与音频数据库中的媒体记录关联起来。

用户通过用户查询接口检索音频信息。用户查询接口主要有两个功能：①把用户提供的待检索音频信号提交到图左边的音频信号预处理模块进行预处理，再向检索引擎提交预处理结果；②接收检索返回结果反馈给用户。用户可以查询音频信息或浏览分类目录；对于长段的音频，可以进行基于内容的浏览，即根据音频的结构进行非线性浏览。检索引擎利用相似性和相关度来搜索用户要求的信息。查询矢量和数据库中音频矢量之间的相似性由距离测度决定。每类特征都可以有不同的距离测度方法，以便在特定应用或实现中更为有效。

（二）音频特征提取及分类

在音频自动分类中常用的特征一般有能量、基频、带宽等物理特征，以及响度、音调、亮度和音色等感觉特征，还有过零率等特征。下面简要介绍几种音频特征。

（1）带宽（Bandwidth）是指取样信号的频率值范围，它在音频处理上有重要意义。

（2）响度（Loudness）是判断声音数据有声或无声的基本依据，它是用分贝表示的短时傅里叶变换，计算出信号的平方根，还可以用音强求和模型来对音强时间序列进一步进行处理。

（3）过零率（Zero-crossing Rate）是指在一个短时帧内，离散采样信号值由正到负和由负到正变化的次数，这个量大概能够反映信号在短时帧里的平均频率。

（三）音频信号流的分割

下面介绍三种音频分割算法，它们分别是分层分割算法、压缩窗域分割算法和模板分割算法。

（1）分层分割算法。当一种音频转换成另外一种音频时，主要的几个特征会发生变换。每次选取一个发生变换最大的音频特征，从粗到细，逐步将音频分割成不同的音频例子。

（2）压缩窗域分割算法。随着 MPEG 压缩格式成为多媒体编码主流，直接对 MP3 格式的音频信号提取特征，基于提取的压缩域特征实现音频分割。

（3）模板分割算法。为一段音频流建立一个模板，使用这个模板去模拟音频信号流的时序变化，达到音频数据流分割目的。

对分割出来的音频进行分类属于模式识别问题，其任务是通过相似度匹配算法将相似音频归属到一类。基于隐马尔可夫链模型和支持向量机模型，能够尽可能地对分割出来的音频进行归类。

（四）音频内容的描述和索引

国际标准化组织（ISO）从 1996 年开始制定多媒体内容描述的标准——多媒体内容描述接口（Multimedia Content Description Interface），简称 MPEG-7，其目标是制定多媒体资源的索引、搜索和检索的互操作性接口，以支持基于内容的检索和过滤等应用。经由 MPEG-7 的描述符和描述模式可以描述音频的特征空间、结构信息和内容语义，并且建立音频内容的结构化组织和索引，从而为具有互操作性的音频检索和过滤等服务提供支持。

（五）音频检索方法

基于内容的音频检索是指通过音频特征分析，对不同音频数据赋予不同的语义，使具有相同语义的音频在听觉上保持相似。目前用户检索音频的方法主要有主观描述查询（Query by Description）、示例查询（Query by Example）、拟声查询（Query by Onomatopoeia）、表格查询（Query by Table）和浏览（Browsing）。

（1）主观描述查询是提交一个语义描述，例如“摇滚音乐”或“噪声”等这样的关键词，然后把包含了这些语义标注的音频或歌曲寻找出来，反馈给用户。用户也可以通过描述音频的主观感受，例如，“欢快”还是“舒缓”，来说明其所要检索的音频的主观（感觉）特性。

（2）示例查询是提交一个音频范例，提取这个音频范例的特征，如飞机的轰鸣声，按照音频范例识别方法判断其属于哪一类，然后把属于该类的音频返馈给用户。

（3）拟声查询是指用户发出与要查找的声音相似的声音来表达检索要求，例如，人们并不知道某首歌曲的名字和演唱者，但是对某些歌曲的旋律和风格非常熟悉，于是人们可以将其熟悉的旋律“哼”出来，把这些旋律通过麦克风数字化输入给计算机，计算机就可以使用搜索引擎去寻找一些歌曲，使反馈给用户的歌曲中包含用户所“哼”的旋律或风格。

（4）表格查询是指用户选择一些音频的声学物理特征并且给出特征值的模糊范围来描述其检索要求，例如，音量、基音频率等。

（5）浏览也是用户进行查询的重要手段。但是浏览需要事先建立音频的结构化的组织和索引，例如音频的分类和摘要等，否则浏览的效率将会非常低下。

上述几种查询方法并不是孤立的，它们可以组合使用，以取得最佳的检索效果。

四、视频检索

视频数据作为一种动态、直观、形象的数字媒体，以其稳定性、扩展性和交互性等优势，应用越来越广泛。视频数据包括幕、场景、镜头和帧，是一个二维图像流序列，是非结构化的、最复杂的多媒体信息。视频检索（Video Retrieval）是指根据用户提出的检索请求，从视频数据库中快速地提取出相关的图像或图像序列的过程。20 世纪 90 年代以来已有许多在视频内容的分析、结构化以及语义理解方面的研究，并取得了一些实验性的成果。目前，国内外已研发出了多个基于内容的视频检索系统，例如 IBM 的 QBIC 系统、美国哥伦比亚大学的 VisualSeek 系统和 VideoQ 系统、清华大学的 TV-FI 系统。

（一）视频检索的分类

从检索形式可将视频检索分为两种类型：基于文本（关键字）的检索，其检索效率取决于对视频的文本描述，难点在于如何对视频进行全面、自动或半自动的描述；基于示例（视频片断/帧）的检索，其优点是可以通过自动地提取视听特征进行检索，难点在于相似性如何计算，以及用户难以找到合适的示例。

（二）视频检索的关键技术

视频检索的关键技术主要有：关键帧提取、图像特征提取、图像特征的相似性度量、查询方式以及视频片段匹配等。

1. 关键帧提取

关键帧是用于描述一个镜头的关键图像帧，它反映一个镜头的主要内容。关键帧的选取一方面必须能够反映镜头中的主要事件，另一方面要便于检索。关键帧的选取方法很多，比较经典的有帧平均法和直方图平均法。

2. 图像特征提取

特征提取可以针对图像内容的底层物理特征进行提取，如颜色、图像轮廓特征等。特征的表示方式有三种：数值信息、关系信息和文字信息。目前，多数系统采用的都是数值信息。

3. 图像特征的相似性度量

早期的工作主要是从视频中提取关键帧，把视频检索转化为图像检索。例如通常情况下，图像的特征向量可看作多维空间中的一点，因此很自然的想法就是用特征空间中点与点之间的距离来表示其匹配程度。距离度量是一个比较常用的方法，此外还有相关性计算、关联系数计算等。在片段检索上，研究方法可以分为两类：①把视频片段分为片段、帧两层考虑，片段的相似性利用组成它的帧的相似性来直接度量；②把视频片段分为片段、镜头、帧三层考虑，片段的相似性通过组成它的镜头的相似性来度量，而镜头的相似性通过它的一个关键帧或所有帧的相似性来度量。

4. 查询方式

由于图像特征本身的复杂性，对查询条件的表达也具有多样性。使用的特征不同，对查询的表达方式也不一样。目前查询方式基本上可归纳为：底层物理特征查询、自定义特征查询、局部图像查询和语义特征查询。

5. 视频片断的匹配

由于同一镜头连续图像帧的相似性，使得经常出现同一样本图像的多个相似帧，因而需要在查询到的一系列视频图像中，找出最佳的匹配图像序列。已经有研究提出了最优匹配法、最大匹配法和动态规划算法等。

五、并行检索和分布式检索

面对海量、异构和异地的数据，可通过并行检索和分布式检索来提高检索效率。

（一）并行计算和并行检索

并行计算是将单个问题划分为多个子问题，由多个处理器同时处理，每个处理器处理一个子问题，从而得到该问题的解。显然，由于并行计算能够同时利用多个处理器资源，因而能够高效地解决大规模计算问题。并行检索是指采用并行计算的方法来进行检索。

利用并行计算实现信息检索，可以通过以下两种方式实现。

（1）多条查询之间的并行处理，即每个处理器处理不同的查询，每个查询的处理之间相互独立。这种方法也称为任务级的并行检索，它可以同时处理多个查询请求，从而提高检索的吞吐量。

（2）单条查询内部的并行处理，即对单个查询的计算量进行分割，分成多个子任务，并分配到多个处理器上执行，然后将每个检索子任务的结果合并。这种检索也称为进程级并行检索。

（二）分布式计算和分布式检索

分布式计算可以把分布在不同地理位置上的异构文档联合起来，形成一个更大的逻辑整体。分布式计算利用网络连接的多台计算机去求解一个问题。从广义上说，分布式计算可以看成并行计算的一个特例。采用分布式计算的方法进行信息检索称为分布式检索。

分布式检索和并行检索的主要不同在于：

（1）分布式检索通常处理的是地理位置分散的异构数据，不同地理位置的计算机之间通信开销比较大，因此，分布式检索中应该尽量避免不同地理位置计算机系统之间的通信；而并行检索中处理器之间的通信可以通过共享内存来实现，通信开销小。

（2）分布式检索可以把分布在不同地理位置上的异构文档联合起来，形成一个更大的逻辑整体。

（3）分布式检索对象的异构性使得在分布式检索中必须处理好统一描述和访问的问题。

思考题

1. 物联网数据一般具有哪些特点？
2. 物联网数据处理的关键技术是什么？
3. 数据管理技术经历了哪些阶段？
4. 数据融合有哪些层次？
5. 数据挖掘的主要任务有哪些？
6. 简述基于文字检索的文本检索技术的原理。
7. 简述视频检索的关键技术。
8. 简述并行检索和分布式检索的异同点。

实训拓展

认识数据库

实训目标

1. 了解数据库的创建与管理。

2. 培养数据库应用能力。

实训内容

1. 使用数据库向导创建数据库。

2. 按照要求创建“职工”表，定义字段属性以达到规定的要求。

3. 设计学生表和成绩表，完成两个表之间的一对多关系的建立。建立学生表和成绩表之间的关系，通过实际操作，练习编辑关系的方法。

第六章　物联网测试技术

学习目标

了解物联网测试的需求分析和测试标准。

理解传感器网络的测试特点和架构。

了解物联网安全测试。

案例导入

开放式架构　减少测试硬件成本

物联网的成长速度相当惊人，Gartner 预估物联网设备数量在 2020 年将成长至 260 亿个。

物联网（IoT）应用范畴广泛，涵盖无线通信、车用市场、智能家居、穿戴式设备及医疗等领域，而应对不同需求，用于物联网的各种通讯及网络技术也就不断推陈出新，或说是新旧并存，这就导致测试复杂度的增加，甚至是测试成本的提高。

针对这些问题，测量仪器业者多以开放式架构下的升级更新来支持各种技术测试需求，重视测试功能的整合以及与法规的同步，并致力于将仪器专业知识转变成易于操作且价格合理的方案，协助客户加速测试速度，进而缩短上市时间。

根据 Gartner 的定义，物联网基本上是一个包含多达 50 种技术的集合名词。其中，仅仅是移动通讯（cellular）和一般移动无线网络（non-cellular）标准，就有 LTE，LTE-A，WCDMA，GSM，CDMA2000，WLAN，Bluetooth，GNS，ZigBee，NB-IoT，SigFOX 和 Wi-SUN 等。

面对这些层出不穷的技术，为了要减少物联网测试硬件的重复投资成本，开放式架构测试方案是理想选择之一，因其拥有灵活的硬件扩充性，且能利用可编程软件实时调整测试需求，因此能协助业者降低产线测试成本及提高生产效率。

第一节　物联网测试技术概述

当前，新一代信息通信技术正在全球范围内引发新一轮的产业变革，成为推动经济社会发展的重要力量。物联网作为我国战略性新兴产业的重要组成部分，正在进入深化应用的新阶段。物联网与传统产业、其他信息技术不断融合渗透，催生出新兴业态和新的应用，在加快经济发展方式转变、促进传统产业转型升级、服务社会民生方面发挥着越来越重要的作用。但如何保障更复杂、更大规模的物联网应用的成功部署和实施，是一个新的挑战。毫无疑问，测试技术将扮演关键角色。

一、需求分析

所谓的测试就是技术人员借助于一定的装置，获取被测对象有关信息的过程。测试工作贯穿物联网标准化和产业链的整个过程。测试可以对标准化的内容提供验证方法和手段，同时在测试工作中，不断发现和解决问题，有助于完善标准化体系，促进物联网产业链的发展。然而对于物联网这一新兴产业，随着物联网对象的逐渐明确，怎么进行有效的测试确实是技术人员不得不面对的一个问题。下面以传感器网络测试为例，介绍物联网测试技术。通过对传感器网络测试特点的分析，传感器网络的应用对测试提出了如下的需求。

（一）产品与标准的符合程度

1. 标准的符合性测试

由于传感器设备来源于不同的设备提供商，为了保证这些设备互联互通，因此需要对这些设备进行符合性测试，其中主要包括协议一致性测试以及互操作性测试。在进行一致性测试时，需要从以下几个方面考虑。

（1）基本互联测试。包括入网功能和数据通信功能等基本互联功能的测试，以确定被测协议或系统是否满足基本互联的能力。

（2）能力测试。包括数据类型的支持、数据服务、管理服务等的测试，看其是否满足静态一致性要求和在协议实现一致性声明（PICS）文件中阐述的能力。

（3）行为测试。包括网络参数、网络管理等测试，要求在动态一致性测试的范围内进行尽可能完整的测试。

（4）接口功能测试。包括传感器网络用户功能接口的测试、设备间通信接口的测试以及设备间管理接口的测试等。

（5）功能互操作性测试。传感器网络中的功能比较多，不同的功能之间往往需要通过相关信息的交换才能够协调工作，需要进行功能的互操作性测试。

（6）应用互操作性测试。传感器网络的应用比较丰富，有时候不同的应用需要交换信息，这样就要求不同的应用需要拥有实现信息的互通、交换、语义理解与共享的能力，因此需要进行应用互操作性测试。

2. 应用行规的符合性测试

由于传感器网络应用在纵向的市场领域，每个传感器网络的应用将可能有独特的要求。传感器网络的应用/服务需要应用行规文件来定义其服务功能、处理功能、接口程序、操作属性、属性值等。因此应用行规决定了传感器网络系统间的通信交换过程，为了保证应用行规和标准规定的符合性，需要对应用行规中的具体规范包括数据格式、行规参数和选项等内容进行一致性测试。

（二）异构网互联互通测试

在传感器网络中，一个应用可能包括不同的传感器网络。同时，支持一个或多个应用的异构传感器网络应该具有网络互操作的能力。为了保证某一个应用，在异构网络的情况下，设备可以正常的工作，需要对传感器网络的异构网进行测试。测试时需要包括如下的内容。

（1）测试传感器网络、网关以及服务提供者之间读取和处理服务信息的能力。

（2）测试传感器网络、网关以及服务提供者之间交换数据的能力。

（3）组网接入技术的测试。异构的传感器网络具有复杂组网方式、多种的接入环境、灵活多样的接入方式、数量庞大的智能接入设备等特征，因此测试时，需要对不同网络的接入能力以及多网络在接入过程中对其他网络的影响进行测试。

（4）网络切换技术测试。主要测试异构网络的网络管理切换方案，以实现网络之间和网络内部的应用负载均衡，从而有效地利用网络资源以满足用户对多应用的需求。

（5）通信资源管理测试。包括通信链路、接入权限、信道编码、发射功率，以及连接模式等内容的测试。

（6）协议转换功能测试。在异构网络中，可能存在多种协议进行交互，协议转换的功能尤其重要，需要对异构网中的协议转换功能进行测试。

（三）性能测试

传感器网络实际部署的节点数以万计，应用环境千差万别，相对于传统的网络维护，多为无人值守，因此对网络性能的测试非常关键，决定了传感器网络实际应用中的效率和功能。性能测试指标主要包括以下几点。

（1）应用服务类属性指标。服务分类属性评价了应用服务对传感器网络的性能要求。

其具体属性包括移动性、时延、速率、连续性、优先级以及业务调度等。

（2）网络性能指标。包括网络吞吐量、数据传输丢包率、端到端时延、路由中断概率、失效节点比率等。

（3）应用技术性能指标。应用技术性能指标反映了网络在应用中各方面性能的量化指标，可以用来评估和鉴定实际传感器网络的性能。其包括寿命与节能、覆盖、事件上限、数据融合、定位以及同步等。

（4）接入性能指标。接入性能指标反映了传感器网络终端网络到网关的性能指标参数，包括接口速率、连接时间、时延、时延变化、丢包率及误差率等。

（四）大规模测试

在监控区域通常部署大量节点，这些节点具有分布地理区域大、节点部署密集、网络拓扑结构复杂和信息多跳路由等特点。通过不同空间视角获得的信息具有更大的信噪比和通过分布式处理大量采集的信息能够提高监测的精确度，降低对单个节点传感器的精度要求；大量冗余节点的存在，使得系统具有很强的容错性能；大量节点能够增大覆盖的监测区域，减少盲区。随着规模增大，小规模安全措施不能满足大规模网络，增大网络安全隐患，给测试带来以下要求。

（1）要对大规模的各种设备进行层次化整合。

（2）分区域、分层次和分系统功能进行测试。

（3）大规模组网测试。

（4）信息采集精度、信噪比和容错性测试。

（五）移动性测试

传感器网络的移动性包括同一个无线网络中移动的节点和同一个节点在不同无线网络间切换。测试要满足以下方面的要求。

（1）节点在同一个网络中移动，进行通信保持测试，即节点移动过程中能否保持通信服务以及通信质量。

（2）节点由于某种原因随时可能离开当前的网络，或进入新的网络，就会带来一系列的接入问题，主要针对传感节点能否及时地加入网络进行测试，以及网络切换过程中包损失、通信时延、移动过程中的通信延迟等。

（3）网络通信距离测试，用于指示传感器网络的通信范围。

（4）网络通信盲区测试，主要测试两个网络之间是否存在通信盲区，从而避免传感节点在此区域不能接入网络。

（六）共存性测试

由于传感器网络的通信资源可以被共用，以及同一协议上可能存在多个应用的特点，势必会产生通信基本技术和应用的共存性问题。为了解决该类问题，需对共存性进行测试，具体内容包括以下两个方面。

（1）基本技术的共存性测试。在多种传感器网络共用同种通信链路的情况下，通信链路可能存在相互的干扰和冲突。测试内容需要包括链路干扰性、通信速率、链路资源分配等方面的测试。

（2）应用的共存性测试。在传感器网络协议上可以同时存在多种应用，各应用能否正确地实现相应的功能，以及相互之间是否存在影响，就需要对应用的共存性进行测试。测试的内容主要包括多任务处理测试、最大应用数量测试、服务质量测试等。

（七）远程测试

传感器网络如果被部署在恶劣环境、无人区域或敌方阵地中，环境条件、现实威胁和任务具有不确定性时，为了确定传感器网络能够完成某种应用，这时候需要对传感器网络进行远程测试。对传感器网络进行远程测试时需要满足下面的需求。

（1）鲁棒性。由于传感器网络工作于恶劣的环境中，不能因为一些传感器发生了故障而导致整个网络崩溃。

（2）通信链路的监控。对某些应用进行远程测试时，需要对被测传感节点的邻居节点的链路状况进行持续的监控。

（3）时间同步。几乎所有的应用均需要时间同步，分布式传感网络远程测试时对时间同步的精度往往有独特的要求，同时也要考虑到实现时间同步所需要的能量和时间，所以可能会影响到节点的能耗性。

（4）传感器接口。在远程测试中往往需要对被测网络中的一些传感器节点进行操作或者参数配置，因此要求传感器提供统一的标准的接口，以便用户进行操作。

（5）传感器节点数据输入。远程测试中需要对远程节点进行配置时，节点应该具有数据输入的能力，允许远程用户进行配置。

（八）安全测试

传感网是集信息采集、信息处理、信息传输与信息应用于一体的综合智能信息系统，传感网的安全性能将直接影响整个网络总体上的信息安全、能量高效、容侵容错和高可用性等目标的实现。为验证传感网是否具有保证传感网中各种信息的安全保密、抵抗非授权操作获取保护信息或网络资源、防止非法用户对数据的篡改和窃取的能力，需对以下安全特性进行测试。

（1）密钥管理。密钥在其整个生命周期内都必须进行有效的管理。其中对于密钥的产生，必须根据国家密码行政主管部门指定的特定算法和密钥长度来产生密钥；对于密钥的预分发，必须根据国家密码行政主管部门指定的有关规定以安全可信的方式执行；对于密钥的备份，必须根据国家密码行政主管部门指定的备份方法来备份；对于密钥的访问，必须根据国家密码行政主管部门指定的特定访问方法进行访问。

（2）数据保密性。测试验证传感器网络中具有保密性要求的数据在传输过程和数据存储过程中是否泄露给未授权的个人、实体、进程，或不被其利用。

（3）数据完整性。测试验证传感器网络中具有完整性要求的数据在传输过程和存储的过程中是否被篡改。

（4）数据的新鲜性。测试验证传感器网络各类设备能否采用安全机制对接收数据的新鲜性进行验证，并丢弃不满足新鲜性要求的数据，能否抵抗对特定数据的重放攻击。

（5）数据鉴别。测试验证传感网特定数据的有效性、数据内容是否被伪造或者篡改和数据发送者身份的真实性。

（6）身份鉴别。在进行鉴别时，传感器网络能提供有限的主体反馈信息，确保非法主体不能通过反馈数据获得利益。在需要时，能通过硬件机制确保鉴别数据的安全性，防止鉴别数据的泄露。

（7）访问控制。测试传感网是否能根据安全属性明确地授权或拒绝对某个对象的访问，是否能根据不同安全等级的数据流按照控制规则在不同安全等级的存储体之间流动。

（九）用户特定需求的测试

在传感器网络的应用中，用户可能会对某种应用提出特定的需求。例如，渔民可能需要传感器网络定期地发布捕鱼的天气信息；在智能家居中，当主人不在家时，如遇紧急情况可以发送手机短信信息；国家灾难中心可能需要全天候的天气信息，观察和预测一个地区的自然现象和紧急情况。为了使传感器网络达到用户的特定需求，我们需要对用户的特定需求进行测试。其主要是针对具体应用设计相应的测试方案。

二、测试标准

目前，已有 ISO/IEC 9646，ETSI，ZigBee，ISA100.11a 等测试标准。20 世纪 90 年代，国际标准组织 ISO/IEC 制订了“OSI 协议一致性测试的方法和框架”，即 ISO/IEC 9646（ITU-TX.290 系列），描述了基于 OSI 七层参考模型的协议测试过程、概念和方法，相应标准如表 6-1 所示。2014 年，重庆邮电大学提交 ISO/IEC JTCl WG7 的传感网测试框架国际标准项目正式立项，成为首个传感网测试领域的国际标准项目。

表 6-1 ISO/IEC 9646

项目号	名 称	内 容
第 1 部分	General concepts	基本概念
第 2 部分	Abstract Test Suite specification	抽象测试套规范

续表

项目号	名　称	内　容
第 3 部分	The Tree and Tabular Combined Notation AmendmentI: TTCN extensions	树和表的组合表示法
第 4 部分	Test realization	测试实现
第 5 部分	Requirements on test laboratories and clients for the conformance assessment process	一致性评估过程对测试实验室及客户的要求
第 6 部分	Protocol profile test specification	协议行规测试规范
第 7 部分	Implementation Conformance Statements	实现一致性声明

ISA 100. 11a 测试任务是由 WCI 机构来完成，WCI 提供对设备和系统进行独立的 ISA 100 协议族测试/认证的，目前测试的主体是协议一致性和互可操作性测试。ISA 100. 11a 的协议测试架构，如图 6-1 所示，它主要由三个骨干诊断路由器和测试服务器构成一致性和互操作性测试系统。

ISA 100. 11a 对协议一致性测试、互操作性测试进行规定，增加了面向工业无线通信的时间同步、跳频等专用测试项，但也仅针对同构网络的微型网络进行测试，同样缺乏对异构、大规模、移动、外网安全等传感网的应用环境下测试。

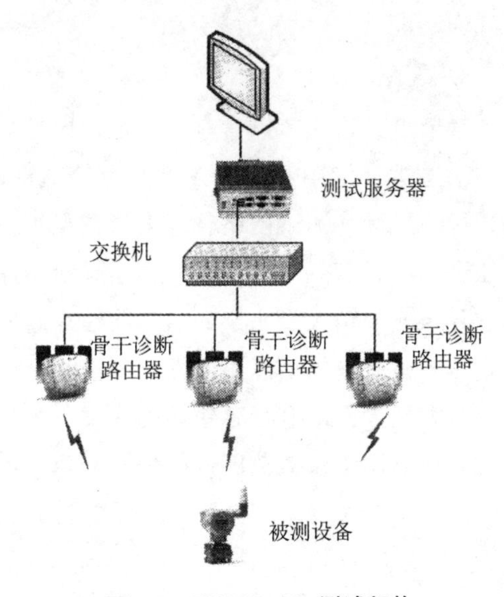

图 6-1　ISA100. 11a 测试架构

案 例

景安网络参与 2018 工业物联网创新大会，探讨新战略下实践之路

2018 年 5 月 24—26 日，由景安网络特别赞助的“2018 工业物联网创新大会”在北京成功举办。此次盛会旨在提供立足于全行业综合性视角的工业物联网技术分析和企业实例，展现工业物联网在智能交通、智能制造、公共事业、智慧医疗等领域的应用。IBM、思科、施耐德、微软等企业高管及国内外专家学者600余人齐聚一堂，共同探讨中国及世界工业物联网的创新之道。

当前，物联网大跨步发展，国内外工业巨头们也正在加快脚步布局工业物联网，如何实现工业强国及如何面对工业物联网潮流已成为全社会普遍焦点。过去几年里，物联网应用已逐渐深入到多个领域。未来，将会进入更多的行业，涉及生活的方方面面。就我国而言，预计到2030年，工业物联网将创造一个近2万亿美元的市场，由此可见其市场潜力之巨大，定会吸引更多的企业参与其中。

本次大会分别从工业物联网产业氛围的营造、技术建构实践之路、工业各行业的落地应用、云平台解决方案与大数据管理以及企业应用案例等多个视角、多个层面，进行了切实有效的深入探讨。景安网络也受邀与众多参会企业及嘉宾进行了积极交流，并介绍了如何通过景安丰富的边缘计算技术架构及服务平台，推动企业在物联网时代进一步转型升级。

三、传感网网络测试的特点

（一）网络规模大

在监控区域通常部署大量节点，这些节点具有分布地理区域大、节点部署密集、网络拓扑结构复杂、一些节点位于恶劣环境中和信息多跳路由等特点，使测试网络复杂多样，测试信息经过多跳路由到达待测目标。测试网络管理大量节点难度大，需要对网络大量节点分层次、分区域和分功能进行测试；通过不同空间视角获得的信息具有更大的信噪比，需要进行信噪比测试；通过分布式处理大量采集的信息能够提高监测的精确度，降低对单个节点传感器的精度要求，需要检验采集信息正确性；大量冗余节点的存在，使得系统具有很强的容错性能，有必要对大规模网络进行容错性能测试；大量节点能够增大覆盖的监测区域，减少盲区，需要对大规模网络覆盖范围进行测试；随着网络规模增大，小规模网络安全措施不能满足大规模网络，增大网络安全隐患，需要提升网络安全技术，对大规模网络进行安全测试。

（二）测试接口多样性

传感器网络接口主要由五种接口构成：用户和服务提供者的接口、传感节点和用户的接口、传感器网络网关和服务提供者之间的接口、传感节点和传感器网络网关的接口以及传感节点之间的接口。接口的多样性致使测试接口也具有多样性，同时不同的传感设备所装载系统不同，运行协议可能也不同，其调试时间和难度大。测试接口具备其特点：设备数据通信和存储、设备测试前的初始化和配置；数据交互和规则的创建和编辑；数据服务、用户测试界面和应用程序之间的通信和协作；用户、设备、数据之间的层次交互。

（三）需要考虑数据采集方式及其有效性

传感网数据采集方法主要有：离线的数据采集方式、聚集函数操作和网外基于模型的分布式数据采集方式。需针对不同数据采集方式采用不同测试方法，充分考虑采集数据时能耗状况和采集数据的有效性：①无线与有线接入数据有效性；②节点与远距离设备（GSM）之间传输数据有效性；③节点与短距离设备之间低功耗传输时数据有效性；④数据多跳路由有效性；⑤应用需求中，节点信息正确选取有用性；⑥采集数据信息经过数据处理有效性；⑦加密和解密数据信息的有效性等。

（四）资源受限性

传感器网络资源受限主要包括：测试节点能量受限、计算能力受限、存储能力受限、环境受限、通信范围受限、带宽资源受限。资源受限会增加测试的复杂度，在传感器网络的测试过程中，应充分考虑资源受限的情况，设计相应的测试方法。

由于传感节点能量有限，延长整个网络的生存是设计测试方法的首要目标，不因测试而减小节点寿命或损坏节点。由于计算能力和存储能力有限，在测试过程中尽量采用复杂度低的测试方法，不要过多地占用传感节点本身的计算和存储资源。节点工作状况，如工作时间、地理位置等。有必要对资源受限解决方案进行测试，同时注意尽量减小测试对该节点影响。由于传感器网络通常具有带宽低的特点，对测试数据的发送和接受通过适当的方法避开传感节点本身数据的收发，从而避免因带宽不够丢失数据。

（五）通信链路保障

在传感器网络中，传感节点之间的数据交互的信道是通过电磁波的发射与接收来完成的。传感节点之间的通信链路常常影响着整个网络的稳定性和可行性，例如无线传感器网络的拓扑结构很少是固定不变的，其拓扑结构必须适应两个节点之间通信链路的有效性。大量传感器网络必须在相对稳定的环境中，以确定两个传感节点之间可以提供有效可用的通信链路服务。由于通信链路受环境的影响比较严重，如在一定环境下，信号的一部分在传播过程中被吸收、转向、分散或反射时就产生了损耗，结果使得数据不能完整地到达接收端。所以在测试过程中，要根据传感器网络通信链路设计适当的测试方法，要充分考虑通信链路的变化对测试带来的影响，以及测试不要影响节点间的通信链路。

（六）网络动态性

传感器网络的拓扑结构可能因为下列因素而改变。

（1）环境因素或电能耗尽造成的传感器节点出现故障或失效。

（2）环境条件变化可能造成无线通信链路带宽变化，甚至时断时通。

（3）传感器网络的传感器、感知对象和观察者这三要素都可能具有移动性。

（4）新节点的加入。

上述因素如果改变，可能使测试网络具有动态性，测试时要充分考虑这些因素。同时要求传感器测试网络系统要能够适应这种变化，具有动态的系统可重构性。测试时，需要针对上面每种可能改变传感器测试网络的拓扑结构因素进行测试，测试其是否能够正常工作，实现某一特定任务。

（七）移动性

传感器网络中一些无线设备在移动时，其网络覆盖范围和信号质量受环境影响更大，无线设备受到干扰可能性加大，同时设备在网络中位置也在变化。测试所考虑因素增多，给测试带来复杂性和多样性。需要测试设备在移动时能否正常工作，同时需要测试设备移动时对其他设备影响。

四、传感器网络测试架构

传感器测试系统（见图 6-2）是一个分布式测试系统，它包括远程综合测试平台和本地的综合测试平台两个部分，既可以提供远程的传感网综合测试，又可以提供本地的传感网综合测试，给用户带来极大的方便。

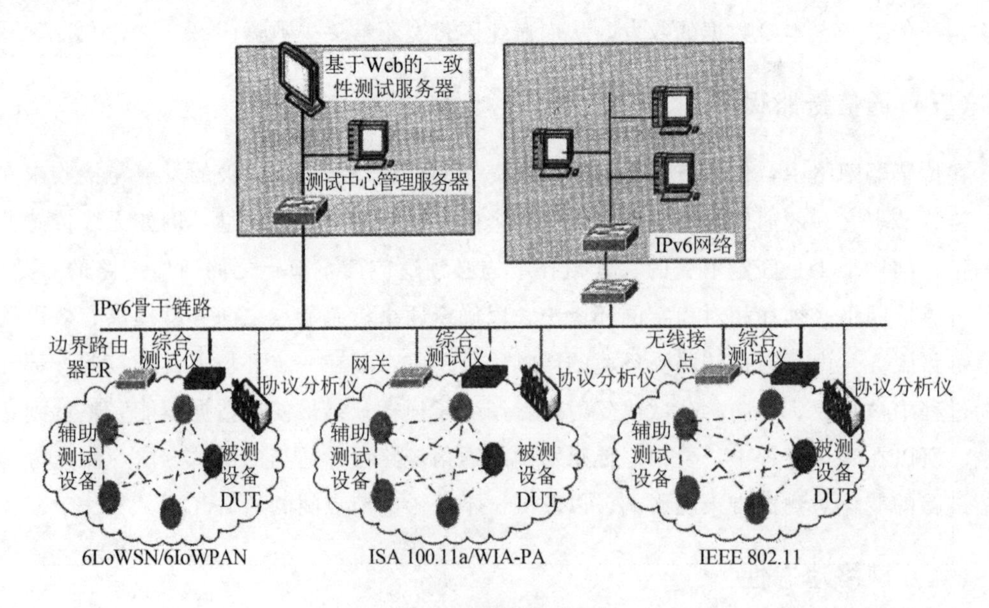

图 6-2　传感器测试系统

测试服务提供者可以经过外部网络对传感网的设备进行远程测试，这时就需要网关设备来接入外部网络，建立传感网与外部网络的联系。测试服务提供者统一对网络进行管理，通过与测试网关的配合，可以对传感网的内部节点以及网关设备进行综合测试。在对网关设备进行测试的时候，我们需要测试网关来与传感网进行测试信息的交互，建立传感网络与外部网络的通信桥梁，保证被测网关的测试过程正常进行。

测试服务提供者也可以直接对传感网进行本地的测试，测试服务提供者直接与传感网进行通信，通过测试服务提供者的统一管理，进而对传感网进行测试。

物联网的测试项目包括协议测试、安全测试和标识测试。

第二节　物联网安全测试

各类物联网示范工程进行大规模应用之前，应充分考虑和评测其安全性，从源头保证物联网安全措施有效性、功能符合性、安全管理的全面性以及给出安全防护评估。在建设实施阶段，将所有的安全功能模块（产品）集成为一个完整的系统后，需要检查集成出的系统是否符合要求，测试并评估安全措施在整个系统中实施的有效性，跟踪安全保障机制并发现漏洞，完成系统的运行程序和安全生命期的安全风险评估报告。在运行维护阶段，要定期进行安全性检测和风险评估以保证系统的安全水平在运行期间不会下降，包括检查产品的升级和系统打补丁情况，检测系统的安全性能，检测新安全攻击、新威胁以及其他与安全风险有关的因素，评估系统改动对安全系统造成的影响。

一、安全测试系统概述

（一）测试系统结构组成

传感网安全测试系统支持因特网用户通过浏览器访问测试平台，能够在线完成测试流程。这次介绍的测试系统是一个主体部分为分布式的测试平台，主要包括三个模块的设计：安全实现一致性声明设计模块、安全测试执行模块和综合安全评估模块。测试端作为安全等级和功能设备类型选择接口，安全测试服务器根据安全等级和设备类型自动生成安全功能测试套，并接收系统执行测试后的结果。服务器对功能测试结果进行分析并生成规范一致性测试报告，同时结合功能测试结果和安全等级强度要求，生成安全等级分析报告。

本测试系统主要是通过一个真实的网络运行环境，测试设备是否具备所要求的安全功能，并达到预先要求的安全等级所具备的安全条件，最终完成测试并给出详细的测试报告。本测试系统由前端测试网络和后端测试服务平台构成，如图 6-3 所示。本安全测试系统包括安全功能和安全一致性测试，为传感网的安全提供了可靠的测试方法，用于测试传感网的安全功能，包括密钥管理、访问控制、数据加密、安全融合等，用于验证传感网安全功能的实现过程是否符合预期的要求。

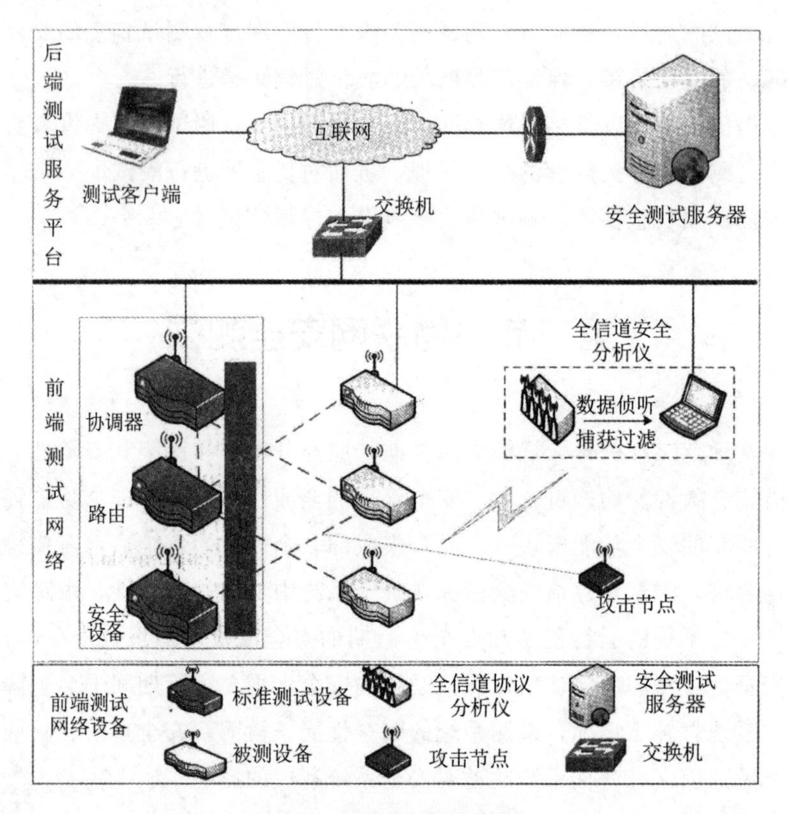

图 6-3　测试系统结构图

在图 6-3 中，标准测试设备对被测设备进行激励，模拟攻击节点发送报文对网络进行攻击；被测设备的响应作为其是否具有预期的安全功能以及实现方式是否正确的判定条件；安全测试服务器生成安全测试的抽象测试集，并导入测试例信息，测试客户端作为人机交互的接口，为系统提供安全测试入口，确认系统测试的测试例集合和一致性测试参考的标准规范。

前端测试网络包括安全测试设备、模拟攻击节点和被测设备。安全测试设备包括标准测试设备和全信道安全分析仪，被测设备包括被测协调器、被测路由器和被测终端设备。后端测试服务平台由测试客户端、安全测试服务器组成。

(1) 标准测试设备在测试网络中担任协调器、路由器、终端设备三种角色，具体角色分配根据被测设备类型来确定。标准测试设备对被测设备进行激励，转发测试服务器测试命令和上传响应报文至测试服务器。

(2) 全信道安全分析仪由全信道协议分析仪和上位机组成，协议分析仪实时捕获测试网络中的数据包并发送给上位机，上位机对数据包进行分析。协议分析仪可检测 433 MHz

频段的一个信道、470 MHz 频段的一个信道、780 MHz 频段的 4 个信道和 2.4 GHz 频段的 16 个信道的无线数据报文。安全分析仪能提供协议解码、性能评估、网络分析、故障诊断等功能。

(3) 模拟攻击节点用于对网络进行攻击，模拟网络受攻击的环境。

(4) 被测设备包括被测协调器、被测路由器、被测终端设备等，可以是其中一个，也可以是几个的结合，执行测试命令并做出相应响应。被测设备的响应作为其是否具有预期安全功能以及实现方式是否正确的判定条件。

(5) 安全测试服务器具备自动分析数据的功能，自动生成安全测试的测试集，并能够导入相应的测试案例信息。服务器存储安全测试案例的测试信息和标准的测试规范集，并为测试客户端提供查询和新增测试案例接口，增加系统的可扩展性。

(6) 测试客户端作为人机交互的接口，为系统提供安全测试入口，确认系统测试的测试例集合和一致性测试参考的标准规范。在系统安全测试完成后，从测试服务器查询测试结果，并生成测试报告，提供打印和保存服务。

(二) 安全测试系统总体架构

传感网安全测试系统的总体功能架构如图 6-4 所示，它主要包含两层结构，上层结构为测试应用服务层，主要由安全测试执行应用服务、人机交互界面和管理信息库组成；下层则为支撑服务层，由测试执行模块、安全实现一致性声明（Security Implementation Conformance Statement，SICS）管理、测试结果分析等组成。

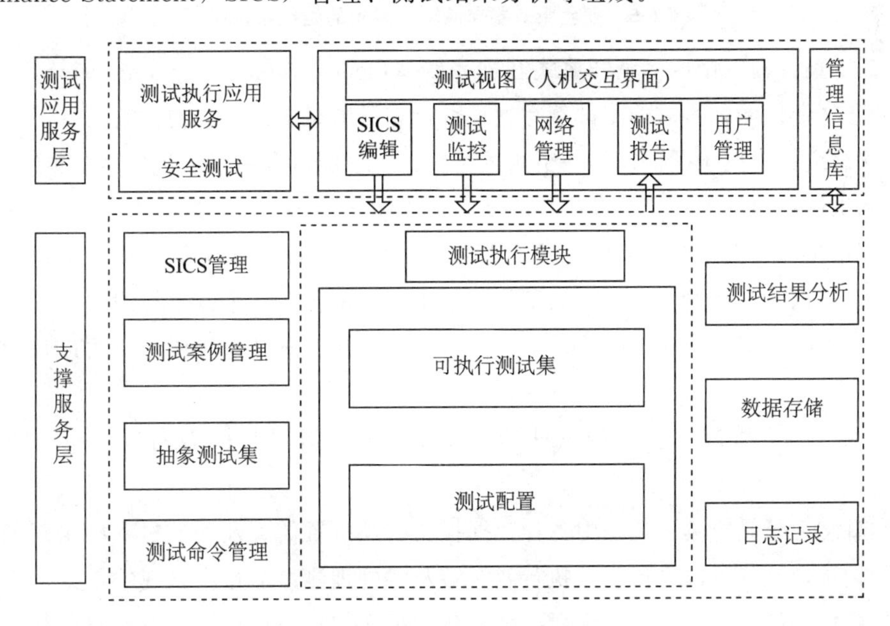

图 6-4　安全测试系统总体架构图

其中，每个模块执行不同的命令，并相互支撑完成整个测试环节。各模块的功能如下。

(1) SICS 管理功能是在测试服务器上来实现的，它为测试者提供了安全一致性声明的内容的编写接口，同时完成 SICS/IXIT 信息检查，保证被测实现（Implementation Under Test，IUT）的声明与标准所规定的是一致的。

(2) 测试案例管理功能主要是为测试用户提供测试案例编辑接口，此功能模块的实现是在测试服务器上面完成。安全测试案例管理主要分为案例选取、案例编译、案例存储。案例选取是根据传感网安全测试标准由本测试平台提供参考测试案例；案例编译为用户提供案例编译窗口，即用户根据自己需要编写相关测试案例的信息；案例存储是安全服务器将案例选取和案例编译后的案例信息存储以便测试启动后调取测试执行信息。

安全服务器存储测试案例的结构为层次结构，分为四个层次：测试集、测试组、测试例、测试步，如图 6-5 所示。

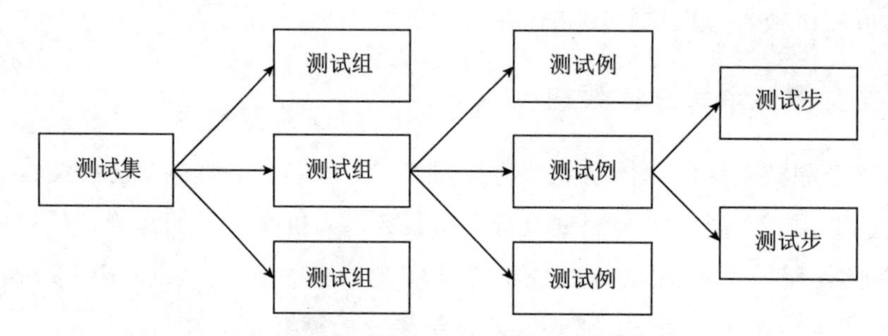

图 6-5　安全服务器存储测试案例的组织结构图

1) 测试集：对一个或多个开放式互连系统（Open System Interconnection，OSI）协议进行动态一致性测试所需的测试例完整集合，它可能组成嵌套的测试组。

2) 测试组：对应于此协议的一个测试目标，一个测试集中可以包含多个测试组。

3) 测试例：对应于一个标准协议的某一项功能描述，一个测试组由多个测试例组成。

4) 测试步：一个测试过程的完成需要进行初始化，收发报文等，每一个动作就是一个测试步。测试步是测试集中最小的单位，一个测试例包含一个以上的测试步。

(3) 抽象测试集提供完整的测试案例集合，在实际的测试过程中用户可以自由选择所需测试例。

(4) 测试命令管理主要是测试开始前，在配置阶段过程所需的报文命令等的管理中心。

(5) 日志记录是对测试过程中各种数据报文、预配置信息及测试过程中出现的故障信息等进行记录，这样可以方便测试执行者能够及时处理测试运行中出现的各类异常。

(6) 数据存储是在测试过程中所产生的各类报文信息进行存储，以方便查看。

(7) 测试结果分析是在测试完成后对测试结果进行详细的处理，对出现的异常情况给出测试分析等。

（三）系统中心控制模块描述

系统中心控制模块结构如图 6-6 所示。

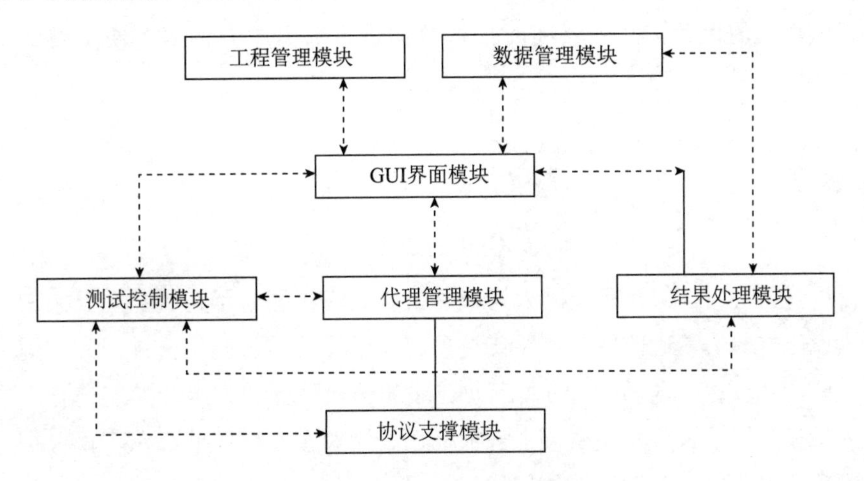

图 6-6　系统中心控制模块图

每一个模块的具体功能描述如下。

（1）工程管理模块。在测试系统中，一个测试套可以视为一个工程。工程管理模块主要是负责管理测试工程，具体有测试项目说明、测试配置脚本、结果探测脚本等。根据测试项的不同有序排列，并存放于相关的工程目录下。

（2）协议支撑模块。其主要负责实现安全测试控制协议的支撑，主要有建立和维护与代理之间的连接，发送以及接收测试控制模块发送的 IUT 探测报文以及接受 IUT 响应等。

（3）代理管理模块。其主要是负责与测试代理相关的各类事情，包括测试代理的加入、测试代理的建立以及测试代理的维护等。

（4）测试控制模块。测试控制模块可以根据安全测试前预配置，向安全测试代理发送测试套件，而且可按照测试命令控制测试代理活动信息，并且能够将各个代理的响应测试数据和测试结果进行汇总，具体的功能如下。

1）测试预配置参数主要是负责安全测试前被测设备的选择、安全等级选择、测试案例选择以及其他信息的填写，其中测试案例的选择包括可选项和必测项。

2）分发测试数据主要是在测试前，根据预配置信息，测试服务器向代理设备发送测试命令、脚本及参数。

3）接收测试数据指的是在测试过程中，服务器接收代理设备返回的数据结果。

4）探测 IUT 是指探测 IUT 的状态，是否确认结束测试。

（5）结果处理模块。负责接收测试过程中响应的各类响应数据，并对数据报文进行分析处理，得出测试结果，最终以安全测试报告的形式展示给用户。

（6）GUI（图形化用户接口）界面模块。它指的是人机交互界面，是指人与计算机之间数据交换的工具，是人与计算机进行相互的信息交换的平台。

（7）数据管理模块。数据管理模块是对安全测试过程中的所有交互的数据以及结果数据信息进行数据库的保存，并能够随时提取数据进行数据的查询等，便于测试用户进行参考。

阅读延伸

GUI 的应用

图形用户界面（GUI）是一种人与计算机通信的界面显示格式，允许用户使用鼠标等输入设备操纵屏幕上的图标或菜单选项，以选择命令、调用文件、启动程序或执行其他一些日常任务。随着中国 IT 产业、移动通讯产业、家电产业的迅猛发展，在产品的人机交互界面设计水平发展上日显滞后，这对于提高产业综合素质，提升产品竞争能力等方面无疑起了制约的作用。

（四）安全模块测试流程

安全模块测试流程图如图 6-7 所示。

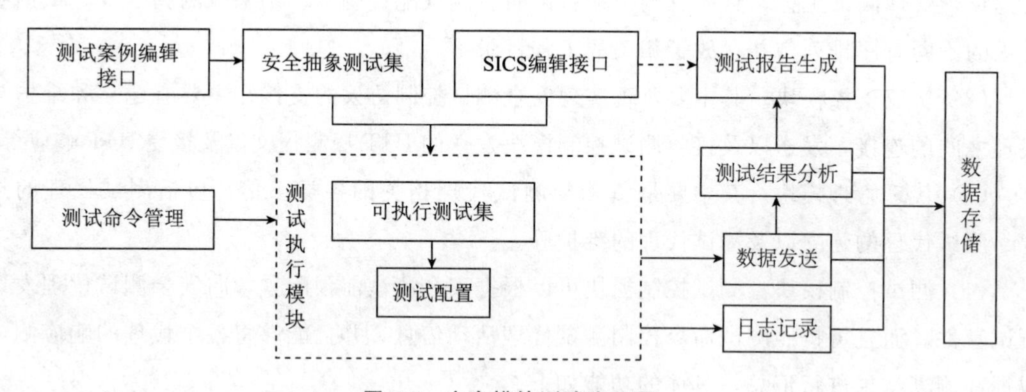

图 6-7　安全模块测试流程图

按照系统的总体设计方案，首先用户编辑 SICS 测试案例，通过系统服务器 SICS 模块，测试用户可根据自身测试需求选取安全测试抽象集。在测试预配置阶段，用户还需要调用测试命令管理模块做测试前的配置，主要包括被测设备的选择、安全等级的选择等。测试开始阶段，将数据包发送至结果分析模块进行数据处理，同时日志记录测试过程。测试结果分析模块处理完成后，即可生成测试报告，测试报告可单独调出并打印，测试过程中所有的报文信息都将经过数据存储模块进行备份。

二、系统的搭建与测试

系统的搭建包括无线传感网和节点设备。无线传感网是由多个传感器节点组成的，每个传感器节点向其他节点接收或者发送数据。测试路由器主要负责测试命令的下发和测试结果的上传，根据被测节点的不同，测试路由器可担任不同的角色。其中被测设备包括协调器、传感器节点、路由器。

思考题

1. 为什么要对物联网进行测试？

2. 传感器测试中安全测试包括哪些内容？

3. 传感器网络测试的特点有哪些？

4. 什么是物联网安全测试？并列举其包括的内容。

实训拓展

温湿度模块网关测试

实训目的

1. 熟悉并学会应用物联网实验箱。

2. 对比实验数据查看传感器测出的数据是否精确。

实训设备

物联网实验箱，电源，电脑。在通风的环境下，使传感器、温湿度计在同一个环境下测量。

实训内容

1. 启动网关系统

接通物联网实验箱电源，待界面正常启动后，拨码开关 1、2 拨到 ON 端，其余拨到 OFF 端，这时触摸屏可以左右拖动切换界面。

2. 启动网关 ZIGBEE 协调器

按网关右下角 ZIGBEE RESET 按键来启动网关 ZIGBEE 协调器，需等核心板上的“ready”灯（红灯）稳定不再闪烁，表明网关组网成功，接下来即可启动各物联网节点模块与网关进行通信了。

3. 温湿度测试

（1）滑动网关触摸屏在 LCD 上找到温湿度模块检测按钮，点击触摸屏上“温湿度检测”图标。

（2）LCD显示“请按按钮获取温湿度”。

（3）打开模块电源开关后，待稳定，点击LCD屏上温度图标或者湿度的图标，稍后LCD屏会显示“XX摄氏度”和“XX%”湿度，表明模块检测到了周围环境的温度与湿度情况；此时若用较热/冷物体触碰“U1”（温湿度传感器）并持续一段时间后点击LCD屏上温度图标，温度会实时改变。

（4）点击触摸屏上“返回”图标，关闭模块电源。

第七章　物联网安全技术

学习目标

了解物联网安全的特点和威胁。

了解物联网感知层、传输层、应用层的安全。

了解物联网安全管理以及引入 IPv6 后物联网的安全管理。

案例导入

物联网信息安全更大的安全隐患来自感知层

智慧城市的智能摄像头、智能电表、智能路灯、智能网联汽车，还有被称之为新四大发明中的共享单车……这些物联网智能终端是连接现实世界与数字世界的关键节点，实时将所识别、采集的物理信息传输至网络世界，是物联网感知层的主要呈现形态。物联网在向人们打开便利之门的同时，面临着更加严峻的网络安全态势，其所遭遇的挑战也远超 PC、移动端。目前很多物联网智能终端设备的安全能力普遍偏弱，本身存在各种漏洞，很容易成为黑客实施攻击的“帮手”，遭受物理操纵、信息泄露、恶意控制等攻击。

在 2017 年交通运输行业重点科研平台主任联席会议中，梆梆安全研究院院长卢佐华女士在演讲中提及智能交通信息安全更大的安全隐患来自感知层，并同时首度对外解读《物联网智能终端信息安全白皮书》。

以智能网联汽车为例，ECU 数据的不断增加，嵌入式系统成为黑客喜欢的攻击目标，程序安全问题凸显；控制网络摄像头、录像机和其他消费类设备的恶意软件，能够导致物联网大规模瘫痪。散布在物联网的智能终端无法实施传统网络安全保护策略进行有效防护。

对于“物联网安全”这个安全产业和物联网产业都必须面对且无法回避的问题，

梆梆安全研究院创新性提出构建微边界安全多重防御体系以应对日益复杂化的物联网恶意攻击。物联网智能终端安全最佳实践应集中在“如何发现安全隐患、如何实现安全保护、如何检测安全攻击、如何修复安全问题、如何可视化智能管理”五个方面。

第一节　物联网安全概述

物联网通过感知与控制，将物联网融入到我们的生活、生产和社会中去，物联网的安全问题不容忽视。如果忽视物联网的安全问题，我们的隐私会由于物联网的安全性薄弱而暴露无遗。另外，随着物联网逐渐渗透到我们的生产和生活的方方面面，一旦物联网的安全受到威胁，就会破坏正常的生产和生活秩序，从而严重影响我们的正常生活。因此，在发展物联网的同时，必须对物联网的安全及隐私问题更加重视，保证物联网的健康发展。

一、物联网安全的特点

与互联网不同，物联网的特点在于无处不在的数据感知、以无线为主的信息传输、智能化的信息处理。从物联网的整个信息处理过程来看，感知信息经过采集、汇聚、融合、传输、决策与控制等过程，体现了与传统的网络安全不同的特点。

物联网的安全特征体现了感知信息的多样性、网络环境的异构性和应用需求的复杂性，呈现出网络的规模和数据的处理量大、决策控制复杂等特点，对物联网安全提出了新的挑战。物联网除了面对传统 TCP/IP 网络、无线网络和移动通信网络等传统网络安全问题之外，还存在着大量自身的特殊安全问题。

具体地讲，物联网的安全问题主要有如下特点。

1. 物联网的设备、节点等无人看管，容易受到操纵和破坏

物联网的许多应用代替人完成一些复杂、危险和机械的工作，物联网中设备、节点的工作环境大都是无人监控。因此攻击者很容易接触到这些设备，从而对设备或嵌入其中的传感器节点进行破坏。攻击者甚至可以通过更换设备的软硬件，对它们进行非法操控。例如，在远程输电过程中，电力企业可以使用物联网来远程操控一些变电设备。由于缺乏看管者，攻击者可轻易地使用非法装置来干扰这些设备上的传感器。如果变电设备的某些重要参数被篡改，其后果将会极其严重。

2. 信息传输主要靠无线通信方式，信号容易被窃取和干扰

物联网在信息传输中多使用无线通信方式，暴露在外的无线信号很容易成为攻击者窃取和干扰的对象，这会对物联网的信息安全产生严重的影响。例如攻击者可以通过窃取感知节点发射的信号，来获取所需要的信息，甚至是用户的机密信息并可据此来伪造身份认证，其

后果不堪设想。同时，攻击者也可以在物联网无线信号覆盖的区域内，通过发射无线电信号来进行干扰，从而使无线通信网络不能正常工作，甚至瘫痪。比如在物流运输过程中，嵌入在物品中的标签或读写设备的信号受到恶意干扰，很容易造成一些物品的丢失。

3. 出于低成本的考虑，传感器节点通常是资源受限的

物联网的许多应用通过部署大量的廉价传感器覆盖特定区域。廉价的传感器一般体积较小，使用能量有限的电池供电，其能量、处理能力、存储空间、传输距离、无线电频率和带宽都受到限制，因此传感器节点无法使用较复杂的安全协议，因而这些传感器节点或设备也就无法拥有较强的安全保护能力。攻击者针对传感器节点的这一弱点，可以通过采用连续通信的方式使节点的资源耗尽。

4. 物联网中物品的信息能够被自动地获取和传送

物联网通过对物品的感知实现物物相连，比如通过 RFID（射频识别）、传感器、二维识别码和 GPS 定位等技术能够随时随地且自动地获取物品的信息。同样这种信息也能被攻击者获取，在物品的使用者没有察觉的情况下，物品的使用者将会不受控制地被扫描、定位及追踪。这无疑对个人的隐私构成了极大的威胁。

物联网安全的总体需求是物理安全、信息采集的安全、信息传输的安全和信息处理的安全，而最终目标要确保信息的机密性、完整性、真实性和网络的容错性。物联网的安全性一方面要求物联网中的设备必须是安全可靠的，不仅要可靠地完成设计规定的功能，更不能发生故障危害到人员或者其他设备的安全；另一方面，它们必须有能力防护自己，在遭受黑客攻击和外力破坏的时候仍然能够正常工作。

物联网的信息安全建设是一个复杂的系统工程，需要从政策引导、标准制定、技术研发等多个方面向前推进，提出坚实的信息安全保障手段，保障物联网健康、快速地发展。

二、物联网的安全威胁

从信息安全和隐私保护的角度来说，物联网终端设备（RFID、传感器、智能信息处理设备）的广泛引入在为公众提供更加丰富的信息的同时，也增加了这些含有用户隐私的信息暴露的危险，所以有必要安全地管理并控制这些信息，确保这些隐私信息不会被别有用心的攻击者利用。由此可见，物联网的安全威胁比网络安全威胁更严重。

与互联网安全威胁的定义类似，物联网的安全威胁是指对物联网安全的一种潜在的侵害。目前，物联网安全面临的威胁主要表现有三类：信息泄露、信息破坏、拒绝服务。其中信息泄露、信息破坏也可能造成系统拒绝服务。

1. 信息泄露

信息泄露是指敏感数据在有意或无意中被泄露出去或丢失。它通常包括信息在传输中丢失或泄露（如利用电磁泄露或搭线窃听等方式可截获机密信息，或通过对信息流向、流

量、通信频度和长度等参数的分析，推出有用信息），信息在存储介质中丢失或泄露，通过建立隐蔽隧道等窃取敏感信息等。

2. 信息破坏

信息破坏是指以非法手段窃得对数据的使用权，删除、修改、插入或重发某些重要信息，以取得有益于攻击者的响应；恶意添加、修改数据，以干扰用户的正常使用。

3. 拒绝服务

拒绝服务是指不断对网络服务系统进行干扰，改变其正常的作业流程，执行无关程序使系统响应减慢甚至瘫痪，影响正常用户的使用，甚至使合法用户被排斥而不能进入物联网系统或不能得到相应的服务。

这些安全威胁可能来自各方面，包括自然因素和人为因素两类。而人为因素是物联网安全的主要威胁。人为攻击的类型包括：物理破坏、窃听、数据阻断、数据篡改、数据伪造、数据重放、盗用口令、缓冲区溢出、SQL 注入、计算机病毒、蠕虫、后门程序等。

三、物联网安全体系结构

从上面物联网安全的特征和物联网安全威胁分析所述可知，物联网安全需要对物联网的各个层次进行有效的安全保障，以应对感知层、网络层和应用层所面临的安全威胁，并且还要能对各个层次的安全防护手段进行统一的管理和控制，而且这些安全技术还需要符合物联网安全的特征。根据这些需求构建物联网安全体系结构如图 7-1 所示。

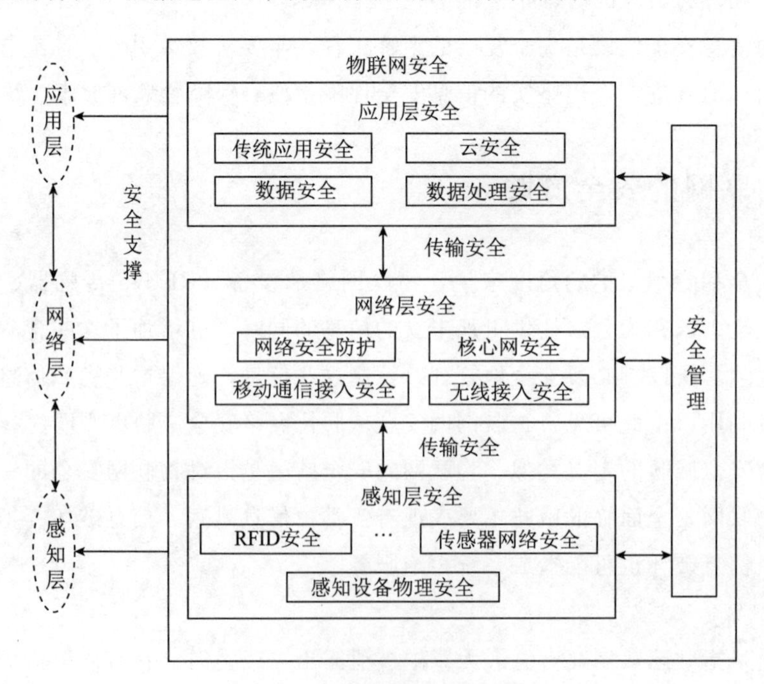

图 7-1 物联网安全体系结构

1. 感知层安全

感知层安全主要分为设备物理安全和信息安全两类。传感器节点之间的信息需要保护，传感器网络需要安全通信机制，确保节点之间传输的信息不被未授权的第三方获得。安全通信机制需要使用密码技术。传感器网络中通信加密的难点在于轻量级的对称密码体制和轻量级加密算法。感知层主要通过各种安全服务和各类安全模块，实现各种安全机制，对某个具体的传感器网络，可以选择不同的安全机制来满足其安全需求。

2. 网络层安全

网络层安全主要包括网络安全防护、核心网安全、移动通信接入安全和无线接入安全等。网络层安全要实现端到端加密和节点间信息加密。对于端到端加密，需要采用端到端认证、端到端密钥协商、密钥分发技术，并且要选用合适的加密算法，还需要进行数据完整性保护。对于节点间数据加密，需要完成节点间的认证和密钥协商，加密算法和数据完整性保护则可以根据实际需求选取或省略。

3. 应用层安全

应用层安全除了传统的应用安全之外，还需要加强处理安全、数据安全和云安全。多样化的物联网应用面临各种各样的安全问题，除了传统的信息安全问题，云计算安全问题也是物联网应用层所需要面对的。因此应用层需要一个强大而统一的安全管理平台，否则每个应用系统都建立自身的应用安全平台，将会影响安全互操作性，导致新一轮安全问题的产生。除了传统的访问控制、授权管理等安全防护手段，物联网应用层还需要新的安全机制，比如对个人隐私保护的安全需求等。

第二节　物联网的感知层安全

感知层的任务是全面感知外界信息。该层的典型设备包括 RFID 装置、各类传感器（如红外、超声、温度、湿度、速度等）、图像捕捉装置（摄像头）、全球定位系统（GPS）、激光扫描仪等。这些设备收集的信息通常具有明确的应用目的。例如，公路摄像头捕捉的图像信息直接用于交通监控，温度、湿度和 PM10 等传感器感知的数据一般用于环境监控。但是在物联网应用中，多种类型的感知信息可能会同时处理，综合利用，甚至不同的感应信息的结果将影响其他控制调节行为，如湿度的感应结果可能会影响到温度或光照控制的调节。

一、RFID 安全问题

RFID 标签负责收集物理世界的信息，并将这些信息通过无线的方式传输到物联网中去。由于已经能够投入使用的RFID标签的数量是十分巨大的，所以必须控制单个标签的成本，这将会导致单个RFID标签的能力降低到非常弱小的地步，不能支持那些复杂的加密计算。目前广泛使用的被动式RFID标签的价格在10美分左右，这种RFID标签通常包括5 000～10 000个逻辑门电路。这些逻辑门电路主要被用于实现一些最基本的标签功能，只有很少的部分可以用于支持安全类的功能。根据目前已有的技术和芯片的制造技术水平，在标签芯片中实现普通的SHA-1等较成熟的HASH算法大概需要3 000～4 000个逻辑门电路，对于那些公钥加密算法的实现，因为所需的逻辑门电路的数量太大而难于在RFID标签芯片上实现。

一个基本的RFID系统主要由RFID标签、RFID标签读取设备与后台数据处理系统三部分构成。其中，由于标签读取设备和后台数据处理系统的计算能力较强，它们可以实现复杂的密码学计算，因此，一般认为标签读取设备和后台数据处理系统之间的通信是安全的。由此可知，RFID系统的安全与隐私问题将主要集中在标签本身以及标签与标签读取设备之间的通信链路上。

下面将结合几个实例来介绍并说明RFID系统可能面临的安全隐患。

1. 窃听

由于RFID标签与标签读取设备之间是通过无线广播的方式来传输数据的，攻击者将有可能获得双方所传输的信息内容。如果这些信息内容未受到保护的话，攻击者就将能够得到标签与标签读取设备之间传输的信息及其具体的内容，进而可以使用这些信息用于身份欺骗或者偷窃。价格低廉的超高频RFID标签一般通信的有效距离比较短，直接窃听一般不容易实现，但是攻击者还可以通过中间人来发起攻击最终获得相关信息。

2. 中间人攻击

被动的RFID标签在收到来自标签读取设备的查询信息指令后会主动发起响应过程，它将会发送能够证明自身的身份的信息数据，因此攻击者可以使用那些已经受到自己控制的标签读取设备来接收并读取标签发出的信息。具体来说，攻击者首先伪装成一个标签读取设备来靠近标签，在标签携带者毫不知情的情况下进行信息的获取，然后攻击者将从标签中所获得的信息直接或者经过一定的处理之后再发送给合法的标签读取设备，从而达到攻击者的各种目的。在攻击的过程中，标签与标签读取设备都以为攻击者是正常的通信流程中的另一方。

阅读延伸

“小偷”系统

2005年以色列的特拉维夫大学的Ziv Kfir与Avishi Wool联合发表了一篇如何攻击电子钱包的论文。在这篇论文中，作者构造了一个相对简单的“小偷”系统，这个系统可以在神不知鬼不觉的情况下使用受害者的 RFID 卡片来消费。这个攻击系统共包含了两个 RFID 设备："幽灵"和"吸血鬼"。"吸血鬼"可以在距离受害者约 50 cm 的地方，快速获取受害者的储值卡信息，"吸血鬼"可以通过某种方式快速将获取到的受害者的储值卡信息转发给"幽灵"，"幽灵"进而可以通过读卡器盗刷受害者储值卡中的存款。使用这种"小偷系统"，"幽灵"和"吸血鬼"之间的距离可以相距很远。如此一来，即使受害者和读卡器相距千山万水，但用户的储值卡同样存在被盗刷的风险。采用中间人攻击的成本十分低廉，与使用的安全协议无关，这种方式是 RFID 系统所面临的最大挑战之一。

3. 欺骗、重放、克隆

欺骗是指攻击者将获取的标签数据发送给标签读取设备，以此来骗过标签读取设备；重放是指将标签记录恢复下来，然后在标签读取设备询问的时候发送给标签读取设备，以此来骗过标签读取设备；克隆主要是指将一个 RFID 标签中的内容记录写入另一个标签中，以形成一个原有的标签的副本。比如攻击者先记录一个牙刷的信息，然后去购买一个 MP3 播放器，当需要付款的时候，通过重放或者克隆的方式，攻击者欺骗标签读取设备，让标签读取设备误以为攻击者购买的只是一个牙刷，从而以牙刷这样的低价购买到高价的货物。因为数据库本身并未受到任何形式的攻击，因此系统数据库并不会发现任何异常，但是商家却受到了很大的损失。这种价格欺骗的做法在国内发生的概率并不大，因为在国内，高价的物品并不会采用自动售卖的方式进行销售。另一个例子是破解门禁系统，国内很多的地方都采用了门禁系统，它采用 RFID 卡片作为门禁的通行证。如果有人读取到合法用户 RFID 内的信息，并将其写入到另一张新 RFID 卡片中去，就会发生攻击者可以以被复制卡片的用户的身份通过门禁系统，而系统不会发现任何异常，只有当攻击者做出其他的破坏事件后通过回溯门禁信息时才会被发现。

4. 物理破解

由于 RFID 系统通常包含了大量系统内的合法标签，因而攻击者可以很容易地获取到系统内标签。廉价的标签通常是没有赋予防破解的机制的，因此容易被攻击者破解，从中获取到其中的安全机制和所有的隐私信息。一般在物理层面被破解之后，标签将被破坏，并且将不再能够继续使用。这种攻击的技术门槛较高，一般不容易实现。

阅读延伸

Mifare Classic 射频卡

在 2007 年底，美国为吉尼亚大学的 Karsten Nohl 与德国的著名黑客组织混沌计算机俱乐部（Chaos Computer Club）的成员联合发表了一篇关于 Mifare Classic Crypto-1 加密算法的技术论文。Mifare 加密算法已被应用于 Mifare 射频卡中，这种卡是一种被广泛使用的具有 433 MHz 频率的射频卡。在这篇论文中，研究人员通过逆向工程的方法，从硬件层面上对 Mifare Classic 射频卡所采用的加密算法进行破解，并获得成功。

攻击者在破解特定的 RFID 系统的部分标签后，即可以获得这个标签内部的所有信息与秘密隐私，进而可发起两种比之前介绍过的更加复杂的攻击。其一是试图使用标签现在使用的隐私秘密来推测此标签在之前所使用的隐私秘密，甚至能够破译出该标签在之前所发送的加密信息中的内容；其二是通过已经获得的部分标签的秘密来推断其他的那些未被破解的标签的秘密，进而发起更广泛的攻击。

5. 篡改信息

数据篡改是指非授权的修改或者擦除 RFID 标签上的数据，攻击者可以让物品所附着的标签传达他们想要的信息。

阅读延伸

未来商店

2003 年欧洲零售业巨头麦德龙集团（Metro Group）对设想中的“未来商店”概念和技术进行了一次尝试。这个“未来商店”建立在德国莱茵博格的一个郊区，每件参与测试的产品都带有单独的标签，在货架上装有 RFID 标签读取设备，并提供自动结算。商店提供了一种“钝化”方法，使标签离开商店后就自动失效，以此来打消人们的隐私顾虑。2004 年，Lukas Grunwald 想到，能否在商店内就改写标签的数据区？他开发了一个名为“RF 垃圾”的程序，使用这个程序可以在商店内将商品标签上的 EPC 数据区改写，这样剃须刀就可能会变成奶酪，25 美元的 DVD 也可以变成 0.3 美元的口香糖。因此商家就会将这样的 DVD 亏本销售掉，而无人参与的自助结算系统极难发现其中的问题。

6. 拒绝服务攻击

拒绝服务攻击主要是通过发送不完整的交互请求来消耗系统资源。比如当系统中多个标签发生通信冲突，或者一个特别设计的用于消耗 RFID 标签读取设备资源的标签发送数据时，拒绝服务攻击就发生了。此外，如果标签内部的数据的状态是有限的话，同样也会受到拒绝服务攻击的影响。一个特别设计的标签可以打乱其识别过程，使得 RFID 标签读取设备无法正确识别所有的标签。

7. RFID 病毒

RFID 标签会携带病毒一直被当作是天方夜谭，但是应该说在某些条件下这是可能发生的。RFID标签本身不会检测出其所携带的数据是否含有病毒或者蠕虫病毒信息。攻击者可以事先将含有病毒的代码写入到标签中，然后让合法的RFID标签读取设备读取含有病毒的标签中的数据。这样一来，病毒就有可能被注入到RFID系统中去。当病毒、蠕虫或者是恶意程序入侵到数据库中，就可能迅速传播开来并摧毁整个系统以及重要的资料。

在过去，RFID标签被认为是不容易受到病毒攻击的，其主要原因在于标签的存储容量十分有限。但是后来研究人员发现：病毒可以通过RFID标签从RFID标签读取设备传播到中间件，进而被传播到后台的数据库和系统的其他关键部分中。即使RFID标签的存储容量有限，但是攻击者还是可以通过SQL注入或者缓冲区溢出等手段攻击系统。

8. 其他

攻击者可能会以物理的或者电子的方法，在未经授权的情况下破坏一个标签，此后此标签就无法再为用户提供服务。攻击者还有可能通过干扰或者屏蔽手段来破坏标签的正常访问。干扰是指使用电子设备来破坏RFID标签读取设备对RFID标签的正确访问；屏蔽是指用机械的方法来阻止RFID标签读取设备对标签的读取。这两种手段因为可以影响RFID标签读取设备对标签的访问，因而也可能会被用来阻止合法的RFID标签读取设备对标签的访问。

还有其他一些可能的威胁，比如，攻击者可能将物品上所附着的标签拆卸下来，这样，攻击者就可以带走这个物品而不担心被RFID标签读取设备发现。RFID标签读取设备可能会认为标签所对应的物品仍然存在，并未丢失。

二、传感网安全问题

在传感网内部，需要有效的密钥管理机制，用于保障传感网内部通信的安全。传感网内部的安全路由、连通性解决方案等都可以相对独立地使用。由于传感网络类型的多样性，很难统一要求需要哪些安全服务，但机密性和认证性都是必要的。机密性需要在通信时建立一个临时会话密钥，而认证性可以通过对称密码或非对称密码方案解决。使用对称密码的认证方案需要预置节点间的共享密钥，效率比较高，消耗网络节点的资源较少，许多传感网都选用此方案；而使用非对称密码技术的传感网一般具有较好的计算和通信能力，并且对安全性要求更高。在认证的基础上完成密钥协商是建立会话密钥的必要步骤。安全路由和入侵检测等也是传感网应具有的性能。

由于传感网的安全一般不涉及其他网路的安全，因此是相对较独立的问题，有些已有的安全解决方案在物联网环境中也同样适用。但由于物联网环境中传感网遭受外部攻击的机会增大，因此用于独立传感网的传统安全解决方案需要提升安全等级后才能使用，也就是说在安全的要求上更高，这仅仅是量的要求，没有质的变化。相应地，传感网的安全需求所涉及的密码技术包括轻量级密码算法、轻量级密码协议、可设定安全等级的密码技术等。

在考虑感知信息进入传输层之前，把传感网络本身（包括上述各种感知器件构成的网络）看作感知的部分。感知信息要通过一个或多个与外界网连接的传感节点，称之为网关节点（Sink 或 Gateway）。所有与传感网内部节点的通信都需要经过网关节点与外界联系，因此在物联网的感知层，只要考虑传感网本身的安全性即可。

传感网遇到比较普遍的情况是某些普通网络节点被敌手控制而发起的攻击，传感网与这些普通节点交互的所有信息都被敌手获取。敌手的目的可能不仅仅是被动窃听，还通过所控制的网络节点传输一些错误数据。因此，传感网的安全需求应包括对恶意节点行为的判断和对这些节点的阻断，以及在阻断一些恶意节点（假定这些被阻断的节点分布是随机的）后，保障网络的连通性。

对传感网络分析（很难说是否为攻击行为，因为有别于主动攻击网络的行为）更为常见的情况是敌手捕获一些网络节点，不解析它们的预置密钥或通信密钥（这种解析需要代价和时间），只鉴别节点种类，比如检查节点是用于检测温度、湿度还是噪声等。有时候这种分析对敌手是很有用的。因此安全的传感网络应该有保护其工作类型的安全机制。

既然传感网最终要接入其他外在网络，包括互联网，那么就难免受到来自外在网络的攻击。目前能预期到的主要攻击除了非法访问外，应该是拒绝服务（DOS）攻击了。因为传感网节点的通常资源（计算和通信能力）有限，所以对抗 DOS 攻击的能力比较脆弱，在互联网环境里不被识别为 DOS 攻击的访问就可能使传感网瘫痪，因此，传感网的安全应该包括节点抗 DOS 攻击的能力。考虑到外部访问可能直接针对传感网内部的某个节点（如远程控制启动或关闭红外装置），而传感网内部普通节点的资源一般比网关节点更少，因此，网络抗 DOS 攻击的能力应包括网关节点和普通节点两种情况。

传感网接入互联网或其他类型网络所带来的问题不仅仅是传感网如何对抗外来攻击的问题，更重要的是如何与外部设备相互认证的问题，而认证过程又需要特别考虑传感网资源的有限性，因此认证机制需要的计算和通信代价都必须尽可能小。此外，对外部互联网来说，其所连接的不同传感网的数量可能是一个庞大的数字，如何区分这些传感网及其内部节点并有效地识别它们，是安全机制能够建立的前提。

三、感知数据的安全处理方法

感知数据是物联网的数据基础。由于感知数据需要通过无线、有线网络传输到远端服务器进行处理，因此，感知数据需要进行前期安全处理。

（一）技术解决方案

RFID 安全和隐私保护与成本之间是相互制约的。根据自动识别（Auto-ID）中心的试验数据，在设计 5 美分标签时，集成电路芯片的成本不应该超过 2 美分，这使集成电路门电路数量限制在了 7 500～15 000。一个 96 位的 EPC 芯片需要 5 000～10 000 的门电路，因此用于安全和隐私保护的门电路数量不能超过 2 500～5 000，使得现有密码技术难以应用。优秀的 RFID 安全技术解决方案应该是平衡安全、隐私保护与成本的最佳方案。

从上述安全攻击行为来看，RFID 不安全的原因主要是由于非授权的读取 RFID 信息造成的。针对这个问题，现有的 RFID 安全和隐私技术主要侧重于 RFID 信息的保护，保护授权访问可以分为两大类：一类是通过物理方法阻止标签与阅读器之间通信，另一类是通过逻辑方法增加标签安全机制。

1. *物理方法*

物理方法包括杀死标签、法拉第网罩、主动干扰、阻挡标签等。

（1）杀死（Kill）标签。其原理是使标签丧失功能，从而阻止对标签及其携带物的跟踪，如在超市买单时的处理。但是，Kill 命令使标签失去了它本身应有的优点，如商品在卖出后，标签上的信息将不再可用，不便于日后的售后服务，以及用户对产品信息进一步的了解。另外，若 Kill 识别序列号（PIN）一旦泄露，可能导致恶意者偷盗超市商品。

（2）法拉第网罩（Faraday Cage）。根据电磁场理论，由传导材料构成的容器，如法拉第网罩可以屏蔽无线电波，使得外部的无线电信号不能进入法拉第网罩，反之亦然。把标签放入由传导材料构成的容器可以阻止标签被扫描，即被动标签接收不到信号，不能获得能量，主动标签发射的信号不能发出。因此，利用法拉第网罩可以阻止隐私侵犯者扫描标签获取信息。例如，当货币嵌入 RFID 标签后，可利用法拉第网罩原理阻止隐私侵犯者扫描，避免他人知道你包里有多少钱。静电屏蔽可以对标签进行屏蔽，使之不能接收任何来自标签读写器的信号，但需要一个额外的物理设备，既造成了不便，又增加了系统的成本。

（3）主动干扰。主动干扰无线电信号是另一种屏蔽标签的方法。标签用户可以通过一个设备主动广播无线电信号用于阻止或破坏附近的 RFID 阅读器的操作。但这种方法可能会导致非法干扰，使附近其他合法的 RFID 系统受到干扰，严重的是，它可能阻断附近其他无线系统。

（4）阻挡标签（Blocker Tag）。使用一种特殊设计的标签，称为阻挡标签，这种标签会持续对读取器传送混淆的信息，由此阻止读取器读取受保护的标签；但当受保护的标签离开阻挡标签的保护范围，则安全与隐私的问题仍然存在。

2. *逻辑方法*

逻辑方法大部分是基于密码技术的安全机制。由于 RFID 系统中的主要安全威胁来自非授权的标签信息访问，因此这类方法在标签和阅读器交互过程中增加认证机制，对阅读器访问 RFID 标签进行认证控制。当阅读器访问 RFID 标签时，标签先发送标签标识给阅读器，阅读器查询标签密码后发送给标签，标签通过认证后再发送其他信息给阅读器。

（1）哈希锁方案（Hash-Lock）。Hash 锁是一种抵制标签未授权访问的安全与隐私技术。其原理是阅读器存储每个标签的访问密钥 *key*，对应标签存储的元身份（MetaID），其中 MetaID＝Hash（*key*）。标签接收到阅读器访问请求后发送 MetaID 作为响应，阅读器通过查询获得与标签 MetaID 对应的密钥 *key* 并发送给标签，标签通过 Hash 函数计算阅读器发送的密钥 *key*，检查 Hash（*key*）是否与 MetaID 相同，相同则解锁，发送标签真实 ID 给阅读器。

该协议的优点：成本较小，仅需一个 Hash 方程和一个存储的 MetaID 值，认证过程中使用对真实 ID 加密后的 MetaID。缺点：对密钥进行明文传输，且 MetaID 是固定不变的，不利于防御信息跟踪威胁。

（2）随机 Hash 锁方案。在随机哈希锁方案中，标签需要带有一个单项密码学哈希函数发生器和一个伪随机数发生器。同样，在阅读器方也拥有同样的哈希函数和伪随机数发生器。在后台系统的数据库中存储着所有标签的 ID 信息，此外阅读器还与每一个标签共享一个唯一的密钥 *key*，这个 *key* 将作为密码学哈希函数的密钥用于计算。

当阅读器请求访问标签时，标签 T_k 先用伪随机数发生器生成一个随机数 R，然后计算其 ID 和随机数 R 的哈希值 h_{key}（$ID_k \parallel R$），最后把随机数 R 和这个哈希值返回给发起本次访问请求的阅读器。阅读器在收到标签的响应后，将这些信息都发送给后台数据库。因为还不知道被查询的标签的身份，因此后台数据库需要穷举所有的标签的 ID_i，并与收到的随机数 R 一起作为密码学哈希函数的输入，计算相应的 h_{key}（$ID_k \parallel R$）。如果计算得到的哈希值与收到的哈希值相同的话，则 ID_i 就是正在被查询的标签的身份标识，阅读器将此标签的 ID 发回，同时对该标签进行解锁操作，如图 7-2 所示。

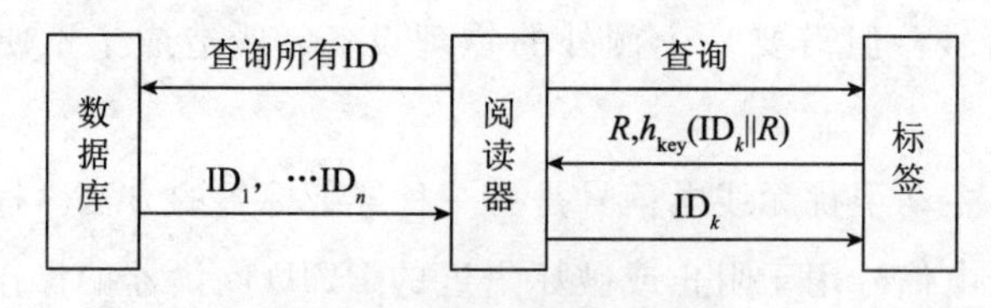

图 7-2　随机哈希锁方案

在本方案中，标签每次发送的应答信息由两部分构成：其一是随机数 R，其二是一个用此随机数作为参数计算的哈希值。由于 R 是由随机数发生器产生的，因此对应的哈希值也应是随机的。这样一来，每次标签的响应都会是随机变化的，故而很难对其进行跟踪。

但这个协议不能够防止重放攻击，这是因为在标签返回的消息中只含有标签内的一些信息，而不含有来自阅读器的信息，即没有可以唯一确定本次会话的信息。若攻击者窃听到一个标签的响应，然后在阅读器查询时回放这个响应信息，就可以伪装成这个标签。另外，每次确认一个标签的身份都需要穷尽整个数据库中所存的所有的 ID，并进行哈希运算操作，使整个认证过程耗时较多，因此本方法不具有很强的可扩展性，只能适用于小规模的应用。

（3）哈希锁链（Hash Chain）方案。在哈希链协议中，标签和阅读器共享两个单向密

码学哈希函数 $G(.)$ 和 $H(.)$，其中 $G(.)$ 用于计算响应消息，$H(.)$ 用于进行更新。它们还共享了一个初始的随机化标示符 s。当阅读器查询标签时，标签返回当前的标示符 s_i 的哈希值 $a_i=G(s_i)$，同时标签更新当前标识符 s_i 至 $s_{i+1}=H(s_i)$，如图 7-3 所示。

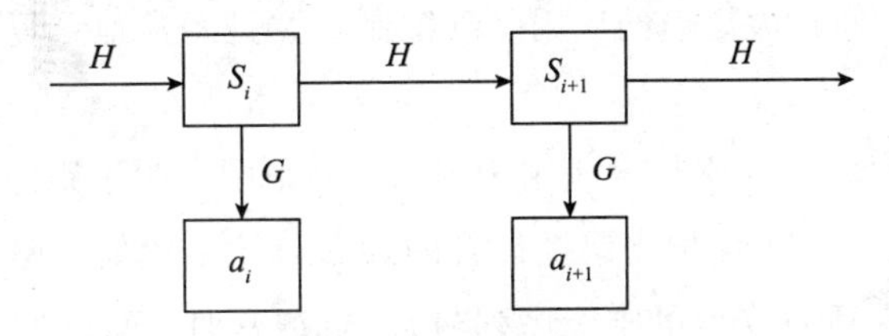

图 7-3　哈希链方案

阅读器在收到标签的响应后需要穷尽性的计算，使用数据库中所有标签的标示符计算哈希值来与收到的信息中的数据进行信息匹配。因此，哈希链协议也并不具有很好的可扩展性，只能适用于小规模的应用。在标签没有受到过攻击的情况下，标签和数据库内部的标示符可以保持同步。同时在这种情况下，穷尽匹配时阅读器只需要为每一个标签计算一次哈希值。但是如果标签被攻击者恶意攻击，被扫描过若干次，则在此时穷尽匹配时阅读器需要为每个标签计算多次哈希值，这将极大地增加认证一个标签所需要的时间，而攻击者可以恶意扫描一个标签任意多次，使得阅读器根本无法设定每个可能的标签标示符所需要被计算的次数，从而可能导致系统无法正常地工作。

哈希链协议的一个优点是它能够提供“前向安全性”。前向安全性是指一种安全需求，它需要在一个标签的密钥被攻击者获取之后，此前该标签所发送过的信息仍然能够不被破解。在哈希链协议中，每次查询之后，标签的标示符都使用了单向密码学哈希函数进行数据更新。根据密码学哈希函数的“前向抵制”特性，它使得第三方无法从一个更新版本的标示符中获取更新之前该标签所对应的标示符。因此，这种方法保证了前向安全性。

（4）重加密方案（Re-Encryption）。基于 Hash 函数的机制可实现标签和读写器的双向认证，能同时解决隐私和认证问题，但需要在标签内部实现 Hash 函数，增加了标签成本；另外在识别时，读写器需要搜索、匹配数据库中存储的标签秘密值，要求读写器在线连接数据库。

重加密技术是另一种 RFID 安全机制，它可重命名标签，使得攻击者无法跟踪和识别标签，从而保护用户隐私。重加密，顾名思义就是反复对标签名加密，重加密时，因采用公钥加密，大量的计算负载超出了标签的能力，通常这个过程由读写器来处理。读写器读取标签名，对其进行加密，然后写回标签中。重加密机制有如下的优点。

1）对标签要求低，加密和解密操作都由读写器执行，标签只不过是密文的载体。

2）保护隐私能力强，重加密不受算法运算量限制，一般采用公钥加密，抗破解能力强。

3）兼容现有标签，只要求标签具有一定可读写单元，现有标签已可实现。

4）读写器可离线工作，无须在线连接数据库。

该方案存在的最大缺陷是标签的数据必须经常重写，否则，即使加密标签ID固定的输出也将导致标签定位隐私泄漏。与匿名ID方案相似，标签数据加密装置与公钥加密将导致系统成本的增加，使得大规模的应用受到限制，并且经常地重复加密操作也给实际操作带来困难。

GSA. Juels等最早将重加密技术应用于RFID安全中。为了跟踪欧元支票流，在欧元支票中嵌入RFID芯片。为了保护支票携带者的隐私，该系统要求除认证中心以外，任何机构都不能够识别标签ID（支票的唯一序列号）。重加密时，重加密读写器以光学扫描方式获得支票上印刷的序列号，使用认证中心的公钥对序列号进行加密，然后写入RFID芯片。重加密采用ElGamal公钥加密，所以对于同一序列号每次可采用不同的随机数，加密结果（别名）不同。这样攻击者通过读取别名无法识别支票，但是具有私钥的认证中心可以解密别名识别支票。

（二）法规、政策解决方案

除了技术解决方案以外，还应充分利用和制定完善的法规、政策，加强RFID安全和隐私的保护。2002年，美国哈佛大学的Garfinkel提出了RFID系统创建和部署的五大指导原则，即RFID标签产品的用户具有如下权利：有权在购买产品时移除、失效或摧毁嵌入的RFID标签；有权对RFID做最好的选择，如果消费者决定不选择RFID或启用RFID的Kill功能，消费者不应丧失其他权利；有权知道他们的RFID标签内存储着什么信息，如果信息不正确，则有方法进行纠正或修改；有权知道何时、何地、为什么RFID标签被阅读。

RFID标签已逐步进入我们的日常生产和生活当中，同时，也给我们带来了许多新的安全和隐私问题。如何根据RFID标签有限的计算资源，设计安全有效的安全技术解决方案，仍然是一个具有相当挑战性的课题。为了有效地保护数据安全和个人隐私，引导RFID的合理应用和健康发展，还需要建立和制定完善的RFID安全与隐私保护法规、政策。

案例

物联网安全平台呼唤统一架构

2018年5月17日，时值世界电信和信息日之际，2018中国物联网产业生态大会在北京举行。此次大会以“新连接、新生态、新未来”为主题，聚焦当前物联网发展的关键课题“生态建设”，分析现状、关注问题、把脉关键、发现路径、促进合作，推动建设培育良性的物联网产业生态。

在2018中国物联网产业生态大会上，ARM中国安全技术总监王骏超表示，

ARM在面向物联网安全方面做了很多工作，目前已覆盖移动支付、生物识别、内容版权、企业安全四大领域。但是物联网的生态已日益丰富，数以百计的芯片厂商进入驱使物联网市场对于统一的底层安全架构与标准的需求，为此，ARM推出了针对物联网平台的专属安全架构，以此应对日益复杂的物联网安全威胁。

第三节　物联网的传输层安全

物联网的传输层主要用于把感知层收集到的数据安全，可靠地传输到处理层，然后根据不同的应用需求进行数据处理。传输层主要是网络基础设施，包括互联网、移动网和一些专业网（如国家电力专用网、广播电视网）等。在数据传输过程中，可能要经过一个或多个不同架构的网络进行数据交接。例如，普通电话座机与手机之间的通话就是一个典型的跨网络架构数据传输的实例。在数据传输过程中跨网络传输是很正常的，在物联网环境中这一现象更突出，而且很可能在正常而普通的事件中产生信息安全隐患。

一、传输层的安全挑战和安全需求

网络环境目前遇到前所未有的安全挑战，而物联网传输层所处的网络环境也存在安全挑战，甚至是更高的挑战。同时，由于不同架构的网络需要相互联通，因此在跨网络架构的安全认证等方面会面临更大挑战。初步分析认为，物联网传输层将会遇到下列安全挑战：①DOS攻击、DDOS攻击；②假冒攻击、中间人攻击等；③跨异构网络的网络攻击。

在物联网发展过程中，目前的互联网或者下一代互联网将是物联网传输层的核心载体，多数信息要经过互联网传输。互联网遇到的DOS和分布式拒绝服务攻击（DDOS）仍然存在，因此需要有更好的防范措施和灾难恢复机制。考虑到物联网所连接的终端设备性能和对网络需求的巨大差异，对网络攻击的防护能力也会有很大差别，因此很难设计通用的安全方案，而应针对不同网络性能和网络需求有不同的防范措施。

在传输层，异构网络的信息交换将成为安全性的薄弱点，特别在网络认证方面，难免存在中间人攻击和其他类型的攻击（如异步攻击、合谋攻击等）。对这些攻击都需要有更高的安全防护措施。

（一）物联网传输层的安全需求

如果仅考虑互联网和移动网以及其他一些专用网络，则物联网传输层对安全的需求可以概括为以下几点。

（1）数据机密性。需要保证数据在传输过程中不泄露其内容。

（2）数据完整性。需要保证数据在传输过程中不被非法篡改，或非法篡改的数据容易被检测出。

（3）数据流机密性。某些应用场景需要对数据流量信息进行保密。目前只能提供有限的数据流机密性。

（4）DDOS攻击的检测与预防。DDOS攻击是网络中最常见的攻击类型，在物联网中将会更突出。

（5）物联网中需要解决的问题还包括如何对脆弱节点的DDOS攻击进行防护。

（6）移动网中认证与密钥协商（AKA）机制的一致性或兼容性，跨域认证和跨网络认证（基于IMSI）。

（7）不同无线网络所使用的不同AKA机制对跨网认证带来不利影响，此问题亟待解决。

（二）无线传感网络面临的问题

物联网更重要的数据传输方式是无线方式，即WSN。最小的资源消耗和最大的安全性能之间的矛盾，是WSN安全性的首要问题。无线传感网络面临以下安全问题。

1. 传感节点的物理操纵

未来的传感器网络一般有成百上千个传感节点，很难对每个节点进行监控和保护，因而每个节点都是一个潜在的攻击点，都能被攻击者进行物理和逻辑攻击。另外，传感器通常部署在无人维护的环境中，这更加方便了攻击者捕获传感节点。当捕获了传感节点后，攻击者就可以通过编程接口（JTAG接口），修改或获取传感节点中的信息或代码。根据相关文献分析，攻击者可利用简单的工具（计算机、UISP自由软件）在不到一分钟的时间内就可以把EEPROM、Flash和SRAM中的所有信息传输到计算机中，通过汇编软件，可很方便地把获取的信息转换成汇编文件格式，进而分析出传感节点所存储的程序代码、路由协议及密钥等机密信息，同时还可以修改程序代码，并加载到传感节点中。

很显然，目前通用的传感节点具有很大的安全漏洞，攻击者通过此漏洞，可方便地获取传感节点中的机密信息、修改传感节点中的程序代码，如使得传感节点具有多个身份ID，从而以多个身份在传感器网络中进行通信。另外，攻击还可以通过获取存储在传感节点中的密钥、代码等信息进行，从而伪造或伪装成合法节点加入到传感网络中。一旦控制了传感器网络中的一部分节点后，攻击者就可以发动多种攻击，如监听传感器网络中传输的信息，向传感器网络中发布假的路由信息或传送假的传感信息，进行拒绝服务攻击等。

2. 信息窃听

根据无线传播和网络部署特点，攻击者很容易通过节点间的传输而获得敏感或者私有的信息。例如，在通过无线传感网监控室内温度和灯光的场景中，部署在室外的无线接收器可以获取室内传感器发送过来的温度和灯光信息。同样，攻击者通过监听室内和室外节点间信息的传输，也可以获知室内信息，从而得到房屋主人的生活习性。

3. 私有性问题

传感器网络是以收集信息为主要目的的，攻击者可以通过窃听、加入伪造的非法节点等方式获取这些敏感信息。如果攻击者知道怎样从多路信息中获取有限信息的相关算法，那么攻击者就可以通过大量获取的信息导出有效信息。一般攻击者并不是通过传感器网络去获取敏感信息的，而是通过远程监听 WSN 来获得大量的信息，并根据特定算法分析出其中的敏感信息的。因此攻击者并不需要物理接触传感节点，因而是一种低风险、匿名的获得私有信息的方式。远程监听还可以使单个攻击者同时获取多个节点传输的信息。

4. 拒绝服务攻击

拒绝服务攻击主要指破坏网络的可用性，减少、降低网络执行或系统执行某一期望功能能力的任何事件。如试图中断、颠覆或破坏传感网络等，另外还包括硬件失败、软件漏洞、资源耗尽、环境条件等。攻击者可以发起快速消耗传感节点能量的攻击，比如，向目标节点连续发送大量无用信息，目标节点就会消耗能量处理这些信息，并把这些信息传送给其他节点。

二、传输层的安全方法

为了应对传输层的安全问题，可以采用传统的网络安全技术。针对物联网传输的特殊性，可以使用以下几种技术保障安全性。

1. 对抗传感节点的物理操纵

由于传感节点容易被物理操纵是传感器网络不可回避的安全问题，必须通过其他的技术方案来提高传感器网络的安全性能。如在通信前进行节点与节点的身份认证；设计新的密钥协商方案，使得即使有一小部分节点被操纵后，攻击者也不能或很难从获取的节点信息推导出其他节点的密钥信息等。另外，还可以通过对传感节点软件的合法性进行认证等措施来提高节点本身的安全性能。

2. 应对信息窃听

对传输信息加密可以解决窃听问题，但需要一个灵活、强健的密钥交换和管理方案。密钥管理方案必须容易部署而且适合传感节点资源有限的特点。另外，密钥管理方案还必须保证当部分节点被操纵后（这样攻击者就可以获取存储在这个节点中的生成会话密钥的信息），不会破坏整个网络的安全性。由于传感节点的内存资源有限，使得在传感器网络中实现大多数节点间的端到端安全不切实际。然而在传感器网络中可以实现跳与跳之间的信息的加密，这样传感节点只要与邻居节点共享密钥就可以了。在这种情况下，即使攻击者捕获了一个通信节点，也只是影响相邻节点间的安全。但当攻击者通过操纵节点发送虚假路由消息，就会影响整个网络的路由拓扑。解决这种问题的办法是具有鲁棒性的路由协议，另外一种方法是多路径路由，通过多个路径传输部分信息，并在目的地进行重组。

3. 保护私有性问题

保证网络中的传感信息只有可信实体才可以访问是保证私有性问题的最好方法，这可通过数据加密和访问控制来实现；另外一种方法是限制网络所发送信息的粒度，因为信息越详细，越有可能泄露隐私。比如，一个簇节点可以通过对从相邻节点接收到的大量信息进行汇集处理，并只传送处理结果，从而达到数据匿名化。

4. 防御拒绝服务攻击

防御 DOS 攻击没有一个固定的方法，它随着攻击者攻击方法的不同而不同。一些跳频和扩频技术可以用来减轻网络堵塞问题。恰当的认证可以防止在网络中插入无用信息，然而这些协议必须十分有效，否则它也会被用来当作 DOS 攻击的手段。比如，基于非对称密码机制的数字签名可以用来进行信息认证，但是创建和验证签名是一个速度慢、能量消耗大的计算，攻击者在网络中引入大量的这种信息，就可有效地实施 DOS 攻击。

阅读延伸

物联网时代，用 TEE 技术为个人信息装把“安全锁”

数据在为人们的生活带来便利、引领人们迈向物联网时代的同时，随之而来的数据泄露问题因其极大的危害日益受到各界关注与重视。各种各样的安全技术也在这一过程中问世、崛起，其中就包括 TEE 技术。

TEE 技术，即 Trusted Execution Environment 可信执行环境。TEE 是与设备上的 Rich OS（通常是 Android 等）并存的运行环境，给 Rich OS 提供安全服务。纵观全球 TEE 技术商，目前只有 Trustonic（英国信特尼有限公司）通过了 EAL2＋安全性认证，Trustonic 成立的初衷即是为所有的智能终端提供芯片安全方案，进而主导开发安全平台生态圈。

TEE 是安卓系统的保险箱：TEE 技术目前主要用于手机上的应用保护以及芯片的安全保护。据卢旻盛介绍，TEE 技术是基于硬件隔离的安全技术，它的安全原理就像银行里的保险箱，为数据和隐私信息提供相对隔离的安全环境。

2018 数博会上，Trustonic 大中华区销售副总裁卢旻盛（Michael Lu）参加了 5 月 25 日“2018 中英智能联接·英国日”论坛。他说：“TEE 是谷歌对安卓系统的一个强制需求”。用户需要将个人的生物密钥存储在安全的信息保险箱即 TEE 环境中，确保信息交换、移动支付等活动能够在安全、值得信赖的环境中开展，才能放心地进行包括指纹支付、虹膜识别等各种智能生活的尝试。

TEE 在物联网时代大有可为，从大的领域来看，TEE 主要有四个方面的应用方向：第一是版权保护，包括将TEE技术用于国外商业电视台的点播服务、防盗版等。国内，广科院中国DRM实验室做好准备进一步利用TEE技术。第二是金融支付，即利用TEE技术保护手机应用，防止隐私信息泄露等。在金融支付领域，TEE技术已经成为央行移动支付标准的一部分。第三是信息安全，主要指保护通讯安全，为政府部门的内部信息提供加密服务等。第四是将TEE技术与一些运营商的指定应用结合。

卢旻盛也提到，智能手机只是物联网的一部分，物联网时代会产生海量数据。不论是数据分析还是机器学习，最有价值的是数据本身，而数据价值显现的前提是数据安全得到保障、能够识别数据真伪。

“物联网时代的来临，TEE技术的刚性需求和落地会相当值得期待，比想象的要大。”

第四节　物联网的应用层安全

应用层是面向用户的，需要研究用户接入和使用物联网的技术和安全手段。这涉及知识产权保护、计算机取证、计算机数据销毁等安全需求和相应技术。

一、应用层的安全挑战和安全需求

应用层的安全挑战和安全需求主要来自于下述几个方面：①如何根据不同访问权限对同一数据库内容进行筛选；②如何提供用户隐私信息保护，同时又能正确认证；③如何解决信息泄露追踪问题；④如何进行计算机取证；⑤如何销毁计算数据；⑥如何保护电子产品和软件的知识产权。

由于物联网需要根据不同应用需求对共享数据分配不同的访问权限，而且不同权限访问同一数据可能得到不同的结果。例如，道路交通监控视频数据在用于城市规划时只要很低的分辨率即可，因为城市规划需要的是交通堵塞的大概情况；当用于交通管制时就需要清晰一些，因为需要知道交通实际情况，以便能及时发现哪里发生了交通事故，以及交通事故的基本情况等；当用于公安侦查时需要更清晰的图像，以便能准确识别汽车牌照等信息。因此如何以安全方式处理信息是应用中的一项挑战。

随着个人和商业信息的网络化，越来越多的信息被认为是用户隐私信息。需要隐私保护的应用至少包括如下几种。

(1) 移动用户既要知道（或被合法知道）其位置信息，又不愿意非法用户获取该信息。

(2) 用户既要证明自己在合法使用某种业务，又不想让他人知道自己在使用某种业务，如在线游戏。

(3) 病人急救时需要及时获得该病人的电子病历信息，但又要保护该病历信息不被非法获取，包括病历数据管理员。事实上，电子病历数据库的管理人员可能有机会获得电子病历的内容，但隐私保护采用某种管理和技术手段使病历内容与病人身份信息在电子病历数据库中无关联。

(4) 许多业务需要匿名性，如网络投票。很多情况下，用户信息是认证过程的必需信息，如何对这些信息提供隐私保护，是一个具有挑战性的问题，但又是必须要解决的问题。

随着感知定位技术的发展，人们需要更加快速、精确地获知自己的位置，因此基于位置的服务（Location-Based Service，LBS）就应运而生了。利用用户的位置信息，服务提供商可以提供一系列的便捷的服务。例如当用户在逛街时感到饿了，他们就可以快速地搜索出在其所在地点附近的餐馆，并可以获取每家餐馆的菜单，然后就可以提前选定好一家餐馆，选定要吃的饭菜并预订，然后就可以在指定的时间段内上门消费了，大大缩短了等待的时间。又比如 LBS 服务提供商可以根据用户的位置，向用户推荐其所在地附近的旅游景点，并能附上相关的介绍。此类服务目前已经在手机平台上被大量应用了，用户只要拥有一台带有 GPS 定位功能的手机，就可以随时享受到物联网所带来的生活上的便捷。

二、应用层的安全方法

为了应对与日俱增的针对位置隐私的威胁，人们想出了种种手段来保护自己的位置隐私。这些保护的手段方法可以分成四类：①制度约束，通过法律和规章制度来规范物联网中对于位置信息的使用。②隐私方针，允许用户根据自己的需要来制定相应的位置隐私方针，以此来指导移动设备与服务提供商之间的交互。③身份隐匿，将位置信息中真实身份信息用一个匿名的代号替换，以此来避免攻击者将位置信息与真实身份挂钩。④数据混淆，对位置信息的数据进行混淆性加密，避免让攻击者得知用户的精确位置。

其中，前两类方法可以说是“以行政对抗技术”，而后两类方法可以说是“以技术对抗技术”，它们都有各自的优缺点。需要注意的是，为了保护位置隐私，往往需要牺牲服务的质量，如果需要得到完全彻底的隐私保护，只有彻底切断与外界的通信联系。换言之，只要设备还需要连接到网络中去，还想享受各种服务的便利，隐私就不可能得到完全的保护。隐私的保护，往往是在位置隐私的安全程度和服务质量之间寻找一个平衡点。

下面对这四类位置隐私保护方法进行介绍。

（一）制度约束

使用制度约束来规范位置信息的使用，可以说是一种最基础、最根本的保护隐私的手段。针对位置隐私信息的保护，各国制定的法律不尽相同，各种机构位置信息使用的规章制度也是千差万别，然而它们大多遵循如下五条原则。

（1）用户享有知情权。个人位置信息的采集必须在用户知晓的前提之下来进行，同时用户必须能知晓信息采集的目的。

（2）用户享有选择权。用户必须能够自由选择自己的位置信息被用于何种用途。

（3）用户享有参与权。用户必须能够自由访问自己被采集的位置信息，同时必须能对信息中的不实之处进行指出和修改。

（4）数据采集者有确保数据准确性和安全性的义务。在采集了用户的位置信息数据之后，采集者必须对数据进行妥善保管，保证数据的真实准确，同时应保护数据不会被第三方窃取。

（5）强制性。上述的条款必须具有强制手段来保证执行。当数据采集者违反任一条款时，都必须要受到问责与制裁。

（二）隐私方针

与制度约束方式的“一刀切”不同，隐私方针的主旨在于为不同的用户提供定制化的、更具针对性的隐私保护。不同身份的用户有着不一样的隐私保护需求。例如，对于演艺明星来说，光是一条位置信息的泄露都有可能招来“狗仔队”的围攻，因此他们需要高度的隐私保护。对于大多数人来说寻找到一个既可以满足对隐私信息保护的基本要求，又不至于牺牲过多的服务质量的平衡点，是大家更希望看到的。将自己的位置信息保护得严严密密，结果大量的服务无法享受，也得不偿失。

隐私方针的目标就是提供一套可由用户自行决定隐私保护程度的机制。最简单的机制莫过于每当服务提供商请求用户的位置信息时，系统都能弹出相应的提示窗口，让用户决定是否愿意提供相应的位置信息。

（三）身份隐匿

如前所述，位置信息包括三大因素：时间、地点、人物。正因如此，攻击者才可以通过窃取位置信息来推测出大量的用户个人隐私。匿名的隐私政策是针对“人物”这一点做文章，将发布出去的位置信息中的身份信息替换为一个匿名的代号，这样攻击者即使通过位置信息推测出来了一些隐私情报，在无从得知用户的真实身份的情况之下，自然也无法对用户造成什么危害，既可以享受服务，又不用担心隐私泄露的危害，可谓两全其美。

可实际的情况要复杂很多，即使使用了匿名的代号，攻击者仍然有机会将这个代号和用户的真实身份对上号，让匿名变得毫无意义。比如攻击者可以根据时间、地点等信息来推断出用户的身份信息。位置信息的精度越高，推断出来的成功率也就越高。举例来说，假设 A 先生使用一个代号 B 在自己的私人办公室里发布了一条精确的位置信息，当攻击者截获了这条位置信息后，尽管信息中的身份信息只是一个匿名代号 B，但是如果攻击者知道这个地点所对应的是 A 先生的办公室，那么他很自然能得出一个结论：匿名代号 B 的真实身份就是 A 先生。更加糟糕的是，如果 A 之前一直使用着同一个匿名代号 B 的话，那么他的一举一动都会被攻击者看在眼中，而 A 自己却还蒙在鼓里。

简单的匿名并不能解除隐私泄密所带来的危险。要保护位置隐私，不仅要从发布的位置信息中隐去用户的真实身份，还要防止攻击者借助发布的位置信息来推测出用户的真实身份。针对这个问题，人们想出了各种各样的巧妙的办法，以下介绍其中最典型的一种方法——K 匿名。

K 匿名的基本思想是使用户发布的位置信息与另外 $k-1$ 个用户的位置信息混淆，使之不能被从 k 个位置信息中分辨出来。这样一来，即使攻击者通过某些途径得到了这 k 个用户的真实身份，但也很难将 k 个匿名代号和 k 个真实的身份一一对应起来。为了达到这个效果，需要对位置信息进行一定的处理，引入一个可信的中间代理。当用户需要与服务提供商进行通信的时候，用户将自己的真实的精确位置信息发送给可信的中间代理，而中间代理对信息进行处理之后，再将处理之后的位置信息发送给服务提供商，并将提供商返回的数据传递给用户。

身份隐匿的隐私保护策略主要存在两个主要的缺陷。其一，由于掩盖了真实的身份，一部分依赖于用户身份的服务将无法正常使用。例如，在员工到达办公地点之后的自动签到服务，如果隐匿掉用户身份或者并不知道位置信息的真实身份的话，自然就不能正常运行签到功能。其二，要实现身份隐匿，往往需要借助于一个中间代理来整合不同用户的位置信息，从而造成用户的身份变得不可分辨，而中间代理的引入势必又增加了不小的开销。

（四）数据混淆

相对于身份隐匿（让攻击者不知道位置信息的所有者是谁），数据混淆是从另一个角度入手，让攻击者从位置信息中不能获得足以进行推断的信息，也就是说“即使攻击者知道我是谁，也不知道我正在做什么”。为了达到这个目标，需要对位置信息进行混淆。

数据混淆的方法主要有：模糊范围、声东击西、含糊其辞。下面用一个例子来说明这三种方法的区别。

假设某个用户此时正在北京的毛主席纪念堂之前游览，模糊范围的办法是降低位置信息的精度，不采用精确坐标，而是用“我在天安门广场”作为发布的位置信息；声东击西的方法是指用一个附近的随机地点来代替真实的位置，譬如使用“我在人民大会堂前”作为发布的位置信息；含糊其辞的方法是指在发布的位置中引入一些词义模糊的词，例如“我在人民英雄纪念碑附近”。

在使用数据混淆的过程中需要注意的是，尽管在身份隐匿的隐私保护策略中，有时也会采用降低位置精度的方法，但是目的不尽相同。身份隐匿策略中降低位置精度的目的是让多条信息的所有者的身份不可分辨，而在数据混淆中降低位置精度方法的目的是让多条信息的空间位置不可分辨。

与身份隐匿相比较，数据混淆的优势在于支持各种依赖用户真实身份、需要认证的服务，同时不需要中间代理的介入，可以进行轻量化、分布式的部署，然而其安全性却尚未得到充分的研究。如何充分利用混淆之后的数据来提供有效的服务也是一个值得深入研究的课题。

案　例

腾讯与中国联通携手发布物联网 SIM 卡　共建物联网安全生态系统

2018 年 5 月 23 日，腾讯联合中国联通举办的腾讯 & 联通物联网战略合作成果发布会在无锡拉开帷幕。发布会以“安心链接、智慧领御”为主题，向业界行业伙伴展示了腾讯与联通合作发布的新产品——TUSI SIM 卡，面向物联网行业推行新的身份鉴权标准；同时，腾讯 TUSI 物联网联合实验室发布了身份区块链产品，为同一用户不同场景的身份提供交叉认证服务。

此次发布会不仅是腾讯与联通在物联网领域的部署成果展示，更为物联网安全树立了标杆。基于 TUSI 物联网联合实验室、身份区块链、TUSI SIM 卡等产品和技术手段，有助于打造新型智慧城市的安全连接器，实现保障个人隐私安全、为智慧城市发展保驾护航的目标。

腾讯副总裁丁珂在致辞中表示，物联网是让家庭智能化、让行业智能化的基石类产品，而物联网的发展又离不开安全。2017 年 9 月至今，腾讯 TUSI 物联网联合实验室立足无锡，基于联通在 4G 乃至 5G 芯片上的布局，联合做 SIM 卡系列的核心研发，已进入产业化阶段。当前物联网的发展还处于探索阶段，未来推动物联网产业发展的前提一定是整个产业链条的生态合作。

第五节　物联网的安全管理

根据物联网网络安全特征与安全威胁分层分析，得出物联网安全管理框架如图 7-4 所示，分为应用安全、网络安全、终端安全和安全管理四个层次。前三个层次为具体的安全措施，其中应用安全措施包括应用访问控制、内容过滤和安全审计等。网络安全即传输安全，包括加密和认证、异常流量控制、网络隔离交换、信令和协议过滤、攻击防御与溯源等安全措施。终端安全包括主机防火墙、防病毒和存储加密等安全措施。安全管理则覆盖以上三个层次，对所有安全设备进行统一管理和控制。

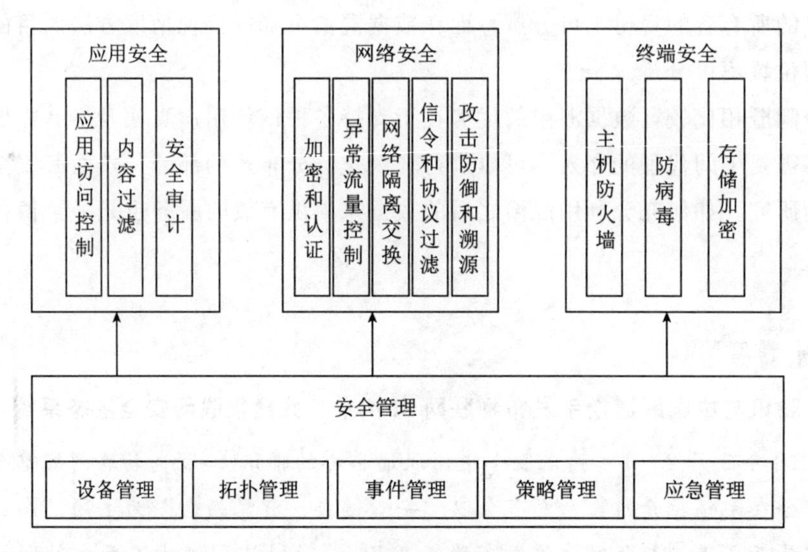

图 7-4 物联网安全管理框架

一、物联网安全管理的框架结构

具体来讲，安全管理包括设备管理、拓扑管理、事件管理、策略管理和应急管理。设备管理是指对安全设备的统一在线或离线管理，并实现设备间的联动联防。拓扑管理是指对安全设备的拓扑结构、工作状态和连接关系进行管理。事件管理是指对安全设备上报的安全事件进行统一格式处理、过滤和排序等操作。策略管理是指灵活设置安全设备的策略。应急管理是指发生重大安全事件时安全设备和管理人员间的应急联动。安全管理能够对全网安全态势进行统一监控，在统一的界面下完成对所有安全设备统一管理，实时反映全网的安全状况，能够对产生的安全态势数据进行汇聚、过滤。标准化、优先级排序和关联分析处理，提高安全事件的应急响应处置能力，还能实现各类安全设备的联防联动，有效抵挡复杂攻击行为。

二、IPv6 传感网的安全管理

（一）安全管理内容

引入 IPv6 后物联网安全管理是什么情况呢？我们就 IPv6 传感网进行说明。网关除了具备数据的安全传输和转发功能外，还实现对 IPv6 传感网的安全管理，包括用户身份鉴别、密钥协商、安全参数的下发和访问控制等功能。此外，还必须维持安全管理信息库和访问控制列表。

（1）节点身份鉴别。对 IPv6 传感网节点的入网进行管理与资源分配。

（2）密钥管理。完成密钥协商、密钥更新等功能。

（3）访问控制。对因特网用户身份进行认证，当用户认证通过后，根据访问控制列表进行控制。

（4）访问控制列表。访问控制列表存储资源标识、访问权限、访问时限、用户 ID 等信息。

（5）安全管理信息库。管理信息库实现数据安全存储功能，IPv6 传感网安全管理信息库主要存储节点信息和密钥信息。节点信息包括节点身份、资源 ID、受攻击次数、安全接入时间等；密钥信息包括密钥更新周期、节点安全等级、随机数值等。

（二）安全管理的功能结构

网关安全管理使用 IPv6 传感网接口和因特网用户接口对传感网数据和因特网用户访问信息进行处理，其功能结构如图 7-5 所示。

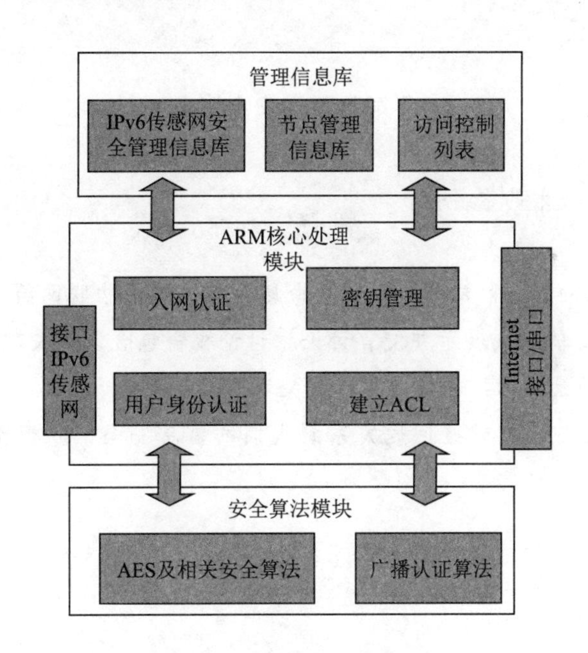

图 7-5　安全管理功能结构图

安全管理由管理信息库、核心处理模块和安全算法模块构成。

（1）管理信息库。完成数据存储功能，其中 IPv6 传感网安全管理信息库存储节点身份、数据类型、密钥、安全等级、受攻击次数、安全接入时间等信息。

（2）核心处理模块。传感网接口和用户接口分别处理 IPv6 传感网和转发用户信息。入网认证模块用于识别 IPv6 节点设备身份；密钥管理模块根据设备信息完成密钥建立，并为节点分发其他的安全参数；用户身份识别模块用于处理用户访问信息，认证访问用户身份信息；访问控制模块通过调用用户管理信息库中存储的合法用户信息，对用户接入消息进行控制。

(3) 安全算法模块。集成标准 IPSec 的安全策略数据库（IPSec SAD）、轻量级 IPSec 采用的轻量级密码算法和 AES 加解密等安全算法，为核心处理模块提供支持。

思考题

1. 物联网的安全问题主要有哪些特点?
2. 请举例说明 RFID 具有哪些主要的安全隐患。
3. 简述 K 匿名实现隐私保护的工作原理。
4. 感知数据的安全处理方法有哪些?
5. 物联网的安全管理框架分为哪几个层次?

实训拓展

了解物联网安全技术

实训目的

理解物联网安全技术的重要性。

实训内容

以“物联网带来的安全隐患”为主题，命题自拟。关注物联网给人们的生活带来哪些安全问题。采用 PPT 的形式展示并发言讨论。讨论稿需包含以下关键点。

1. 物联网生活场景展示，采用图片匹配文字形式展现。

2. 在便利的生活中，有哪些问题关系到人们的信息安全? 分析安全问题是物联网哪个层面产生的?

第八章　典型物联网应用

学习目标

了解智能电网的特点、新要求、关键技术及功能。

了解智能家居的功能设计。

掌握智能物流中心各系统的结构和功能。

了解智能交通管理概况。

案例导入

李大伯一家的忧与喜

最近李大伯一家特别苦恼，白天李大伯在家里午休，供电局、自来水公司、燃气公司的工作人员不断地敲门查表，搞得李大伯都没办法安安稳稳地睡个好觉。李大伯的儿子李军最担心的是冒牌工作人员，最近小区有不少盗贼就是通过这种方式进入房间作案的。李大伯的儿媳妇王欣最讨厌工作人员查完表，把干净的房间地板弄得脏兮兮的。

上个月李大伯所在的小区来了很多工程人员，安装了一些设备和线路，说是要建物联网小区。他们告诉李大伯，家里以后再也不会被供电局、自来水公司等工作人员打扰了。

原来，安装了物联网的设施之后，供电局的工作人员就可以利用智能电网系统，打开远程抄表栏目，在供电局就可以查询李大伯家里的电费。不光如此，由于供电局、自来水公司和燃气公司都接上了物联网系统，李大伯家里的水费、煤气费都可以通过远程抄表查询，这些工作人员都不用到李大伯家里去查表了。

从此，李大伯一家再也不会被工作人员打扰了！

通过查询，李军就可以方便地看到近几个月的水、电、煤气使用量和费用的情况。

另外，社区服务平台还会显示社区里最近的活动，例如超市打折、社区晚会等。不过李军最满意的是该智能电网系统的智能安防功能。有一次李大伯不小心摔倒，老伴李大妈赶紧按下紧急求救按钮，社区里的智能电网管理处立刻派人救助了李大伯。智能电网管理处的人还说这个系统能提供燃气泄漏、烟感红外探测等功能，最近小区有几位粗心的业主忘记关煤气，都被智能电网管理处人员及时发现，帮忙关掉。

有了智能电网系统，李大伯一家过上了更加幸福美满的生活！

第一节 智能电网

电力工业是现代经济发展的重要保障，也是国家能源安全的基础组成部分，它是国家的经济命脉，在国民经济的可持续发展中起着不可替代的支撑作用。自 21 世纪以来，电力工业一直面临着全球变暖、能源压力和生态文明意识提升等越来越多的挑战。面对这么多的挑战，为支持未来能源的发展，国内外的电力企业、研究机构和学者对未来电网的发展模式开展了一系列研究与实践，建设更加安全、可靠、环保、经济的智能电网系统，在实现稳定可靠安全供电的基础上，促进系统的节能减排、绿色低碳。

一、智能电网概述

（一）传统电网特点

1. 信息孤岛

传统电网电源的接入与退出、电能的传输等都缺乏弹性，致使电网没有动态柔性及可组性；系统自愈、自恢复能力完全依赖于实体冗余；垂直的多级控制机制反应迟缓，无法构建实时、可配置、可重组的系统；对客户的服务简单、信息单向；系统内部存在多个信息孤岛，缺乏信息共享。虽然传统电网在局部范围内的自动化程度在不断提高，但由于信息的不完善和信息共享能力的薄弱，使系统中多个自动化系统是割裂的、局部的、孤立的，不能构成一个实时的有机统一整体，所以整个电网的智能化程度较低，因此电网的发展也面临前所未有的机遇与挑战。

2. 能耗高

电力能源供应长期以来主要依赖化石能源。而化石燃料的大量开发，造成了环境污染和大气中温室气体的浓度显著上升。再加上近年来全球气候的变暖，致使环境问题变得越来越严峻。为满足可持续发展的要求，构建资源节约型、环境友好型社会，国家电力能源结构必须从传统的以煤为主转变到多种能源，特别是新兴的可再生能源并存。大力支持可再生能源的接入是智能电网的一个重要内容，这与我国整个电力能源结构的调整目标相一致，它可以加快风力发电、光伏发电等绿色能源发电及其并网技术研究，规范新能源的并网接入和运行，实现新能源和电网的和谐发展。

3. 自动化程度低

传统电网在性能上有很大的缺点，其自愈能力较弱，对于外在的攻击体现出的自我恢复能力差。面对电网复杂度越来越高的特点，用户对电网也提出了更高的要求，它必须能够实时掌控电网运行状态，及时发现、快速诊断和消除故障隐患，并且在尽量少的人工干预下，快速隔离故障、自我恢复。智能电网能容忍对电网多个部分的同时攻击，以及可能出现的多方面、交联、较长时间的攻击。电网的安全协议包括阻止、预防、检测、响应等，将电网对经济的影响最小化。

随着电网规模的日益增大，电网的运行与控制的复杂程度越来越高，对实现电能安全传输和可靠供应提出了更大的挑战，这要求我们从经济以及安全可靠性方面都要进行考虑。经济方面，我们需要优化资源配置，提高设备传输的容量和利用率；在不同区域间及时进行调度，平衡电力供应缺口；支持电力市场竞争的要求，采用动态的浮动电价制度，实现整个电力系统优化运行。安全可靠性方面，能更好地对人为或自然发生的扰动作出辨识与反应。在自然灾害、外力破坏和计算机攻击等不同情况下，保证人身、设备和电网的安全。

（二）智能电网新要求

智能电网建设要需要以用户身份的重新定位，使电力流和信息流由传统的单向流动模式向双向互动模式转变。信息的透明共享，电网的无歧视开放既体现了对价值服务的认同，同时又成为电网无法回避的挑战。实现与客户的智能互动，以最佳的电能质量和供电可靠性满足客户需求。系统运行与批发、零售电力市场实现无缝衔接，同时通过市场交易更好地激励电力市场主体参与电网安全管理，从而提升电力系统的安全运行水平。

由传统技术发展起来的电力网络在科技发展日新月异的今天已经不能完全符合现代化要求，如今我们对于电力网络还要求以先进的计算机电子设备和智能元器件等为基础，通过引入通信、自动控制和其他信息技术，创建开放的系统和共享的信息模式，进而整合系统数据，优化电网管理，使用户之间和用户与电网公司之间形成网络互动和即时连接，实现数据读取的实时性、双向性和高效性，这将大大提升电网的互动运转，提高整个电网运行的可靠性和综合效率。

智能电网是指通过智能传感和通信装置，在电力系统中实现有效的信息感知和获取，经由无线或有线网络进行可靠信息传输，并对感知和获取的信息进行数据挖掘和智能处理，实现信息自动化交互、无缝连接以及智能处理的网络。智能电网可以在各个环节（如智能电网发电、输电、变电、配电、用电、调度等）的实时控制、精确管理和科学决策中发挥重要作用。

智能电网作为智能电网的长期有效的支撑平台，是提升电力系统智能化水平的重要手段，而提升电力系统智能化水平有利于对电力系统运行进行有效管理，实现“电力流、信息流、业务流”的一体化融合，是向以低能耗、低污染、低排放为基础的低碳经济模式转型的有效技术支撑手段。智能电网的建成也将为智能电网技术应用发展提供更加广阔的应用平台。以科学发展观为指导，智能电网进步发展为契机，引领物联网及信息通信技术变革。

二、智能电网关键技术

目前，面向智能电网的物联网在逻辑功能上也可抽象为三层：感知层、网络层、应用层。

（一）感知层

智能电网感知层主要通过无线传感网络、RFID、全球定位系统等信息传感终端，实现对智能电网各应用环节相关信息的采集。包括传感器等数据采集设备以及数据接入到网关之前的传感器网络，例如 RFID 标签和用来识别 RFID 信息的扫描仪、视频采集的摄像头、各种传感器以及由短距离传输技术组成的无线传感网。

感知层以传感网和通信网的结合为切入点，通过异构网络实现协同工作以形成可管理的感知网。感知层可进一步划分为两个子层，首先是通过传感器、智能视频识别等设备采集数据，然后通过 RFID、工业现场总线、微功率 RFID、红外等短距离传输技术传输数据。感知层是智能电网发展和应用的基础，RFID 技术、感知和控制技术、短距离无线通信技术是感知层涉及的主要技术，其中又包括芯片、通信协议、RFID 材料、智能节点等细分领域。

目前，感知层的无线传感网技术标准众多，但智能电网的标准和规范较少。原因有两方面：一方面是物联网技术在电力系统中的应用刚刚起步，尚处于探索阶段；另一方面是物联网设备在强电磁环境下应用的可行性以及对电力设备的潜在影响需进行严格论证和验证。

（二）网络层

智能电网网络层以电力光纤网、电力无线专用网为主，辅以电力线载波通信网、无线通信公网，实现感知层各类电力系统信息的广域或局部范围内的信息传输。这些数据可以通过电力专网、电信运营通信网、国际互联网、小型局域网等网络传输，实现有线与无线的结合、宽带与窄带的结合、感知网与通信网的结合。

网络层中的感知数据管理与处理技术是实现以数据为中心的物联网的核心技术。感知数据管理与处理技术包括传感网数据的存储、查询、分析以及基于感知数据决策和行为的理论和技术。云计算平台作为海量感知数据的存储、分析平台，是物联网传输层的重要组成部分，也是应用服务层众多应用的基础。

（三）应用层

智能电网应用层主要采用数据挖掘、智能计算、模式识别以及云计算等技术，协同各系统共同运作，实现电网海量信息的综合分析和处理，实现智能化的决策、控制和服务，从而提升电网各个应用环节的智能化水平。

应用层解决的是信息处理和人机界面的问题，由网络层传输而来的数据在该层中各类信息系统中进行处理。应用层也可以按照形态直观地划分为两个子层：一个是应用程序层，进行数据处理；另一个是终端设备层，提供人机界面。

案 例

巡检机器人助力青岛电网智能化建设

2018 年 5 月，国网青岛供电公司工作人员利用智能巡检机器人对地下电缆进行数据采集。为推动青岛电网智能化建设，国网青岛供电公司采用隧道智能巡检机器人和智能灭火机器人等技术手段，加速大数据的采集和应用，并将电压、电流、温度、环境等参数通过数据采集装置上传云端，实时进行智能分析和预测预警，确保电网调控系统对每台重要设备的精准感知与主动管控。

三、智能电网功能分析

智能电网的建设和应用有以下几方面的需求。

（一）发电与储能

在智能电网的发电环节，目前存在电源结构和布局不合理、电网的调节手段和调峰能力不足等问题，发电机控制系统的技术水平和国外相比有一定差距，储能技术应用研究也处在起步阶段。为了加快能源结构转型步伐，国家制订了能源发展目标，鼓励发电企业采用先进、高效的多元化发电技术，实现电源发展方式集约化、结构布局科学化、并网接入标准化、运行控制智能化，提高电源支撑能力，提升电网协调水平，保障系统安全稳定，实现资源优化配置。国家能源发展战略目标的制订为物联网技术提供了良好的发展机遇和应用前景。为了实现能源发展战略目标，需要以自主创新为主导，将自主研发与引进吸收相结合，提升电网协调水平，深入研究各类电源的运行和控制技术，提升电源的信息化、自动化和互动化水平，保证电力系统在运行上的安全稳定经济。图 8-1 所示为智能电网的应用服务架构。

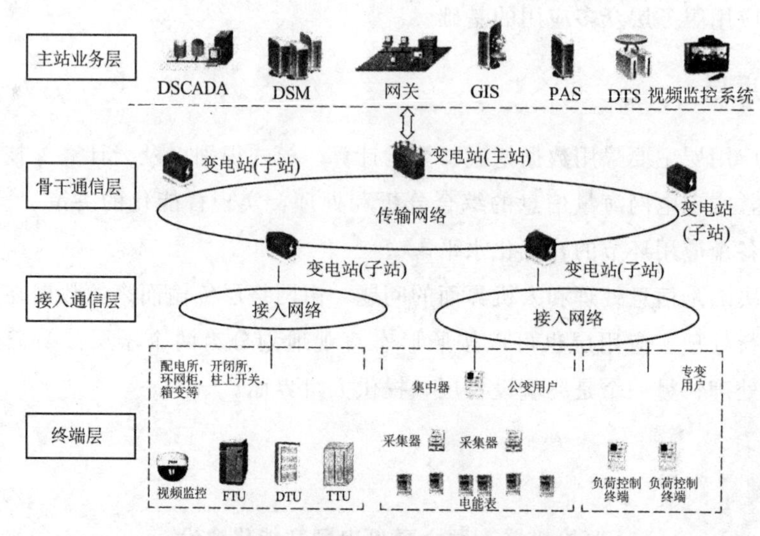

图 8-1 智能电网的应用服务架构

智能发电环节大致分为常规能源、新能源和储能技术这 3 个重要组成部分。常规能源包括火电、水电、燃气机组等。物联网技术的应用可以提高常规机组状态监测的水平，通过结合电网运行的情况，进而实现快速调节和深度调峰，提高机组灵活运行和稳定控制水平。在常规机组内部布置传感监测点，有助于深入了解机组的运行情况（包括各种技术指标和参数）并和其他主要设备之间建立有机互动，能够有效地推进电源的信息化、自动化和互动化，促进机网协调发展。结合物联网技术，可以研究水库智能在线调度和风险分析的原理和方法，开发集实时监视、趋势预测、在线调度、风险分析于一体的水库智能调度系统。根据水库的来水和蓄水情况以及水电厂的运行状态，对水库异常情况下水库调度决策进行实时调整，对水库未来的运行进行趋势预测，并提供决策风险指标，规避水库运行可能存在的风险，提高水能利用率。

物联网技术的发展和进步，可以加快风力发电、光伏发电等新能源发电及其并网技术研究，规范新能源的并网接入和运行，实现新能源和电网的和谐发展。

利用智能电网技术，可以对不同类型风电机组的稳态特性和动态特性及对电网电压稳定性、暂态稳定性进行实时监控，建立风能实时监测和风电功率预测系统、风电机组/风电场并网测试体系，研究变流器、变桨控制、主控及风电场综合监控技术。

物联网技术同样有助于开展钠硫电池、液流电池、锂离子电池的模块成组、智能充放电、系统集成等关键技术研究；逐步开展储能技术在智能电网安全稳定运行、削峰填谷、间歇性能源柔性接入、提高供电可靠性和电能质量、电动汽车能源供给燃料电池以及家庭分散式储能中的应用研究和示范。加强大型压缩空气储能等多种储能技术的研发，在重大技术突破的基础上开展试点应用。

（二）智能输电

输电环节是智能电网中一个极为重要的环节，虽然已经开展大量研究和示范工作，但依然存在许多问题，主要有设备检修方式较为落后；电网结构仍然薄弱，设备装备水平和健康水平仍不能满足建设坚强电网的要求；系统化的设备状态评价工作刚刚起步。

我国在输电可靠性、设备检修模式以及设备状态自动诊断技术上，和国际水平相比还存在一定的差距。在智能电网的输电环节中有许多应用需求亟待得到满足，需要结合物联网的相关技术，提高智能电网中输电环节各方面的技术水平。

电网技术改造工作将持续开展，改造范围包括线路、杆塔和电容器等重要一次设备，保护、安稳和通信等二次设备，以及营销和信息系统等。可以结合物联网技术，提高一次设备的感知能力，并很好地结合二次设备实现联合处理、数据传输、综合判断等功能，提高电网的技术水平和智能化程度。

输电线路状态检测是输电环节的重要应用，主要包括导地线微风振动监测、雷电定位和预警、输电线路气象环境监测与预警、输电线路覆冰监测与预警、输电线路在线增容、导线温度与弧垂监测、输电线路图像与视频监控、输电线路风偏在线监测与预警、输电线路运行故障定位及性质判断、绝缘子污秽监测与预警、杆塔倾斜在线监测与预警等。

这些方面都需要物联网技术的支持，包括传感器技术、分析技术和通信技术等。利用物联网技术加强这些高级应用，可以进一步提高输电环节的智能化水平和可靠性程度。

（三）智能变电

变电环节也是智能电网中一个十分重要的环节，目前已经开展了许多相关的工作，包括全面开展设备状态检修，全面开展资产全寿命管理工作研究，全面开展变电站综合自动化建设。

变电环节存在的问题主要有：设备装备水平和健康水平仍不能满足建设坚强电网的要求；变电站自动化技术尚不成熟；智能化变电站技术、运行和管理系统尚不完善；设备检修方式较为落后；系统化的设备状态评价工作刚刚起步。

我国电网变电环节的自动化和数字化水平、设备检修模式以及设备状态自动诊断技术和国际水平相比还存在一定的差距，亟须结合物联网的相关技术，提高电网变电环节各方面的技术水平。

设备状态检修工作正在全面推进。以 110 kV 及以上电压等级变压器、断路器设备为重点，设备检修工作逐步过渡到以状态检修为主的管理模式。设备状态的检修工作需要物联网技术将重要设备的状态通过传感器感知到管理中心，实现对重要设备状态的实时监测和预警，提前做好设备更换、检修、故障预判等工作。

智能化变电站的建设也需要全面推进。近年来，随着数字化技术的不断进步和

IEC61850标准的不断推广应用，变电站综合自动化的程度也越来越高。将物联网技术应用于变电站的数字化建设，可以提高环境监控、设备资产管理、设备检测、安全防护等应用水平。

（四）配电自动化

配电自动化系统，又称配电管理系统，通过对配电的集中监测、优化运行控制与管理，达到高可靠性、高质量供电，降低损耗和提供优质服务的目标。

电力设备的状态检修是工业化国家普遍推行的一种科学的设备检修管理策略。长期以来，我国电力设备大多采用传统的计划检修模式，耗费巨大，工效不佳。科学、合理地安排检修，降低检修成本及工作量，保证系统的高可靠性，提高设备有效利用率，是国内电力全行业所面临的困难与挑战，有必要使用先进的物联网技术实现突破。

物联网在配电网设备状态监测、预警与检修方面的应用：对配电网关键设备的环境状态信息的感知和对机械状态信息、运行状态信息监测；配电网设备安全防护预警，对配电网设备故障的诊断评估和配电网设备定位监测等。

由于我国配电网的复杂性和薄弱性，配电网作业监管难度很大，常出现误操作和安全隐患。切实保障配电网现场作业安全高效是智能配电网建设一个亟须解决的问题。

物联网技术在配电网现场作业监管方面的应用：身份识别、电子标签与电子工作票、环境信息监测、远程监控等。

基于物联网的配电网现场作业管理系统主要用于实现确认对象状态，匹配工作程序和记录操作过程的功能，减少误操作风险和安全隐患，真正实现调度指挥中心与现场作业人员的实时互动。

随着电网规模的扩大，输、变、配、用电设备数量及异动量迅速增多且运行情况要更复杂，对巡检工作提出了更多更高的要求，而目前的巡检工作主要还是依靠人力或离线电子设备进行巡视，面对更艰巨的巡检任务，针对巡检人员的监督机制成为生产管理的薄弱环节，需要更加完善的技术手段监督巡检人员确实到达巡检现场并按预定路线进行巡检。同时，由于电网规划、管理、分析、维护系统的高度集成，迫切需要一种更加信息化、智能化的辅助手段以进一步提升巡检工作的效率。

（五）智能用电

智能用电作为智能电网直接面向社会、面向客户的重要环节，是社会各界感知和体验智能电网建设成果的重要载体。

目前，我国的部分电网企业已在智能用电方面开展相关技术研究，并建立了集中抄表、智能用电等智能电网试点工程，主要包括利用智能表计、交互终端等，提供水、电、气三表抄收、家庭安全防范、家电控制、用电监测与管理等功能。

但是目前用电环节还存在许多不足，主要有：用户与电网灵活互动应用有限；低压用户用电信息采集建设较为滞后，覆盖率和通信可靠性都不理想；分布式电源并网研究与实践经验较匮乏；用户能效监测管理还未得到真正应用。

随着我国经济社会的快速发展，发展低碳经济、促进节能减排政策的持续深化，电网与用户的双向互动化、供电可靠率与用电效率要求的逐步提高，电能在终端能源消费中的比重不断增大，用户用能模式发生着巨大转变，大量分布式电源、微网、电动汽车充放电系统大范围应用储能设备接入电网。这些不足将成为制约我国智能电网用电环节的瓶颈，因此迫切需要研究与之相适应的物联网关键支撑技术，以适应不断扩大的用电需求与不断转变的用电模式。

第二节　智能家居

一、设计目标

（1）从住宅区和家居两个层面，提供安全、节能、健康（阳光与空气）、灵通（各种通信手段）、舒适和便利（自动化）的生活愿景规划。

（2）以适当的产品和软件，提供各系统的联动或集成。

（3）系统应周密而且最大限度地降低对居民的日常生活的影响，保证居民在室内活动的隐私不受侵害。

（4）对于家居控制系统，要求安防、灯光、音响、电话等各个系统，以生活场景的一键指令（如入户、用餐、迎客、睡眠、短暂或长期离开等）为核心，实现“一键”控制等，包括各系统之间的联动控制。

（5）家居安防系统着重解决报警灵敏度与最大限度减小误报的关系，例如：通过对感应器的编程或身份自动识别，区分主人与入侵者。另外家居安防系统应包括火灾报警系统。

（6）重视产品及系统的易用性、简单化。应用科技的目的是使操作、编程和产品尺寸规划等方面更简单、经济、合理，而不是更烦琐，特别是家居内设备的操作。

二、智能家居系统组网

智能家居系统是以嵌入式计算机为平台，如图 8-2 所示，将安防、灯光、电器、电动窗帘、场景、监控、背景音乐、可视对讲、电子商务、能源管理等系统进行统一管理；室内通过遥控器任意控制，室外可通过手机或计算机进行远程控制，查看家里的情况，对家里的情况了如指掌。

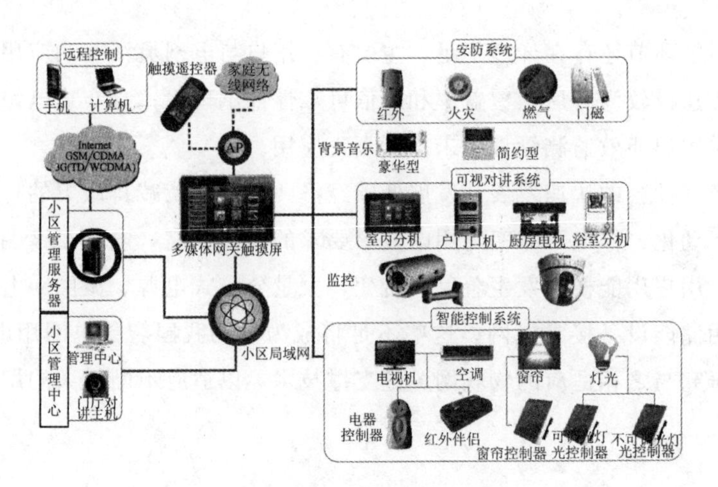

图 8-2　智能家居系统组网图

三、功能设计

根据设计要求，智能家居系统采用智能网关为主控设备，配合周边设备实现功能要求。系统实现原理如图 8-3 所示。

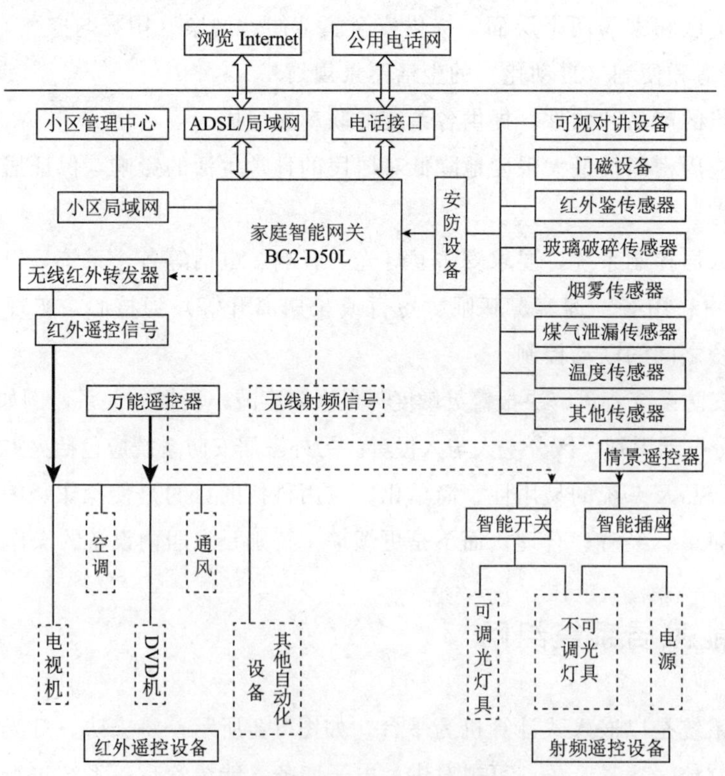

图 8-3　智能家居系统功能设计

注：图中加粗的实线表示红外遥控信号；虚线表示射频遥控信号；带箭头的黑色的实线为安防信号；箭头方向为信号传递方向。

（一）门禁可视对讲功能

（1）IC卡门禁识别。

（2）呼叫、远程开锁。

（3）可以监视门前图像。

（4）家中无人时，到访客人可以留影。

（二）家庭安防功能

（1）外接各种安防探测器与警灯、警号；防区数量满足小区报警控制回路对每个不同安防探测器具的识别功能；防区可以分三道防区，外界周界红外对射形成第一道防区，门窗等安装门磁或者幕帘探测器组成第二道防线，室内重要部位设置探测器形成第三道防线；厨房等区域加装煤气探测器，每个区域都安装火灾报警发生器，保证财产及生命安全。

（2）可以实现无线一键撤布防，使用方便；随身配备紧急求助按钮以防万一；密码撤防可以在被胁迫情况下不引起抢匪注意隐蔽报警。

（3）可以通过电话和网络进行远程撤布防，消除警报。使人不在家就能随心控制，解除误报给人造成的烦恼。

（4）用户可查询报警类型、报警点、报警时间。

（5）触发警情后通过网络向保安中心报警，同时拨打用户设定的电话号码进行报警。

（6）通过家庭智能网关，可以实现各个防区与其他家电自动化设备的联动控制。

（三）灯光控制功能

（1）通过遥控器可方便地管理家中所有的智能开关、插座，实现无线控制、场景控制；场景编排完全根据使用者的爱好任意设置，无需采用其他辅助工具，在遥控器面板上随意编排，方便快捷，可以根据需要随时随地随意调整。

（2）通过家庭智能网关方便地实现电话远程语音控制以及网络远程控制，控制设备可以是固定电话、移动电话、PDA以及各种其他PC。家庭智能网关的超强网络连接能力使业主无论身在何处，都能方便地管理家庭自动化设备，采用图文界面操作，方便实用，体现了科技与人文的最佳结合。

（3）通过家庭智能网关以及连接在网关上的探测器、传感器，根据探测器、传感器传给网关的不同信号控制不同区域的灯光开启或者关闭。

（4）通过家庭智能网关实现灯光的定时控制。

（5）智能开关的调光与调光后状态记忆功能既节约能源，又使场景设置更个性化，不同的场景有不同的灯光效果。

（四）信息家电自动控制系统

（1）室内恒温控制。家庭智能网关内置温度传感器，可以根据设置的条件，控制空调的开启与关闭，平衡室内温度。

（2）条件控制功能可根据外界温度、噪声等传感器，根据室外温度及噪声大小开启或关闭自动窗；可以在开窗的同时自动控制关闭空调、通风设备，方便节能；可以设置成当主人入户时开启入户场景并关闭监视系统；可以在发生火灾或煤气泄漏的时候关闭煤气阀门并打开窗子换气；也可以在下雨或主人不在家时自动关闭窗户等。

（3）定时控制功能可以使周期性执行的动作自动定时执行。例如按时开关窗帘、定时浇花等。

（4）组合控制功能可以做到一键式控制，例如打开背景灯、拉上窗帘、打开电视等一组动作通过一个组合一键搞定。

（五）智能综合布线

（1）布线箱把现代家庭内的电话线、电视线、网络线、音响线、防盗报警信号线等线路加以规划，组建起基础的“智能家居布线系统”，这样既可方便应用又可以将智能家居中其他系统融合进去。

（2）电话线、有线电视、计算机网络线、视音频线在装修前统一规划，统一安排布局，集中管理，避免了乱拉线、乱搭线、灵活性差等缺点。将来再有多媒体线缆入室，不用开墙破洞，直接就可接驳。

（3）采用国际家居布线标准，满足当今信息家电的接口要求，并可兼顾未来新技术、新产品，真正做到“一步到位”。

（4）电话交换模块：可以同时完成 1 路信号进 4 路信号出和 1 路信号进 2 路信号出。

（5）网络接口模块：此模块要求能够集成多口 10 Mb/s 的集线器，其中有一个 UP-LINK 口。

（6）路由器模块：提供普通的 1 进 3 出网络路由功能。

（7）有线电视模块：由一个专业级射频一分四分配器构成，确保每路信号画面清晰。

（8）家庭影音模块：提供视音频插头自由组合连接，可室内共享视音功能。

（9）安防监控模块：提供智能家居安防控制。

（10）电池模块：提供以上模块的电源。

（六）信息服务

（1）家庭智能终端系统产品实现家庭信息服务功能，信息查询可实现服务中心向住户家里发送中、英文电子公告消息。

(2) 用户可通过客户端登录国际互联网进行信息查询、收发个人电子邮件、足不出户处理电子商务、实现远程医疗等，网站具有防火墙功能。

(3) 业主可发送中、英文信息到管理论坛，即小区 BBS，服务中心可实现后台管理，用户可任意查询服务数据，户户通信。

(4) 语音留言服务，可录制不同信息留言，并有留言提示功能，可通过 Internet 远程收听语音留言信息。

(七) 远程控制功能

家庭智能网关通过拨打家中的电话或登录 Internet，实现对家庭中所有的安防探测器进行布防操作，远程控制家用电器、照明及其他自动化设备。

四、智能家居效果图

(一) 客厅效果

图 8-4 所示为智能家居客厅效果示意图。早上 8:00 出门上班，将多媒体网关的情景模式设定为“离家”，网关的自动控制系统将自动关闭所有灯光，同时关闭电器，自动关闭窗帘，安防系统进入监视状态。

图 8-4　智能家居客厅效果

(二) 厨房效果

在厨房，设置的燃气报警器可以防止出现燃气泄漏产生的伤害，一旦燃气泄漏的浓度足够高，燃气报警器就会通过网关发出声光报警并发送短信或者电话通知用户，同样也可以电话通知物业值班人员，如图 8-5 所示。

图 8-5　智能家居厨房效果

（三）卧室效果

整个卧室的智能控制分布效果如图 8-6 所示。在回家途中，可以通过手机软件的菜单选择“回家”场景，提前打开卧室空调，窗帘自动提前开启，背景音乐自动响起，这样回到家里的时候就立即置身于舒适的温度、柔和的灯光、舒心的音乐中。

图 8-6　智能家居卧室效果

阅读延伸

物联网——信息产业发展的第三次浪潮

物联网作为继计算机、互联网之后世界信息产业发展的第三次浪潮，大家都时刻关注着国内乃至全球的发展趋势。

环顾四周，会发现物联网无处不在，小到各种可穿戴产品、共享单车，大到汽车、工厂和楼宇，物联网能使一切设备互联并具备智慧。如果要说未来什么技术将彻底改变人类生活、工作和娱乐方式，那必定少不了它。

预测到 2045 年将会有超过 1 千亿的设备连接在互联网上。这些设备包括移动设备、可穿戴设备、家用电器、医疗设备、工业探测器、监控摄像头、汽车以及服装等，比如我们常见的智能手环、智能冰箱、智能音箱、智能停车，已经应用到很多生活场景，改变着我们的生活方式。

未来，它们所创造并分享的数据将会给我们的工作和生活带来一场新的信息革命。人们将可以利用来自物联网的信息加深对世界以及自己生活的了解，并且做出更加合适的决定。联网设备将把目前许多工作，比如监视，管理，以及维修等需要人力的工作自动化。

随着物联网、数据分析以及人工智能这三大技术的逐渐成熟，它们之间的合作将会在世界上创造出一个巨大的智能机器网络，在不需人力介入的情况下实现巨量的商业交易。

第三节　智能物流中心系统

智能物流中心系统的核心业务包括仓储配送系统、运输系统、销售系统、财务系统、统计查询系统以及集成系统。

智能物流中心系统集成了传感、RFID、声、光、机、电、移动计算等各项先进技术，建立了全自动化的物流配送中心，借助配送中心智能控制、自动化操作的网络，可实现商流、物流、信息流、资金流的全面协同。该系统可实现机器人堆码垛、无人搬运车搬运物料、分拣线上的自动分拣、计算机控制堆垛机自动完成出入库等，整个物流作业与生产制造实现了自动化、智能化与网络化。

智能物流中心系统应具有信息化、网络化、集成化、智能化、柔性化、敏捷化、可视化等先进技术特征，系统结构如图 8-7 所示。

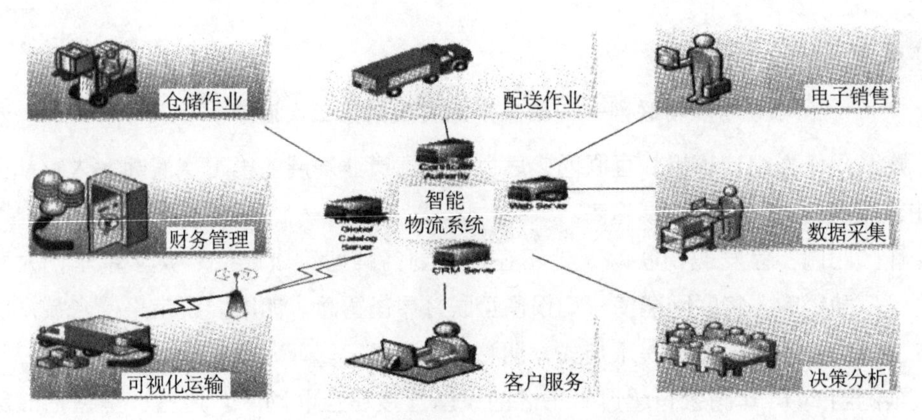

图 8-7 智能物流中心系统结构图

一、系统技术平面

该系统分为四个大平台和两个衔接口。四个大平台：顶层应用平台、底层信息采集平台、外部平台和软件开发平台；两个衔接口：数据接口和定位系统，如图 8-8 所示。

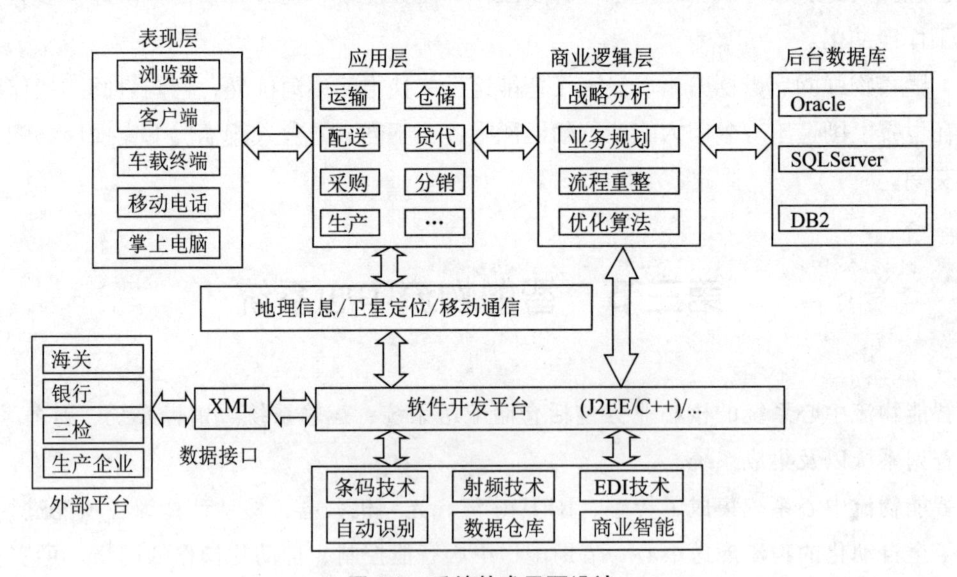

图 8-8 系统技术平面设计

由图 8-8 可以看出，顶层应用平台涉及表现层、应用层、商业逻辑层和后台数据库；底层信息采集平台涉及条码技术、自动识别、射频技术、数据仓库、EDI（电子数据交换）技术和商业智能；外部平台涉及海关、银行、三检和生产企业。

二、仓储配送系统简介

仓储配送系统涉及接单管理、分单管理、调度管理、仓储管理、运力资源、跟踪管理、结算管理、客户关系、基础设置、系统管理和客户端子系统，如图 8-9 所示。

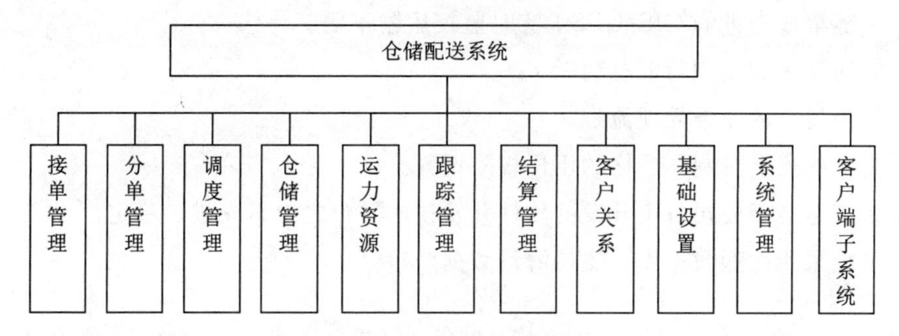

图 8-9　仓储配送系统

仓储配送系统有以下特点。

(1) 支持多层次配送中心网络服务操作，信息充分共享，资源优化调配。

(2) 适应客户物流需求的不断变化，提供全方位的供应链管理服务。

(3) 采用柔性构架，模块可配置，具有充分的灵活性。

(4) 系统提供助记码功能，使业务资料录入简洁明快，提高操作效率。

(5) 无缝集成先进的 GIS/GPS，实时监控运输车辆。

(6) 无缝集成先进的 RFID 技术，实现智能托盘管理、单品管理。

(7) 支持各种各样的物流控管技术，如条码打印机、Bar Code 盘点机、无线 POS 技术、无线传输（RF）技术。

三、运输管理信息系统

运输管理信息系统涉及接单管理、调度计划、跟踪管理、结算管理、运力资源、客户关系、基础设置、系统管理和客户端子系统，如图 8-10 所示。

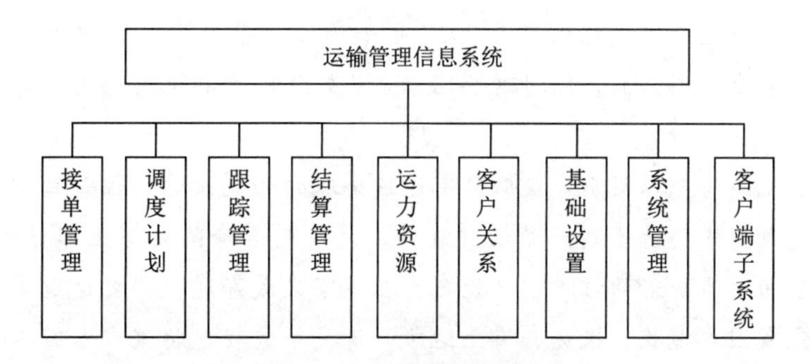

图 8-10　运输管理信息系统

运输管理信息系统的特点如下。

(1) 功能强大、全面，涵盖集卡运输业务的各个方面。

(2) 与我国运输业务的实际紧密结合，适用性广，可配置性强。

（3）界面清晰、美观，操作直观、简洁、方便。

（4）无缝集成先进的GIS/GPS，实时监控运输车辆。

（5）方便强大的查询与汇总功能。

（6）严谨规范的业务处理流程。

（7）完善的安全机制，严格的用户权限设置。

（8）系统运行于公司自主开发的软件开发技术平台之上，先进、稳定。

（9）系统采用大型数据库，支持海量数据。

案例

智能物流为贸易发展提供支撑

2018年，阿里巴巴董事局主席马云宣布，旗下菜鸟将再投千亿元，建设一张覆盖全球的智能物流骨干网。6月6日，菜鸟联合中航、圆通宣布首笔120亿港元投入香港，建设一个集物流仓储、快速清关、金融服务于一体的超级中枢。接下来，杭州、吉隆坡、迪拜、莫斯科等城市都将建成类似的超级中枢，目标是打造一个中国24小时货运必达网络，并在全球范围内实现包裹72小时送达。

这一网络是面向全球商家和消费者开放的，网上运输的不仅是阿里巴巴自己的包裹，还包括全球销售到中国的商品；它服务的是全球物流快递公司，连接它们的仓库形成网络，让全世界连通起来。从这个角度看，这种物流网将为全世界建设一个社会化共享的基础设施，为世界贸易提供重要支撑。

放眼全球，电子商务正成为全球经济增长的亮点之一，几乎每个国家的电商市场都在全面快速增长。在新兴经济体中，电商也成为消费者购物的首选。据巴西信用保护服务机构和国家店主联合会在巴西27个大型城市的调查显示，2017年40%的消费者选择通过电商网站购物，已超过前往实体店购物的消费者。《印度投资快报》报道，印度电商市场2017年平均增长率为23%。这些国家销售的商品中大量来自中国企业，同时这些国家企业销售的产品也有很大一部分卖给了中国消费者。

要实现无障碍全球买卖，就必须有连通全球的物流设施。但是目前全球中小企业在跨境电商中仍会遇到大量物流瓶颈，无法获得跨国大企业那样的通货权。大多数商家面对消费者的订单，只能自行在线下完成寄递，需要通过多个不同的中介才能完成国内揽收、报关、海上运输、清关等流程，物流成本时常高过商品本身。无论是想进入中国市场的海外企业，还是想要“出海”的中国商家，都需要得到物流的支撑。这就意味着一张覆盖全球各个角落的物流网，已经成为全球贸易的刚需。

四、RFID 在物流系统中的应用

物流系统中，要配置 RFID 读写器及标签打印机，对所有的货物托盘上要配置 RFID 标签，物流出口处和物流管理人员要设置或配置相应的 RFID 天线、读写器或手持读写器，货物装载车要配置基于 Windows 的车载无线电终端或 RFID，整个物流中心具备可户内/户外使用的网络系统，RFID 应用布局如图 8-11 所示。

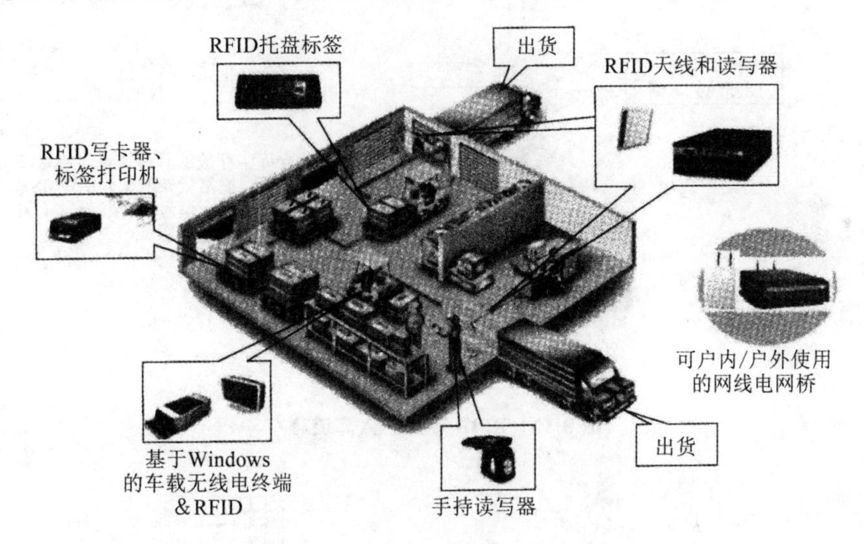

图 8-11　物流系统中 RFID 应用布局

（一）入库流程

载物车到达物流中心入库时，仓库入库门上装有的 RFID 读写器门禁可以记录所有的贴有电子标签货物的入库信息，并将信息传入到 WMS（Warehouse Management System，仓库管理系统）。数据中心处对入库单进行比对，与入库单相符时，直接将货物通过叉车搬运到指定位置；对于未贴有电子标签的货车整车或散货到货，数据中心首先需要对其贴上 RFID 标签，然后再入库，整个流程如图 8-12 所示。

货物在仓库中存放的具体位置需要通过货架进行管理（即通常意义上的回收物流），通常货架的编码由 WMS 系统自动生成，它们由仓库编号、货架行号、货架列号、货架层号和流水号组成。

（二）上架流程

货物入库上架中，使用车载读写器盘点，应用叉车 RFID 读写设备，从标签作业 RFID 管理系统服务器下载任务到手持终端上，包括上架任务单、商品名称、数量、存放位置等信息。移动库位时，车载读写器自动读取货物货架标签，仓库操作员根据手持终端上显示的上架任务指令，将对应的商品标签放置到货架上对应的摆放区域。全过程如图8-13所示。

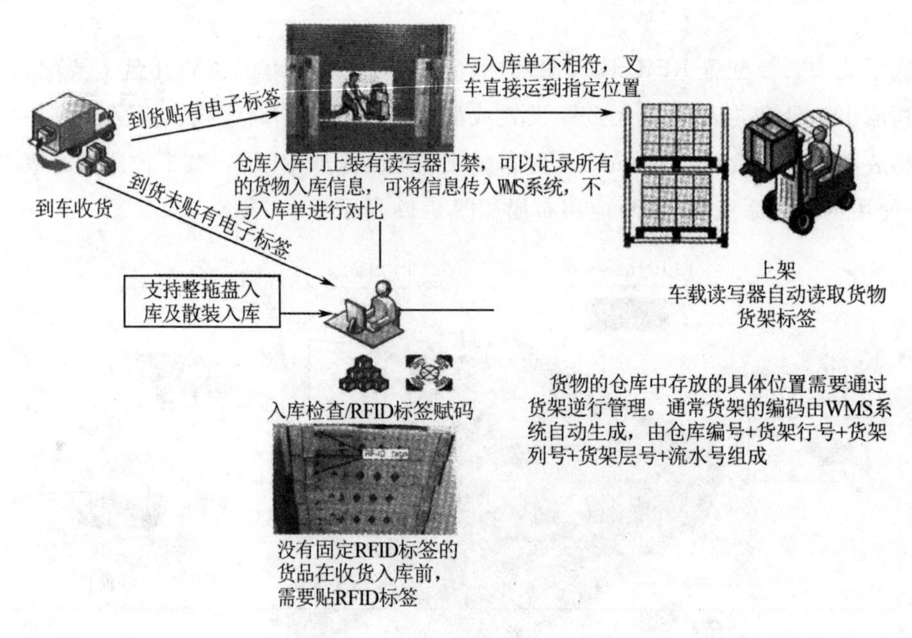

图 8-12 RFID 应用于入库流程

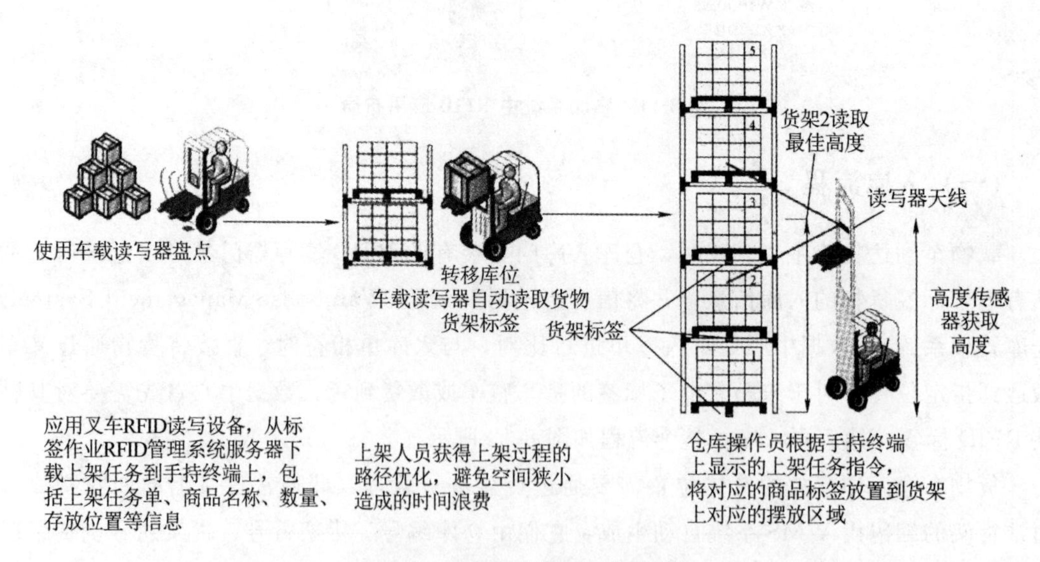

图 8-13 RFID 应用于上架流程

（三）商品移位

通过查询 WMS 系统得到空闲的货架信息时，系统管理员要向系统终端或管理中心告知要移位的商品，并将新移位置商品的 RFID 信息通过 PDA（手持终端设备）修改录入至 WMS 系统中，整个过程如图 8-14 所示。

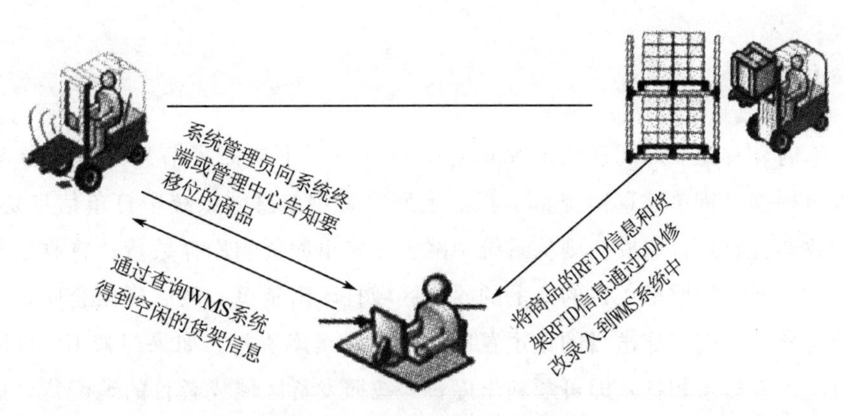

图 8-14 RFID 应用于商品移位

(四) 理货、拣货、盘点流程

仓库员工每日在库内巡检进行理货作业，同时可完成盘库工作。在理货作业中，叉车在理货区域行驶（即理货人员走过）时，叉车的 RFID 读写设备会将周围的货物信息读写并与系统中现有的数据作对比，马上可以得出现有实物库存是否符合系统内所显示的数据，从而达到盘点的目的。当巡检过程中发现货物与货位信息不符或缺货时，系统管理人员将及时对货位信息进行调整或及时进行补货处理。

拣货过程中，仓库人员根据订单信息进行拣货，当货位信息与订单信息相符时，RFID 阅读器识读时就能读出此包装里物品的类别、数量、配送位置等信息，采用 RFID 结合输送机制，可以非常迅速地将货物拣出来。当货位信息与订单信息有出入时，手持终端会自动检出警示信息并提醒仓库作业人员，作业人员根据错误提示信息，重新将正确的商品从货位上取下。

理货、拣货、盘点的整个流程如图 8-15 所示。

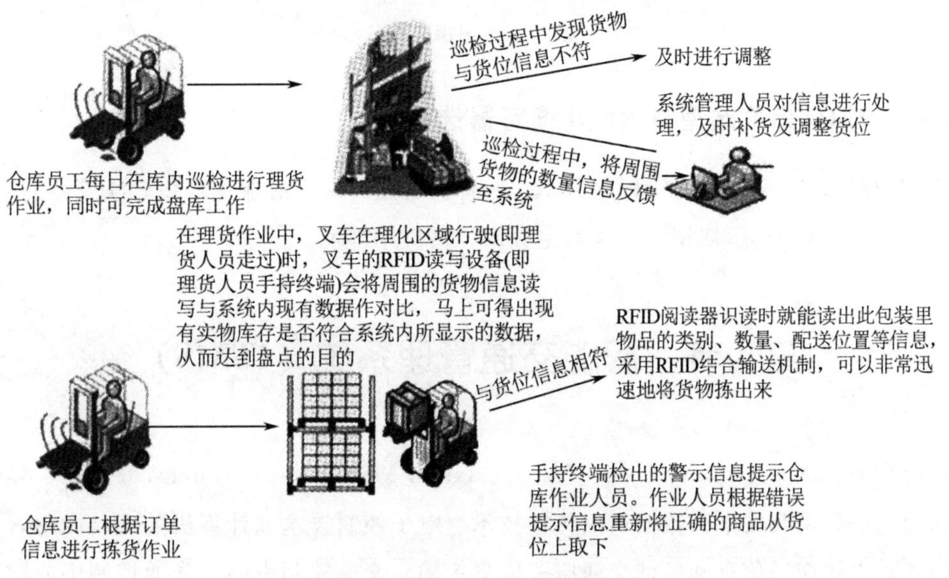

图 8-15 理货、拣货、盘点流程

（五）出库流程

货物出库时，首先要对同期预出库信息进行核对，下架商品信息是否与分配信息相符。工作人员根据出货单信息检查整个托盘上所有货物信息同系统中订单信息是否一致，一致则打印收票；收票打印成功则从系统中减去相应出库货物库存数量；将收票和出库单一起夹在货物上面，按照配送目的地上的收货区域打印出货单，然后送出仓库，仓库出入库门装有读写器，可按照配送目的地预置所有的货物出库资料。如果门禁 RFID 读取设备读取的信息与出库信息相符，即可顺利出库，并按照发货区域或者目的地配货。如果出库的货物与出货单信息不相符，系统将会报警。整个出库流程如图 8-16 所示。

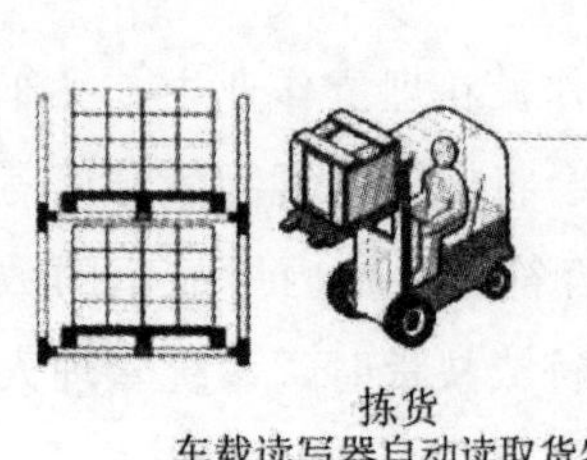

图 8-16　出库流程

（六）RFID 标签选型与 RFID 读写器选型

RFID 标签的选型依据：①标签频率；②标签容量；③标签应用环境；④安全问题。

RFID 读写器的选型依据：①读写主频率；②应用环境。

第四节　智能交通管理系统（ITMS）

智能交通管理系统（Intelligent Transportation Management System，ITMS）是通过先进的交通信息采集技术、数据通信传输技术、电子控制技术和计算机处理技术等，把采集到的各种道路交通信息和各种交通服务信息传输到交通控制中心，交通控制中心对交通信息采集系统所获得的实时交通信息进行分析、处理，并利用交通控制管理优化模型进行交通控制策略、交通组织管理措施的优化，交通信息分析、处理和优化后的交通控制方案和交通服务信息等内容通过数据通信传输设备分别传输给各种交通控制设备和交通系统的各类用户，以实现对道路交通的优化控制，为各类用户提供全面的交通信息服务。

一、ITMS的系统架构

目前，RFID技术在电子不停车收费（ETC）系统中已经取得了很大的成功，这为RFID技术在交通领域更广泛的应用提供了一定的借鉴意义。RFID相比交通领域传统的检测技术，比如线圈检测、视频检测等，具有的最大优势就是它能够迅速、准确地识别特定的车辆。信息采集的过程如图8-17所示。

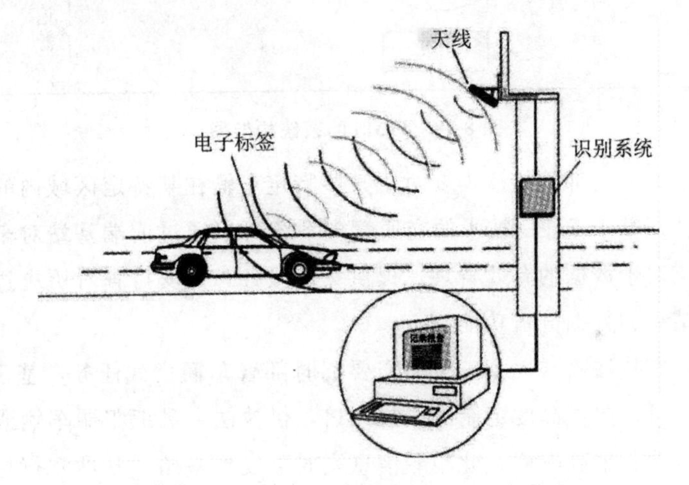

图8-17　ITMS的系统车辆信息采集示意图

当携带有RFID标签的车辆经过检测区域时，阅读器天线发出的信号会激活RFID标签，然后RFID标签会发送带有车辆信息的信号，天线接收到信号后传送给阅读器，经阅读器解码后通过网络传输到数据中心，经过分析、处理就可以获得路网的交通流参数以及车辆的行驶轨迹，据此可以作出有效的控制和管理措施。完整的系统架构如图8-18所示。

二、交通执法管理

基于RFID技术的交通管理系统结合“电子眼”，利用地感信号和“时空差分”等技术对逆行、超速、路口变道等违章行为实现准确的检测与判定，用信息数字化实现交通违规、违章的处罚。

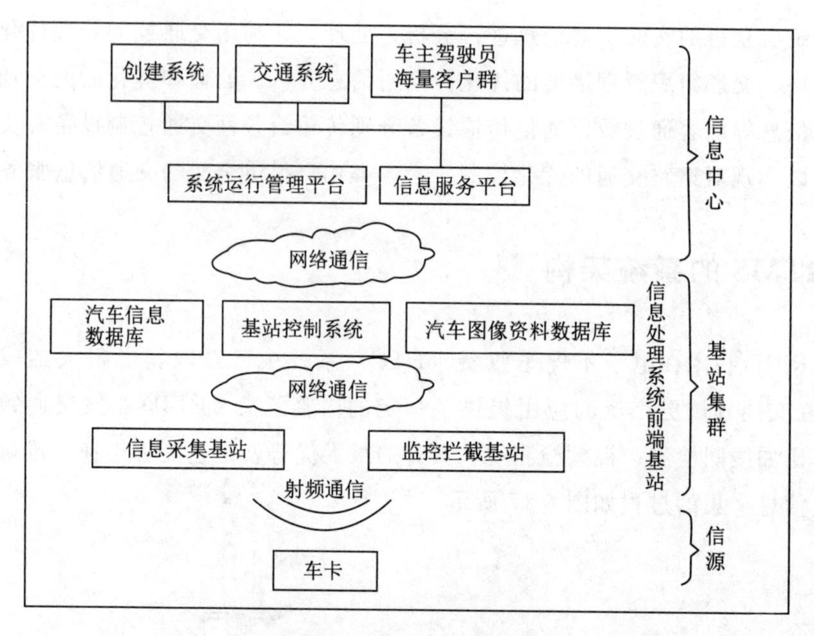

图 8-18 ITMS 的系统构架图

在特定情况下，公安部门往往需要对于某些特定车辆在某特定区域内的运行状态全过程进行记录及回溯。基于 RIFD 技术的交通管理系统可以通过前端基站对车载标签的识读以及后台信息系统对于数据的有效管理，提供查询服务，并支持查看历史过车记录的详细信息，以及查询结果的数据分析功能。

另外，出于一定执法需要，公安机关需要临时部署车辆拦截任务，基于 RFID 技术的智能交通管理系统可以提供高度定制的执法入口，供执法人员把犯罪车辆或犯罪驾驶员信息录入系统，系统执行最高响应，此犯罪信息实时下发到基站，基站实行拦截，配合公安机关实行有效的布控管理。

三、交通控制

通过 RFID 技术可以实现特定车辆的进入控制。通过安装在路口的 RFID 阅读器，并辅以其他自动控制系统，可以不让特定类型的车辆，或有违章记录的车辆进入某区域或者某路段。

通过安装在路口的 RFID 阅读器，可以探测并计算出某两个红绿灯区间的车辆数目，从而智能地计算路口的交通信号配时，其工作流程如图 8-19 所示。同时，由于 RFID 具有识别特定车辆的功能，故可以对公交车辆进行识别，从而可以实现公交车辆优先的交通信号控制。

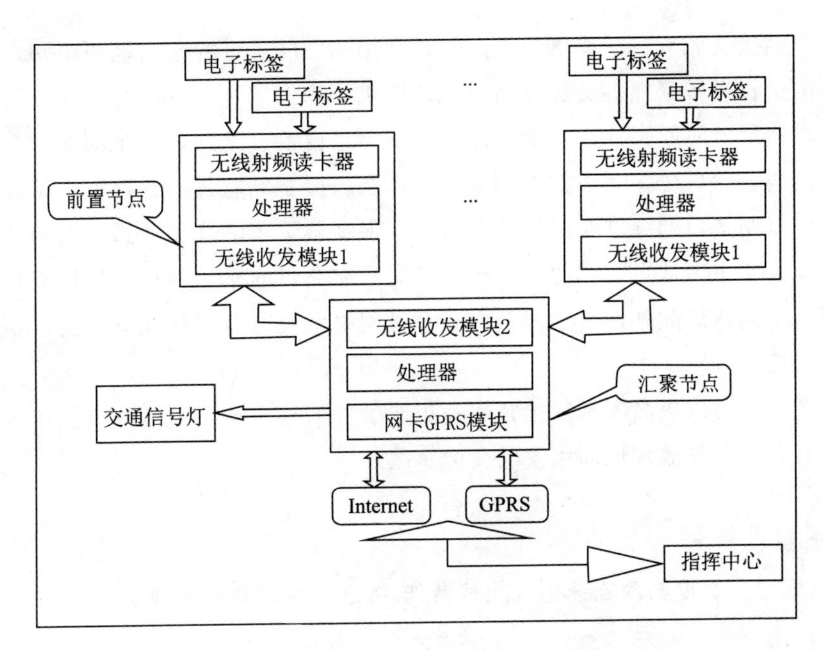

图 8-19　智能交通信号控制工作原理

另外，根据从 RFID 信息采集器获得的整个路网的交通流参数，可以对整个路网的交通运行状态进行分析和评估，提前判断出可能出现交通拥堵的区域，然后采取一定的控制措施或者进行交通诱导，消除可能出现的拥堵情况。

四、交通引导

交通引导系统是指在城市或高速公路网的主要交通路口，布设交通引导屏，为出行者指示下游道路的交通状况，让出行者选择合适的行驶道路，既为出行者提供了出行引导服务，又调节了交通流的分配，改善了交通状况。

智能交通引导功能还需要能够接收来自车载终端的查询功能，依据 RFID、GPS 等对车辆进行定位，根据车辆在路网中的位置和出行者输入的目的地，结合交通数据采集子系统传输的路网交通信息，为出行者提供能够避免交通拥挤、减少延误及高效率到达目的地的行车路线。在车载信息系统的显示屏上给出车辆行驶前方的道路网状况图，并用箭头标示出建议的最佳行驶路线。

五、紧急事件处理

利用 RFID 技术、检测及图像识别技术，对城市道路中的交通事故等偶然事件进行检测，检测出之后对系统进行报警，然后利用基于 RFID 的定位技术对事件发生地点进行定位，通知有关部门派遣救援车辆。

当救援车辆接受派遣，前往事发地点时，利用RFID对该特定车辆的识别，系统开始对救援车辆的运行进行管理。交通控制中心计算机计算出最短行驶路径，使得通过此路径的救援车辆将以最短时间到达出事地点。在这条路径设置有基站，当车辆通过时路径信息将会被基站接收，然后传输回数据中心。最后，在救援车辆通过的线路上，可以采用信号优先控制，所有交叉口的绿灯时间调整至最大，保证救援车辆优先通过，从而使救援车辆以最快的速度到达出事地点。同时，系统可以向十字路口的车辆和行人发出警报，告诉他们紧急车辆即将到达。此外，交通控制中心通过网络系统可以向其他车辆提供事件地点及其周围的交通信息。

通过此系统，可以提高人员的抢救率和犯罪事件的逮捕率，而且减少了在十字路口由于紧急车辆紧急冲向事故现场而引发的交通事故。

案 例

百度与深高速达成战略合作 将建立智能交通实验室

2018年6月，百度与深高速（深圳高速公路股份有限公司）达成战略合作，根据介绍，百度将与深高速围绕智能交通、智慧环保、信息化升级合作三大方向，规划智慧高速体系结构和服务内容，建立智能交通实验室，在区域性交通综合规划、运行及图像识别等方面开展应用创新。

智能交通是本次合作的首个重要方向。百度与深高速将以高速公路重大建设工程为契机，从高速公路建设、运营、管养的智慧化进行研究和顶层设计。

百度将主导人工智能、云计算、IoT及大数据分析应用、区块链技术等相关部分的规划和实施，与深高速打造“交通大数据融合及开发应用”“车辆识别与防逃费应用”“智慧场站（岗亭）”“智慧客服（监控与指挥调度平台）”“智能巡检及道路运行监测”等智能解决方案。

针对车路协同、交通智能决策等前沿课题的研究，双方将建立智能交通实验室，从全面感知和信息交互的交通基础设施、互联互通和车路协同的智慧交通体系、节能低碳和智能安全的运输装备以及基于大数据的科学智能决策等方面开展研究。

在深高速信息化升级方面，双方将探索人工智能系统建设，对企业现有信息化系统进行改进，并在人工智能业务和应用创新等方面展开合作，快速推动深高速集团数字化转型发展。

六、其他

由于RFID可以记录车辆的行驶轨迹，因此可以得到出行的OD（Origin Destination，交通起止点调查又称OD交通量调查）信息，这一OD信息数量巨大，同时也比较准确，可以为交通规划和基础设施布设提供很好的数据支撑。另外，RFID技术提供了极为宝贵的与驾驶员行为有关的信息，可以对这些数据进行分析，研究出行者行为，对交通模式进行判断。利用获得的出行者行为的历史数据，可以更好地对路网的状态进行预测。

思考题

1. 传统电网有哪些特点？智能电网有哪些新要求？

2. 智能电网主要实现哪些功能？

3. 简述智能家居的设计目标。

4. 家庭安防功能包括哪些方面？

5. 智能物流中运输管理信息系统的特点有哪些？

6. 简述RFID技术是怎样实行交通控制的。

实训拓展

智能家居演示实验

实训目的

1. 了解智能家居的基本构成及控制方式等。

2. 了解智能家居的环境监测、监测数据传输、智能家居自动控制、安防系统与报警、远程监控等功能。

实训设备

1. 智能家居应用模拟实验套件（协调器1个、终端节点3个）。

2. 智能家居使用传感器，如温湿度传感器、光照度传感器、人体感应传感器、烟雾探测传感器、可燃气体监测传感器等。

3. 输入输出控制设备，如紧急求助按钮、蜂鸣器、直流电机、步进电机、摄像头等。

4. 智能家居模拟显示软件1套。

5. PC机1台。

实训内容

1. 利用智能家居应用平台模拟软件，演示智能家居所能实现的智能控制。

2. 设置智能家居的环境监测参数，演示智能家居对环境的自动控制。

3. 设置智能家居安防控制参数，演示智能家居的安防控制效果。

4. 设置智能家居的关联控制模式，演示智能家居的关联控制。

参 考 文 献

[1] 魏旻，王平．物联网导论 [M]. 北京：人民邮电出版社，2015.

[2] 郭文书，刘小洋，王立娟．物联网技术导论 [M]. 武汉：华中科技大学出版社，2017.

[3] 黄东军．物联网技术导论 [M]. 2 版．北京：电子工业出版社，2017.

[4] 罗汉江．物联网应用技术导论 [M]. 大连：东软电子出版社，2013.

[5] 桂小林．物联网技术导论 [M]. 北京：清华大学出版社，2012.

[6] 强世锦．物联网技术导论 [M]. 北京：机械工业出版社，2014.

[7] 唐玉林．物联网技术导论 [M]. 北京：高等教育出版社，2014.

[8] 苗凤娟，惠鹏飞，孙艳梅．物联网技术导论 [M]. 哈尔滨：哈尔滨工程大学出版社，2013.

[9] 雷吉成．物联网安全技术 [M]. 北京：电子工业出版社，2012.

[10] 任伟．物联网安全 [M]. 北京：清华大学出版社，2012.

[11] 施荣华，杨政宇．物联网安全技术 [M]. 北京：电子工业出版社，2013.